기후변화와 환경

최금찬 · 성낙창 · 안영희 · 김정권 · 최영익
정진희 · 문종익 · 정병길 · 유수영 · 한영립

도서출판 동화기술

머리말

21C를 살고 있는 인류에게 가장 위협적인 요소는 전쟁이 아닌 지구 환경의 파괴일 것이다. 그 일례로 화석연료의 사용으로 인한 이산화탄소의 증가가 지구의 온난화를 초래하게 되었다. 이미 지구상에서는 대기의 변화가 서서히 일어나고 있으며, 과학자들 간에는 기상이변 및 재해 등이 환경의 파괴와 연관이 있음이 주장되고 있다. 환경문제는 지금의 우리세대뿐 아니라 자손 대에까지 그 영향을 미칠 수 있으며, 우리의 생존과 밀접한 관계가 있다고 말할 수 있다. 환경은 파괴되고 나면 그 회복에 있어 상당한 시간을 요한다는 사실은 잘 알려져 있다. 더 늦기 전에 환경의 파괴는 중단되어야 하며, 파괴되지 않은 환경은 더욱더 보전해야 할 것이다. 이러한 시점에서 환경교육은 대단히 중요하며 환경에 대한 인식을 새롭게 할 수 있다. 본 책은 이와 같은 취지에서 편집된 것이며, 대학교양과정에서의 환경교육을 위한 교재로서 만들어졌다. 이 책에서는 일반적으로 이해하기 어렵다는 환경문제를 간략하고 알기 쉽게 서술하도록 노력하였다. 주요 요점으로 환경오염의 발생, 피해사례, 생태계, 대기오염 및 수질오염 등이 부가되어 기술되었다. 마지막 장에는 환경의 안정성문제를 다루어 영향적인 면을 고찰하였다.

본 책이 대학교양인의 입문서로서 환경교육에 보탬이 되기를 바라며, 부족한 부분은 더욱 보완해 나가기를 다짐한다.

저자일동

차 례

CHAPTER

01

기후변화와 국내외 동향

1.1 기후변화 원인

기후변화란 기후 시스템이 자연적 요인이나 인위적 요인에 의하여 점차 변화하는 것을 말하는데, 일반적으로 화산폭발로 인한 성층권 에어로졸 증가 등의 자연적인 원인과 인간의 활동에 의한 온실가스 증가와 같은 인위적인 요인들에 의한 지구 전체의 기후변동을 뜻한다.

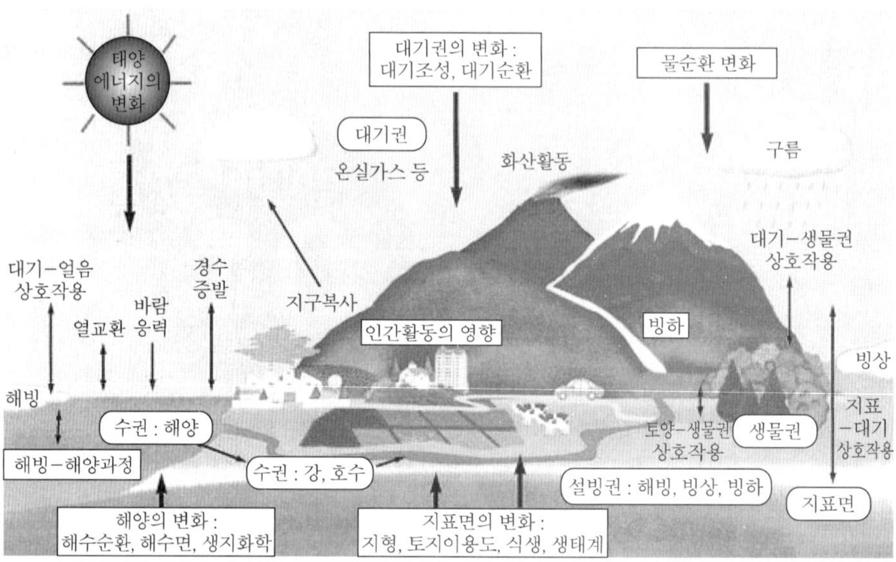

그림 1.1 기후시스템

출처 : 기상청 기후변화정보센터 https://www.climate.go.kr

표 1.1 지구 평균기온이 1.5~2.0℃ 오를 때 세계지역의 피해

자연적 요인	내적요인	대기, 해양, 빙하, 육지 및 이들의 특징인 식생, 반사도, 생물체와 생태계, 눈이 쌓인 정도, 육지얼음, 물수지 등의 상호작용
	외적요인	화산분출에 의한 성층권의 에어로졸 증가, 태양활동의 변화, 태양과 지구의 천문학적 상대위치 관계 등으로 태양 및 지구복사의 변동
인위적 요인	온실가스	화석연료 및 비료의 사용, 폐기물 소각, 냉매, 세척제 및 스프레이 사용 등에 의한 온실가스의 양적 변동
	에어로졸	인간의 활동으로 인한 도시화, 산업화로 인한 대기의 에어로졸 변화
	토지피복 변화	공장부지, 주택단지 조성 등 과잉 토지이용이나 장작과 숯 채취 등으로 인한 토지이용 변화, 도시화로 인한 고층 건축물의 등장 등
	산림파괴	도로 건설, 벌목, 농업의 확장, 땔감 등의 산림파괴로 인한 산림 기후완화 및 물순환 기능 영향

1.2 기후변화에 의한 영향

1 세계적 영향

2007년 발표된 IPCC (Intergovernmental Panel for Climate Change : 기후변화에 관한 정부간 협의체) 제4차 기후변화 보고서에 따르면 앞으로 30여년 뒤에는 양서류를 포함한 지구상의 생물종 가운데 20~30% 가량이 멸종위기에 놓이게 된다고 보고하였다. 이러한 기후변화가 빙권, 생물시스템, 해양 생물권, 인간 활동 등 다양한 분야에 영향을 끼치고 있다. 북극과 남극 지역 식물계와 동물계의 변화, 봄이 빨리 오는 현상, 어류 분포의 변화, 해수면 상승에 따른 해안침식, 전염병 발생 지역의 이동 등은 온난화에 따른 것이라고 지적했다.

2 생태계의 변화

기후변화에 따라 식물의 식생대가 이동하고 있으며, 활엽수림의 경우 매년 5 km씩 북상하고 있다. 이런 원리로 농작물의 주산지가 북상하고 있으며 기온의 상승으로 작물의 생산량 및 재배면적은 크게 줄어들고 있는 추세이다. 해양에서는 한대성 어종인 명태, 대구 등이 감소하고 난대성 어종인 오징어, 도미 등이 증가하고 있고, 적조, 갯녹음 발생이 잦아지고 유해성 해파리가 출몰하는 현상이 더 빈번하게 나타나고 있다.

3 환경/보건 측면

대기의 미세먼지와 오존의 농도가 증가하고 황사현상이 심화되고 있으며, 하천의 수량이 변화하고 있다. 토양의 유실로 인한 탁수발생이 증가하고 용존산소부족으로 물고기가 폐사하고 부영양화가 심해지는 현상이 발생하고 있다. 폭염으로 인한 사망자가 증가하고 말라리아 환자가 급속히 증가하고 있으며 여름철 기온의 상승으로 인한 전염병의 발병도 잦아지고 있다. 재해에 따른 질병과 상해, 지상 오존농도 증가로 심장과 호흡기 질환이 늘고, 일부 전염병 발생 지역이 확대되면서 인간의 건강도 큰 영향을 받는 것으로 밝혀졌다.

1.3 IPCC 보고서

IPCC에서는 1990년 1차 보고서를 발간한 이래 매 5~7년 간격으로 기후변화에 관한 과학적 평가보고서를 발간하고 있다. 1990년 발표된 1차 보고서에는 인간 활동에 의한 기후변화설은 관측상의 한계로 명확하지 않다는 내용을 담고 있으며, 1996년 발표된 2차 보고서는 식별가능하며 인위적인 행동이 기후변화에 영향을 미쳤다는 내용을 담고 있다. 3차 보고서와 4차보고서는 큰 차이점은 없지만 4차 보고서에서 나온 수치들이 3차보고서의 예측치를 넘어서고 있다는 점, 즉 기후변화가 예상보다 빠르게 진행되고 있다는 사실에 큰 의미가 있다.

1 온실가스 감축 비용

세계 각국이 GDP (Gross Domestic Product : 국내총생산)의 0.2% 만을 기후변화에 대한 대처비용으로 쓰는 소극적인 대책을 편다면 2030년에 이산화탄소로 환산한 온실가스의 농도가 590~710 ppm에 이르고 지구의 온도는 3.2~4.0℃ 오를 것으로 내다봤다. 이런 온도 상승으로 생물종의 40% 이상이 멸종 위기에 놓이고 수억 명이 물 부족 상태에 직면할 것이라는 것이 과학자들의 예측이다.

반면 전 세계 GDP의 3%(약 2천조원)에 해당하는 비용을 들인다면 대기 중 온실가스 농도는 445~535 ppm, 온도 상승은 2~2.4℃에 머물러 피해를 최소화할 수 있을 것으로 보고서는 전망했다. 이 보고서는 온실가스 배출량이 1970년 이후 70% 늘었으며, 추가 대책이 없다면 2030년까지 다시 25~90% 증가할 것으로 예상했다.

목표 온실가스 농도(ppm)	온도상승(℃)	감축비용 (전세계 GDP 감소)
590 ~ 710	3.2 ~ 4.0	590 ~ 710
535 ~ 590	8 ~ 590	535 ~ 590
445 ~ 535	445 ~ 535	445 ~ 535

그림 1.2 2030년 온실가스 농도별 감축비용

출처 : IPCC 4차보고서

2 대기 중 이산화탄소 농도

대기 중 이산화탄소의 농도는 산업혁명 전의 280 ppm에서 2005년 379 ppm으로 증가했다. 현재 추세라면 2040~2050년경 대기 중 이산화탄소 수치는 자연 수준의 2배인 550 ppm에 달해 대재앙이 발생할 것이다. 또한, 2000~2005년 화석연료에서 배출한 이산화탄소양은 1990년에 비해 12% 증가하였고, 이산화탄소 발생량 증가의 원인 중 90%가 인간의 화석연료 사용(3차 보고서에서는 66%)으로, 온실가스를 감축해도 수세기 동안 지속될 것으로 예측하였다.

3 지구의 기온 상승으로 인한 생물의 멸종

온난화로 인해 2100년까지 지구의 기온은 1.8~4.0℃ 상승할 것으로 예상되고 있다. 1.5~2.5℃ 오르면 20~30%의 생물종이 사라질 우려가 있고, 3℃ 오르면 지구온난화의 조정이 불가능해질 수 있으며, 10억명 이상이 물부족에 시달리며, 만약 4℃ 오르면 유럽의 여름온도가 50℃까지 올라 이탈리아, 스페인, 그리스 등이 사막화 되며 북극의 얼음이 소멸할 것으로 예측되고 있다.

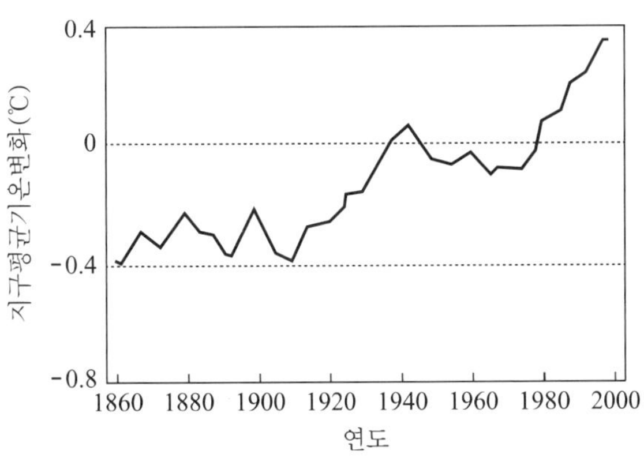

그림 1.3 연도별 지구 평균 기온변화

기온의 상승으로 1900년 이후 북극 영구동토층의 주기적인 동토의 범위가 7% 가량 감소하였으며, 해수면은 2100년까지 18~59 cm 상승(극지방 해빙시 10~20 cm 추가)하게 될 것이다. 또한, 그동안 토양에 저장되어 왔던 온실가스가 대기 중에 대량 방출됨으로써 또는 공기 중의 이산화탄소 흡수를 늦추거나 중단시키는 일이 일어남으로써 지구 온난화를 크게 가속화하는 이른바 "순환반응(피드백)"이 일어날 경우 기후변화는 더 큰 폭으로 진행될 수도 있다.

표 1.2 IPCC 4차보고서 시나리오별 지구 기온·해수면 변화 전망

시나리오	기온상승(℃)	해수면상승(m)
자연친화형 사회전환	1.1～2.9	0.18～0.38
비화석에너지 주로 사용	1.4～3.8	0.20～0.45
지역적 수준의 자연친화형 사회	1.4～3.8	0.20～0.43
균형적 발전 사회	1.7～4.4	0.21～0.48
발전 지향적 사회	2.0～5.4	0.23～0.51
화석에너지 집중 사용	2.4～6.4	0.26～0.59

1980～1999년 대비 2090～2099년 평균 기준

1.4 기후변화관련 국제협약

1 UNFCCC협약 이전

(1) 제1차 세계기후회의(1979년)

1972년에 로마클럽에서 발표한 '성장의 한계(The Limits to Growth)'라는 보고서에서 기후변화의 위협에 대한 보고가 있었다. 이후 1979년에 개최된 제1차 세계기후회의에서 최초로 공식적인 논의로 대두되었고 IPCC 설립에 관한 논의가 진행되었다.

(2) 대기오염의 장거리 국경이동에 관한 제네바협약(1979년)

유럽의 산성비 문제를 해결하고 국경이동 대기오염을 통제하기 위한 국제적 협력으로, 주로 유럽 국가들을 중심으로 체결된 국제조약인 제네바 협약은 국경이동 대기오염을 규제하고 통제하는 협정 중에서 가장 중요한 다자협약으로 평가되고 있다. 이는 오염통제조치의 발전과 이를 위한 협력을 제도화하는 틀을 마련했을 뿐만 아니라, 대기오염문제를 계속해서 연구하고 상호조정하는 기초를 제공했다.

(3) 오존층 보호를 위한 비엔나협약(1985년)

1985년 오스트리아의 비엔나에서 채택된 협약으로 오존층 파괴 원인물질의 규제에 대한 것을 주 내용으로 하고 있으며, 몬트리올 의정서(1987)에서 그 내용을 구체화하였다. 이 협약은 선언적인 협약에 불과하여 실효성있는 규제내용을 포함하지는 못하였으나, 오존층 보호를 위한 최초의 협약이라는 점에서 의의가 있다.

(4) 오존층파괴 물질에 관한 몬트리올의정서(1987년)

지구오존층을 보호하기 위해 염화불화탄소(CFC)·할론 등 오존층 파괴물질의 사용을 규제한 국제환경협약으로 몬트리올의정서 가입국은 CFC 등 규제물질을 1986년을 기준으로 1995년부터 단계적으로 사용을 줄여 2000년에는 전면사용을 중지해야 한다. 또한 1992년 5월부터 비가입국에 대한 자동차, 냉장고 등 관련제품의 수입규제를 포함한다.

2 기후변화에 대한 기본협약(UNFCCC)

기후변화협약은 세계 각국이 '지속 가능한 성장(ESSD : Environmentally Sound and Sustainable Development)'을 위해 공동의 그러나 차별화된 책임을 가진다는 것을 전제로, 대기 중의 온실가스 농도를 안정화시켜 지구의 환경변화를 최소화하는 것을 목표로 삼고 있다.

(1) 목표와 원칙

기후변화협약은 그 목표를 대기 중 온실가스의 안정화로 설정하고 이 목표 이행에 있어서 당사국의 역할과 활동을 지도한다.

첫째, 공동의 그러나 차별화된 책임을 부여하여 개발도상국과 선진국은 책임을 분담하여야 한다.

둘째, 특수성을 고려하여 각 국가간 특히, 기후변화의 부정적인 효과에 취약한 국가가 이 협약에 따라 부담을 지게 되는 당사자들의 특수한 필요와 특별한 상황을 고려한다.

셋째, 과학적인 접근이다. 많은 과학적 연구는 지구온난화의 재앙을 경고하고 있다. 따라서 과학적 불확실성으로 인해 방지조치를 연기하기 쉽다.

넷째, 지속가능한 개발증진의 원칙이다. 당사자는 지속가능한 개발을 증진할 권리를 보유하며 또한 증진하여야 한다는 원칙이다.

(2) 기후변화협약(UNFCCC) 주요 내용

1992년 채택되고 1994년 발효된 기후변화협약 조약은 대기 중 온실가스의 안정화(인간이 기후체계에 위험한 영향을 미치지 않을 수준)를 목표로 하고 있으며, 형평성, 공통의 차별화된 책임, 대응능력, 지속가능발전 등을 원칙으로 한다. 선진국(부속서 I 국가, Annex I), 개도국(비부속서 I 국가, non-Annex I, 온실가스 감축의무 미부담 국가)로 분류된다.

① 1992년 브라질 리오데자네이로에서 열린 국제회의서 155개국 서명
② 한국은 1993년 12월 조약에 서명
③ 조약은 1994년 3월 국제법상 효력 발생

표 1.3 기후변화협약(UNFCCC) 주요 내용

구 분	내 용
목적(2조)	• 대기 중의 온실가스의 농도를 안정화하는 것
원칙(3조)	• 특별상황에 대한 배려, 예방적 대책 실시, 지속적인 개발을 추진하는 권리 • 개방적인 국제경제시스템의 추진
약속(4조)	• 선진국 기후변화의 완화를 위한 정책의 채택과 실시 온실가스 배출량을 1990년대 말까지 1990년 수준으로 되돌림 개도국에 대한 자금 기술의 지원 • 개도국 온실가스의 배출과 흡수에 관한 목록 작성 온난화 대책의 국가별 계획 작성과 실시 에너지 분야 기술의 개발, 보급 삼림 등의 흡수량의 보전
교육, 훈련 (6조)	• 기후변화의 영향에 대해 교육개발사업 계획 작성, 실시, 인재의 육성
체결국회의(7조)	• 조약 최고기관으로서 정기적으로 체결국의 의무와 제도적 조치에 대해 검토
SBSTA(9조)	• 조약의 보조기관으로서 '과학상 및 기술상의 조언에 관한 보조기관' 설치
SBI(10조)	• 조약의 보조기관으로서 '실시에 관한 보조기관' 설치 • 조약의 효과적인 실시에 관해 평가, 검토, 체결국 회의 보좌

3 교토의정서(Kyoto Protocol)

(1) 채택 배경

제1차 당사국총회(베를린, 1995년)에서는 2000년 이후의 온실가스 감축 목표에 관한 의정서를 채택하였으며, 1997년 교토에서 개최된 제3차 당사국총회에서는 공동의 그러나 차별화

된 책임 원칙(Common but Differentiated Responsibility)에 따라 구속력 있는 온실가스 감축 의무를 명문화한 교토의정서를 채택했다.

(2) 의의

교토의정서는 무엇보다도 선진국에게 강제성 있는 감축 목표를 설정하고 온실가스를 상품으로서 거래할 수 있도록 했다는 점이다. 따라서 향후 에너지 절약 및 이용 효율 향상, 신재생 에너지 개발 등 온실가스 배출량을 감축할 수 있는 새로운 기술 분야에 대한 투자 및 무역이 확대되고 현재의 금융시장 규모 못지않은 온실가스 거래시장이 탄생될 근거를 마련하였다.

(3) 주요내용

교토의정서의 주요 내용은 크게 세 가지로 나눌 수 있다.

첫째, 이산화탄소(CO_2), 메탄(CH_4), 아산화질소(N_2O), 수소불화탄소(HFCs), 과불화탄소(PFCs), 육불화황(SF_6) 등 6개 가스를 감축대상 온실가스로 규정하고 있다. 또한 각국의 사정에 따라 HFCs, PFCs, SF_6 가스의 감축목표 기준년도를 95년으로 규정하고 있다.

둘째, 부속서 I 국가는 오는 2008～2012년(제1차 공약기간) 사이에 온실가스 배출량을 1990년 수준보다 최소 5% 감축하되 각국별로 －8%에서 +10%까지 차별화된 배출량을 규정했다.

셋째, 각국이 자체적으로 온실가스를 줄이는 것은 한계가 있음을 고려하여 비용효과적으로 온실가스를 줄일 수 있는 방안인 이른바 '교토메커니즘'을 도입하였다. 이는 시장원리에 입각해서 온실가스를 상품처럼 거래할 수 있도록 한 것으로, 공동이행제도(JI), 청정개발체제(CDM), 배출권 거래제도(ET), 흡수원(Sinks) 등이 있다.

부속서 국가 I (41)

부속서 II 국가 (25)

그리스, 노르웨이, 뉴질랜드, 네덜란드, 독일, 덴마크, 룩셈부르크, 미국, 벨기에, 스페인, 스웨덴, 스위스, 오스트리아, 아일랜드, 이탈리아, 일본, 영국, 유럽경제공동체, 아이슬란드, 캐나다, 터키, 포르투갈, 프랑스, 필란드, 호주

라트비아, 러시아연방, 루마니아, 리투아니아, 리히텐슈타인, 모나코, 벨라루스, 불가리아, 슬로베니아, 슬로바키아, 우크라이나, 에스토니아, 폴란드, 크로아티아, 체코슬로바키아, 헝가리

그림 1.4 부속서 I 국가 리스트

표 1.4 교토의정서 주요 내용

목표 년도 (3조)	• 2008년~2012년	
감축대상가스	• CO_2, CH_4, N_2O : 1990년 기준	
기준 년 (3조)	• HFCs, PFCs, SF_6 : 1990년 또는 1995년 기준	
온실가스 감축목표율	−8%	유럽연합, 동유럽, 스위스
	−7%	미국
	−6%	일본, 캐나다, 헝가리, 폴란드
	−5%	크로아티아
	0%	러시아, 뉴질랜드, 우크라이나
	1%	노르웨이
	8%	오스트레일리아
	10%	아이슬란드
흡수원 (3조)	• 1990년 이후의 조림, 재조림, 벌채 등에 의한 흡수원의 변화 인정	
공동달성 (4조)	• 복수의 국가가 감축목표를 공동 달성하는 것을 허용(EU 버블)	
공동이행 (6조)	• 부속서 I 국가 간의 공동 프로젝트 실시로 감축분 획득	
청정개발체제 (12조)	• 부속서 I 국가와 비부속서 I 국가의 공동프로젝트 실시로 감축분 획득	
국제 배출권거래 (17조)	• 선진국 간에 감축 할당량의 거래	
발효조건 (25조)	• 55개국 이상이 비준 • 비준국들이 1990년도 부속서 I 국가의 온실가스 배출총량의 55% 이상을 차지 • 비준이 끝난 시점에서 90일 이후에 발효	

4 교토메커니즘(Kyoto Mechanism)

(1) 개요

교토의정서는 선진국들이 감축의무를 자국 내에서 모두 이행하기에 한계가 있다는 점을 인정하여, 제3국의 의무감축 초과 달성분을 구입하거나, 온실가스 감축 공동사업을 통한 감축분의 이전을 허용하는 등 의무이행에 신축적 메커니즘(Flexibility Mechanism)을 인정하기 위하여 교토메커니즘을 도입하였다.

▌표 1.5 교토메커니즘의 비교

	공동이행(JI)	청정개발체제(CDM)	배출권거래(ET)
근거	교토의정서 제 4조	교토의정서 제 12조	교토의정서 제 17조
참여자	교토의정서에서 감축의무를 받은 선진국(Annex I 국가)	선진국 및 개도국 모두 가능	기후변화협약 선진국 (Annex I 국가)
시행시기	2008년	2000년	2008년
거래방식	프로젝트에서 나온 배출감축단위(ERUs)를 이전하거나 취득	개도국의 프로젝트에서 나온 공인배출감축(CERs)을 취득	국가 간 잉여배출권 거래 (배출권 자체의 거래)
단위	배출감축단위 (ERUs : Emission Reduction Units)	공인배출감축 (CERs : Certified Emission Reductions)	할당된 배출권 (AAUs : Assigned Amount Units)의 일부분
주요 논쟁사항	추가감축(Additionality), 기준배출량(Baseline) 설정 문제 등	추가감축(Additionality), 기준배출량(Baseline) 설정 문제 등	보조성(Supplementation), 거래 시장형태, 부정거래 및 정보공개 문제 등

(2) 공동이행제도(JI : Joint Implementation)

온실가스 감축의무가 있는 부속서 I (Annex I) 국가들 사이에서 온실가스 감축사업을 공동으로 수행하는 것을 인정하는 것으로 한 국가가 다른 국가에 투자하여 감축한 온실가스 감축량의 일부분을 투자국의 감축실적으로 인정하는 제도이다. 공동이행제도에서 발생되는 이산화탄소 감축분을 ERUs (Emission Reduction Units)라고 하며, ERUs는 2008년 이후에 발행된다.

(3) 청정개발체제(CDM : Clean Development Mechanism)

부속서 I 국가(선진국)가 비부속서 I 국가(개발도상국)에서 온실가스 감축사업을 수행하여 달성한 실적을 부속서 I 국가(선진국)의 감축목표 달성에 활용할 수 있도록 하는 제도이다. CDM사업을 통하여 선진국은 감축목표 달성에 사용할 수 있는 온실가스 감축량을 얻고, 개발도상국은 선진국으로부터 기술과 재정지원을 받음으로써 자국의 지속가능한 개발에 기여할 수 있을 것으로 기대하고 있다.

표 1.6 청정개발체제(CDM)의 편익

구분	편익
세계적 편익	• 온실가스 배출감축 비용의 절감 • 민간부문의 참여확대 • 세계적인 온실가스 감축대착 이행의 가속화
개발도상국의 편익	• 외자유치를 통한 경제개발 • 기술이전 • 고용창출 • 사회 간접자본 확충 • 에너지 수입 대체 및 에너지 효율 향상
선진국의 편익	• 온실가스 배출감축 비용의 절감 • 배출감축의무 달성에 유연성 확보 • 신기술 및 첨단기술에 대한 시장 확보 • 새로운 투자기회의 확대

(4) 배출권거래제(ET : Emission Trading)

온실가스 감축의무국가가 의무감축량을 초과하여 달성하였을 경우, 이 초과분을 다른 온실가스 감축의무국가와 거래할 수 있도록 하는 제도이다. 반대로 의무를 달성하지 못한 온실가스 감축의무국가는 부족분을 다른 온실가스 감축의무국가로부터 구입할 수 있다.

5 마라케시 협정(Marrakeshi Accords)

(1) 개요

교토의정서는 국가별 및 부속서 I 당사국 전체에 대한 온실가스 감축목표를 설정하고 이를 달성하기 위한 개괄적인 방법론만 합의하였기 때문에 구체적인 이행방안에 관한 별도의 협의가 필요하였다. 이러한 협의를 위한 절차는 1998년 제4차 당사국 총회에서 개시되어 2001년 11월 제7차 당사국총회에서 마라케시 합의(Marrakeshi Accords)라는 방대한 결정을 채택할 때까지 3년간 집중적으로 전개되었다.

마라케시 합의의 주된 구성요소는 첫째, 교토메커니즘의 이행을 위한 규칙, 둘째, 이행준수체제의 수립, 셋째, 허용 가능한 토지이용·토지이용변화 및 임업활동의 확정이다.

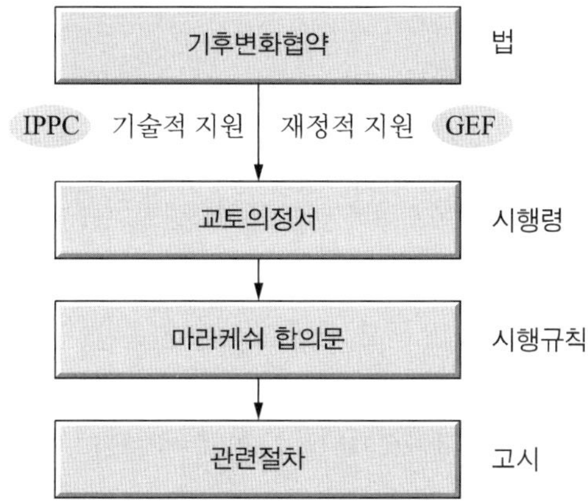

그림 1.5 교토의정서와 마라케시 합의 비교

표 1.7 교토의정서 운용규칙(마라케쉬합의문)개요

구 분	합 의 내 용	과제 및 문제점
배출량거래	• 배출한도를 타국에 과도하게 매매하여 운용규칙을 준수하지 못하는 것을 막기 위해 일정부분 보유할 것을 의무화함	• 러시아 등 배출한도 잉여분의 매매방지 불충분
공동이행	• 원자력 이용금지 • 크레딧의 공약기간으로 이월은 초기할당량의 2.5%를 넘지 못함	
CDM	• 원자력 이용금지 및 ODA(정부개발 원조)의 유용금지 • 소규모 재생에너지 등 사업 절차 간소화 • 크레딧의 차기 공약기간으로 이월은 초기할당의 2.5%를 넘지 못함	• 베이스라인 과대계산 가능성
목표의무 불이행시 (준수사항)	• 수치목표의 의무를 지키지 않은 경우 (1) 저감할 수 없었던 양에 30%를 더해서 차기 공약기간에 덧붙여 저감 (2) 준수행동계획을 제정 (3) 배출량 거래의 이전 자격 정지	• 합의한 준수조치에 법적인 구속력 미흡 • EU-ETS는 페널티 적용(1차 공약기간 : 40유로, 2차 공약기간 : 100유로)
개도국지원	• 특별기후변화 기금 및 후발개도국 기금설치	• 선진국 자금갹출은 정치적 문제와 연결
배출량 심사보고	• 배출량 산정방법 규칙 결정 • 각국의 배출량과 정책, 목표달성 전망에 대해서 전문가의 리뷰 및 심사	• 신속하게 미준수 여부를 파악할 수 있는 체제 구축이 과제

(2) 주요내용

① 의무사항(Commitments)

교토의정서의 핵심은 부속서 I에 해당하는 국가들의 배출제한에 법적 구속력을 두는 데에 있다. 그외 다른 국가들은 공통 의무사항을 준수해야 한다.

② 시행(Implementation)

부속서 I에 해당하는 국가들은 국내 배출정책과 기준을 먼저 정해야 하며, 탄소 흡수원을 이용하여 온실가스 배출량을 감소하도록 해야 한다.

(공동이행제도(JI), 청정개발체제(CDM), 그리고 배출권거래제(ET)의 세 가지 제도를 이용)

③ 개도국에 대한 영향최소화(Minimizing Impacts on Developing Countries)

교토의정서와 그 정책집중에는 개발도상국들이 협약으로 인해서 특별한 불이익을 받지 않도록 개도국들의 필요를 고려한 조항도 포함되어 있다.

④ 회계, 보고서 작성, 보고서 평가(Accounting, Reporting and Review)

교토의정서의 성실한 이행을 위해서 엄격한 자체 감시제도를 운영하고 있다.

⑤ 이행의무(Compliance)

당사국의 협정 불이행에 관해서는 이행위원회(Compliance Committee)가 관할하도록 되어 있다.

CHAPTER
02

CDM사업

2.1 CDM사업의 개요

1 CDM 개요

CDM (Clean Development Mechanism : 청정개발체제)사업이란 기후변화협약 교토의정서 하에서 벌어지는 배출권거래의 한 형태로 사업(Project) 단위의 온실가스 감축실적을 배출권처럼 거래할 수 있도록 만든 제도이다. 즉, 비의무국(Non-Annex I)에서 행하여진 온실가스 감축활동으로 발생되는 감축분(CERs)을 시장경제원리에 따라 의무국(Annex I)의 배출권(AAUs)으로 활용할 수 있도록 함으로써 비용효과적으로 전 지구의 온실가스 감축을 성취하고자 하는 제도이다.

표 2.1 CDM사업의 종류

구 분	내 용
양국 간 청정개발체제 (Bilateral CDM)	• 교토메커니즘의 기본 구상안으로서, CDM사업은 선진국에서 개발하고 이를 후진국에서 유치하는 형태
다국간청정개발체제 (Multilateral CDM)	• 양국간 청정개발체제(Balateral CDM)의 사업개발에서의 위험을 분담하는 의미에서 다수의 선진국들이 공동으로 사업을 개발하여 후진국에서 이를 유치하는 형태
일국청정개발체제 (Unilateral CDM)	• 개발도상국이 단독으로 사업개발부터 크레딧 발생에 이르는 CDM 전과정을 개발해 낼 수 있는 형태로서, 선진국이 후진국의 CDM사업을 개발하여 의무부담국에 크레디트를 판매하는 형태

2 CDM사업의 특징 및 범위

(1) CDM사업의 특징

첫째, 사업을 수행하여 발생되는 이득이 소요비용보다 작아서 상업적으로 추진이 불가능한 사업이지만 온실가스 배출감축실적의 판매 및 환경비용을 고려할 경우 상업성이 확보됨으로 인해 진행될 수 있는 사업이다.

둘째, CDM사업은 사업이 수행되는 전 기간 동안 추가성이나 사업수행에서 비롯되는 환경영향 관련 자료 및 베이스라인 관련 자료를 일반대중에게 공개하여 투명성을 확보하여야 하며, 환경적으로 안전하고 이로운 기술 및 지식(EST : Environmentally Safe and Sound Technology)의 비부속서 I 국가로의 이전을 추구해야 한다(마라케쉬합의문 결정문 17/CP.7).

셋째, CDM사업은 6가지 종류의 지구온난화가스를 감축하는 사업과 조림 및 재조림 사업을 포함하고 있으며, 이에 대한 6가지 지구온난화 가스와 주요 배출원은 다음과 같다.

표 2.2 온실가스별 주요배출원

가스종류	주요배출원(CDM대상사업원)	GWP (지구온난화지수)
CO_2	연료사용, 산업공정, 신재생에너지	1
CH_4	폐기물, 농업, 축산, 매립장	21
N_2O	산업공정, 비료사용, 질산/카프로락탐/아디픽산	310
HFCs	반도체 세정용, 냉매, 발포제사용	140～11,700
PFCs	반도체 제조용	6,500～9,200
SF_6	LCD, 반도체공정, 자동차생산공정, 전기절연체, 세정가스사용	23,900

(2) CDM사업의 범위

CDM사업의 범위(Sectoral Scope)는 CDM사업의 형태에 따라, 에너지산업(Energy Industries), 에너지 공급(Energy Distribution), 에너지효율향상(Energy Demand), 공정개선에 의한 온실가스 감축(Manufacturing Industries), 화학원료물질 대체에 의한 온실가스 감축(Chemical Industries) 등 15개 분야로 분류하고 있다.

(3) CDM사업의 참여 요건

CDM사업에 참여하고자 하는 부속서 I 국가(선진국) 및 비부속서 I 국가(개발도상국)는 다음의 요건을 만족해야 한다.

① 교토의정서의 비준
② CDM사업의 자발적 참여
③ 국가 CDM 승인기구(DNA) 설립
　단, 비부속서 I 국가의 경우, 위 세 가지 요건 이외의 아래 4가지의 요건을 충족해야 한다.
④ 초기감축목표가 확정되어 있을 것
⑤ 국가 배출량, 흡수량 산정시스템을 갖고 있을 것
⑥ 국가 온실가스 등기부를 가지고 있을 것
⑦ 연간 온실가스 인벤토리 제출

(4) CDM사업조직 체계

CDM사업관련 국내 또는 국제기관은 당사국총회(COP/MOP), CDM집행위원회(EB), CDM사업운영기구(DOE), 국가CDM승인기구(DNA)가 있다.

표 2.3 CDM사업 관련 주요기관 및 역할

구분	구성	기능	세부역할
당사국총회 (COP/MOP)	교토의정서 비준국	CDM사업 관련 최고 의사결정기관	• CDM 집행위원회의 절차에 대한 결정 • 집행위원회가 인증한 운영기구의 지정 및 인증기관 결정 • CDM 집행위원회 연간보고서 검토 • DOE와 CDM사업의 지역적분배 검토 • 필요한 경우, CDM사업활동 기금 조성지원
CDM 집행위원회 (EB)	총10명 • 교토의정서 당사국 중 UN 5개 지역그룹에서 각1명 (총5명) • 부속서 I 국가 2명 • 비부속서 I 국가 2명 • 도서국가 1명	COP/MOP의 지침에 따라 CDM사업 관리·감독	• CDM사업의 추가적인 방식 및 절차를 COP/MOP에 권고 • 새로운 베이스라인 및 모니터링 방법론 승인 • 소규모 CDM사업의 간소화된 방식 및 절차 등을 검토하여 CDOP/MOP에 권고 • DOE 지정 업무 및 관련 기준 및 검토사항을 COP/MOP에 제시 • CDM사업의 지리적 배분에 관한 COP/MOP에 보고 • 각종 절차와 방법, 가이드라인 결정 전 최소 8주간의 의견수렴(Public Comment) 이행 • CDM사업의 투자가에 CDM사업에 관한 다양한 정보 제공
CDM사업 운영기구 (DOE)	CDM집행위원회에서 지정	CDM 사업타당성 확인 및 배출감축량 검증	• 신청된 CDM사업의 타당성확인 심사 • 사업의 타당성 확인이 종료된 CDM사업의 배출저감에 관한 검증, 인증 • 호스트 국내의 관련 법률 준수 • 사업의 타당성 확인, 검증, 인증을 행하는 CDM사업과 CDM사업운영기구 간에 이해관계가 없음을 증명 • 타당성 확인, 검증, 인증을 수행할 대상 CDM사업의 리스트 공개 및 유지 • CDM 집행위원회가 요구할 경우, CDM사업자로부터 얻은 정보를 공표(단, 기업비밀에 관한 사항은 CDM사업자의 승낙 없이 공표하지 않으며, 베이스라인과 환경영향평가 관련 사항은 기업비밀로 간주하지 않음).
국가 CDM 승인기구 (DNA)	교토의정서 비준국의 CDM사업관련 정부기관	CDM 사업승인서 발급	• 비부속서 I 국가 : 제안된 CDM사업의 자국의 지속가능개발 요구사항 만족여부를 확인하여 승인서(Letter of Approval) 발급 • 부속서 I 국가 : 승인서(Declaration of Approval) 발급

3 CDM사업의 추진 절차

(1) CDM사업계획서 작성

CDM사업을 추진하고자 하는 사업자는 가장 먼저 CDM요건에 일치하도록 사업계획서(PDD : Project Design Document)를 작성하여야 한다. CDM사업계획서 작성항목은 총 다섯 개 항목으로 이 중 가장 중요한 것은 베이스라인 설정 및 모니터링 계획 수립이라고 할 수 있는데, 여기서의 주요 내용은 사업에 의한 감축량 계산과 추가성(Additionality) 입증이라고 할 수 있다.

표 2.4 CDM사업계획서의 작성항목

구 분	작성 항목
A	사업 개요(General description of project activity)
B	베이스라인 및 모니터링 방법론의 적용 (Application of a baseline and monitoring methodology)
C	사업활동기간 및 CDM사업 인증기간 (Duration of the project activity/crediting period)
D	환경 영향요소 확인(Environmental impacts)
E	이해관계자 의견 수렴(Stakeholder's comments)

(2) 국가 승인

CDM사업의 당사국 정부 승인은 국가 CDM 승인기구(DNA)에서 수행하고 있으며, CDM 사업 당사국은 CDM사업에 대한 DNA를 지정하여야 한다. 타당성 확인은 해당 당사국의 DNA로부터 CDM사업의 자발적 참여에 관한 서면 승인서가 제출되어야 완료되며, 사업 참여자가 여러 국가의 기업일 경우 해당 당사국의 국가승인을 모두 취득하여야 한다.

(3) 타당성 확인

사업계획서가 완성되면 사업자는 이를 CDM집행위원회(CDM EB)에서 인정한 CDM운영기구(DOE)를 선정하여 타당성확인(Validation)을 의뢰하여야 하며, 이에 적합성을 확인받아야 다음 단계인 CDM집행위원회에게로의 등록 신청 요청이 가능하게 된다.

CDM사업 타당성확인은 사업계획서에 근거하여 온실가스 감축량 추정량과 향후 모니터링 계획, 그리고 CDM사업 추가성(Additionality)을 평가하는 활동이다. 이때, 타당성확인의 주요 목적은 사업에 의한 온실가스 감축량을 정량적이고 정성적으로 평가하는 것이다.

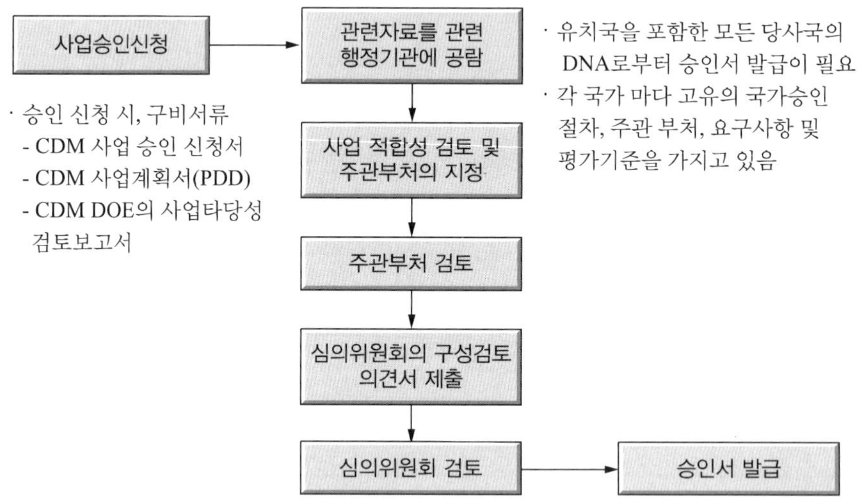

그림 2.1 국가승인 절차

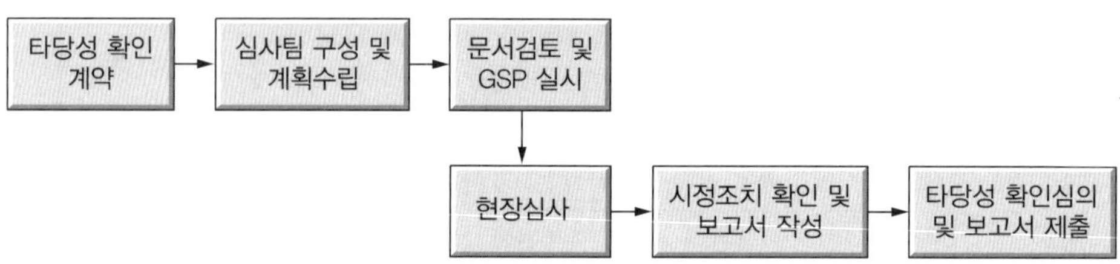

그림 2.2 타당성확인 절차

(4) UNFCCC 등록

UNFCCC 등록 행정요건을 만족하기 위하여 정부 승인서 발급 및 최종 타당성 확인 보고서 완료 후, 사업 참가자는 UNFCCC 등록 요청을 위하여 협약서(Statement on the Modalities for Communicating with the Executive Board and the UNFCCC Secretariat)를 작성하여 검증기관(DOE)에 제출한다. 그리고 사업 참여자는 등록 시 발생하는 사업 등록비를 UNFCCC에 납입하고, 향후 모니터링 기간 동안 발급되는 CERs 양에 따라 진행수수료(SOP)를 준비하여야 한다.

등록요청 사업으로 UNFCCC 웹사이트에 개제된 후 등록이 결정되기까지 소규모 사업은 4주, 그 외 사업은 8주간의 CDM EB 심의기간이 소요된다.

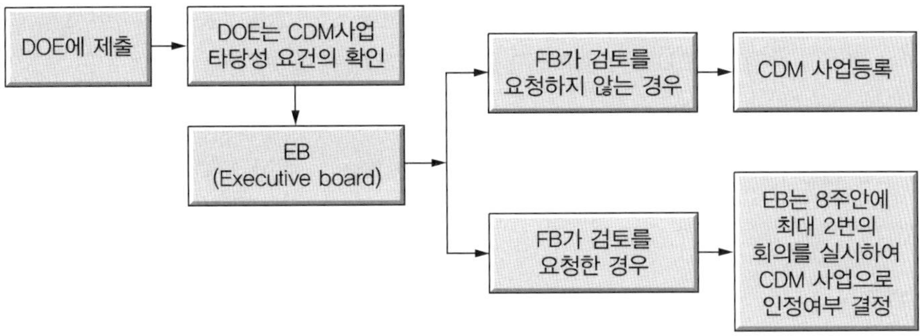

그림 2.3 CDM EB에 의한 CDM사업 등록 결정 절차

(5) 사업 활동 모니터링

CDM사업이 등록되면 사업자는 등록된 사업계획서에 따라 사업을 시행하고 그 사업을 모니터링 하여야 한다. 사업계획서에 명시된 모니터링 지표와 주기, 자료관리, QA/QC 방법에 따라 사업 활동을 기록하고 점검하며, 모니터링 결과 확정된 온실가스 감축량은 반드시 보고서의 형태로 정리되어야 한다.

(6) 검증

CDM사업자는 일정기간 동안 사업에 의한 감축활동을 모니터링하고 그 결과를 모니터링 보고서로 정리/작성하여 DOE에게 이에 대한 검증(Verification)을 의뢰하게 된다. 이러한 검증이 성공적으로 통과되면 CDM EB는 CDM 레지스트리 내에 있는 사업자의 계좌로 검증된 양만큼의 CER을 발급하게 된다.

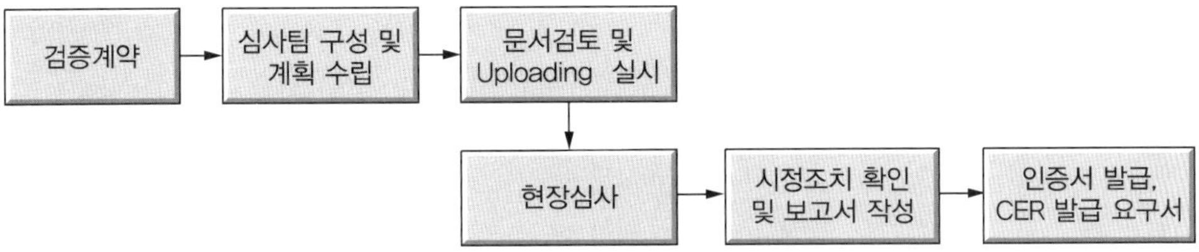

그림 2.4 CDM사업 검/인증 절차

(7) CERs 발급

CDM 집행위원회는 CDM사업 운영기구가 제출한 인증보고서를 접수하고 15일 이내에 CERs를 발급한다. CDM 레지스트리 관리자는 CDM 집행위원회로부터 CERs 발급을 요청받으면 CDM 집행위원의 미결계좌로 CERs를 발행한다.

미결계좌의 CERs에서 행정비용(CDM사업 등록 비용) 및 개발도상국을 지원하기 위한 기금(CERs 2%)을 공제 후 CDM사업수행자 및 유치국 계좌로 이전한다.

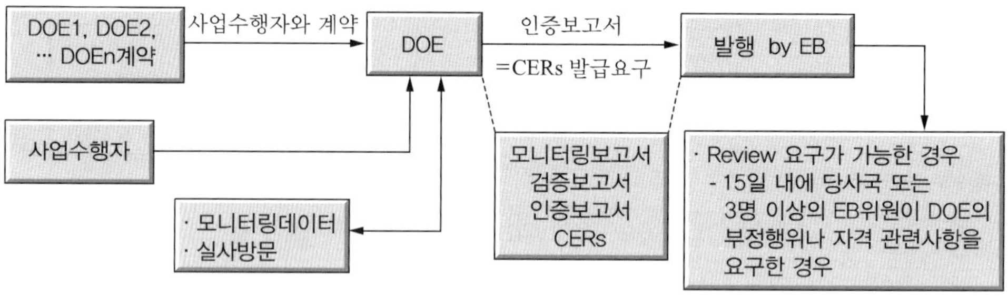

그림 2.5 CERs 발급 절차

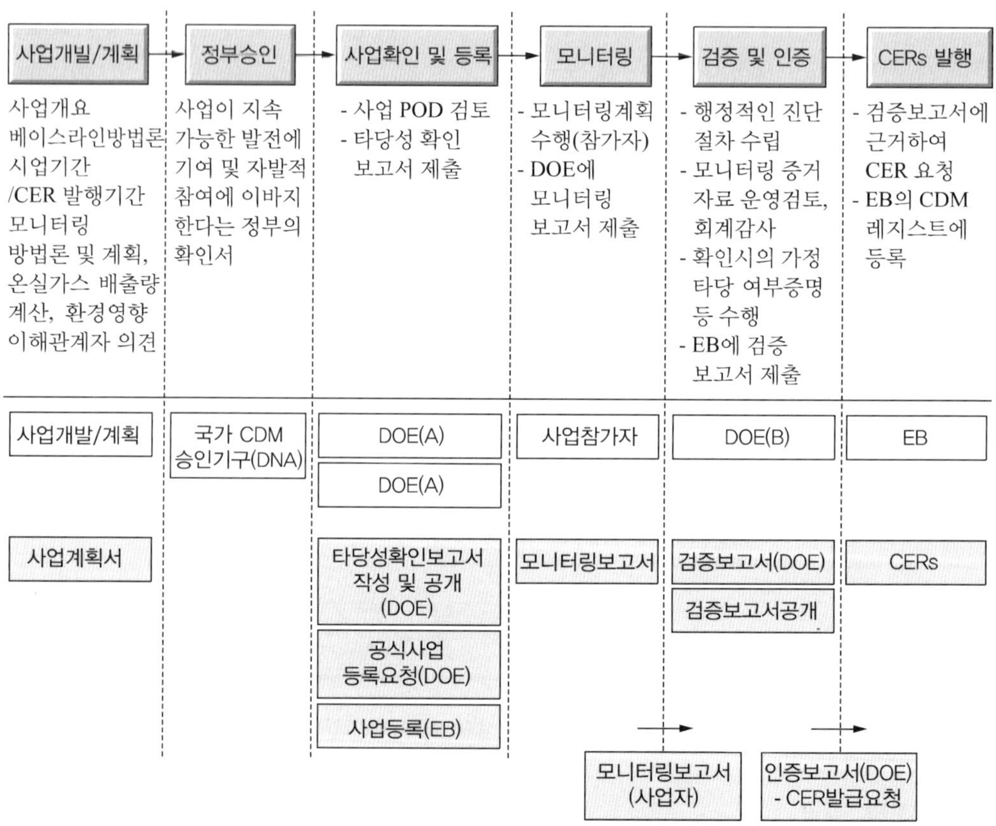

그림 2.6 전체 CDM사업 추진 절차

2.2 CDM 방법론

CDM 대상사업의 사업계획서에는 제안하고 있는 사업을 통해 어떻게 그리고 어느 정도의 감축이 가능하며 또 어떻게 모니터링 할 수 있는지를 논리적으로 규명하게 되어 있는데, 이 때 사용하는 논리 체계가 바로 CDM 방법론이다. 따라서 적절한 방법론을 정확하게 적용하거나 개발하는 일이 CDM사업의 추진 및 성공적 수행에 있어서 매우 중요한 문제이다.

1 CDM사업 수행시 방법론의 필수성

교토의정서 12조 5항에서는 온실가스 감축사업을 CDM사업으로서 인정받기 위한 포괄적 원칙(Criteria)을 다음과 같이 제시하고 있다.

1	CDM사업에 있어서 해당 각 국의 정부가 자발적으로 참여하여야 한다.
2	비의무국에서 행하여지는 감축활동의 결과가 실제 나타나야 하며, 또 그 결과를 정량적으로 측정할 수 있어야 한다. 그리고 온실가스 감축활동이 대기 중 온실가스 농도를 감축하고 안정화되도록 하는 장기적인 효과를 이끌어내야 한다.
3	CDM사업으로 인한 온실가스 감축은 CDM이 없는 경우 나타날 결과에 비하여 추가적인 효과를 가져온 것이어야 한다. (추가성 원칙)

어떠한 온실가스 감축활동을 CDM사업으로 인정받기 위해서는 타당한 감축활동을 통해 달성될 수 있는 온실가스 감축량을 정량적으로 보여줄 수 있는 논리체계와 감축활동의 실체를 확인할 수 있는 구체적인 방법이 제시되어야 할 것이다. CDM 방법론은 이러한 목적을 달성하기 위해 개발된 논리체계와 구체적 방법을 의미하는 것으로 이해할 수 있으며, 감축량을 정량적으로 계산할 수 있는 논리와 절차를 전개한 "베이스라인 방법론(Baseline Methodology)"과 감축활동의 실체를 확인할 수 있는 구체적인 방법을 제시한 "모니터링 방법론(Monitoring Methodology)"으로 구성되어 있다.

베이스라인 방법론 — 방법론의 구성 — 모니터링 방법론

베이스라인 방법론	모니터링 방법론
감축량을 정량적으로 파악할 수 있는 논리 체계	감축 활동의 실체를 확인할 수 있는 구체적인 방법 체계

승인방법론은 UNFCCC 웹 사이트 상에서 확인할 수 있다. 승인방법론 중 자신이 제안하고 있는 사업의 타당성 입증을 위한 논리체계에 적용가능한 것이 존재하는 경우라면 그 승인 방법론을 자신의 사업에 적용할 수 있다. 그러나 만약 적정한 승인 방법론이 존재하지 않는다면, 자신의 사업을 위한 방법론을 별도로 제출하고 등록을 취득한 후 사용하여야 한다.

2 베이스라인 방법론

(1) 베이스라인(Baseline)이란?

CDM사업으로서 인정받기 위해서는 CDM사업 활동이 없을 경우의 온실감축효과보다 추가적인 감축효과가 나타나야만 CDM사업으로 인정될 수 있다. 이에, 추가적인 감축효과를 입증함에 있어서 기준이 되는 상황을 "베이스라인"이라 한다.

베이스라인은 특정한 온실가스 감축 사업이 진행되는 시점에 대하여, 사업이 배제된 상황을 가정하여 대입함으로써 얻어지는 시나리오라고 볼 수 있다. 마라케쉬 합의문에서는 베이스라인을 "제안된 사업 활동이 없을 시 온실가스 배출원으로부터 발생될 수 있는 인위적 배출상황을 합리적으로 표현한 시나리오"라고 정의하고 있다.

(2) 베이스라인 설정 시 기준이 되는 원칙

베이스라인은 근본적으로 가정에 근거한 일종의 시나리오이기 때문에 CDM의 기본목적에 가장 충실한 시나리오를 선정하기 위한 판단 기준이 되는 기본적인 원칙이 필요하다.

1) 투명성(Transparency) 원칙

베이스라인 방법론은 방법론 설정을 위한 각 단계가 투명하게(명확하게) 제시되어야 한다. 즉, 베이스라인 설정에 사용된 데이터 제공원(Data Source), 참고자료, 가정 등 모든 정보는 규명되어야 하고, 적정한 방식으로 기록되어 제시되어야 한다.

2) 보수성(Conservatism) 원칙

베이스라인 시나리오라는 것이 비록 예측가능하지만 현재로서 알 수 없는 미래의 결과를 가정한 것이니만큼 불확실성이 존재한다. 따라서 베이스라인 방법론을 수립할 때는 가정과 변수의 선택에 있어서, 베이스라인 배출량 계산결과가 높은 쪽보다는 낮은 쪽이 되도록 선정해야 한다.

(3) 베이스라인 방법론의 개념

원리적으로 볼 때 CDM사업 활동으로 인한 온실가스 감축량은 다음의 그림에서 설명된 바와 같이 CDM사업이 일어나지 않는 상황을 가정하여 예상되는 "베이스라인 배출량"과 CDM사업 활동결과 배출되는 "사업 배출량"의 차이에 해당되는 값이라고 할 수 있다.

- 베이스라인 배출량 (Baseline Emission)
  : CDM사업 활동이 없는 상황을 가정하여 예상하는 온실가스 배출량
- 사업 배출량 (Project Emission)
  : CDM사업 활동결과 배출되는 온실가스 배출량

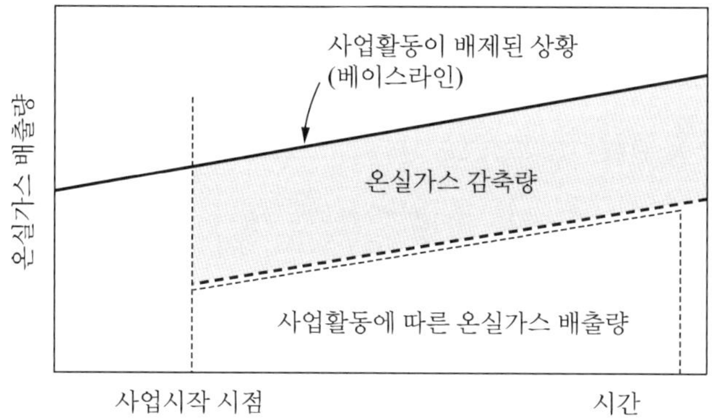

그림 2.7 사업 활동에 의한 온실가스 감축량의 개념

그러므로 온실가스 감축량을 구하기 위해서는 기본적으로 베이스라인 배출량과 사업 배출량을 먼저 구하여야 하는데, 이는 CDM사업이 일어나지 않는 상황 즉 베이스라인에 대한 규명과 추가적으로 행하여진 감축활동에 대한 규명이 선행되어야 달성될 수 있다.

따라서, 베이스라인 방법론은 제안된 CDM사업에 대하여 베이스라인을 설정하고, 추가성을 입증하기 위한 절차(Procedure)/식(Formulae)/계산법(Algorism)을 설명한 것으로 생각할 수 있다.

4 추가성 분석

UNFCCC에서 개발한 추가성 검증툴을 이용하여 제한된 사업의 추가성을 입증한다.

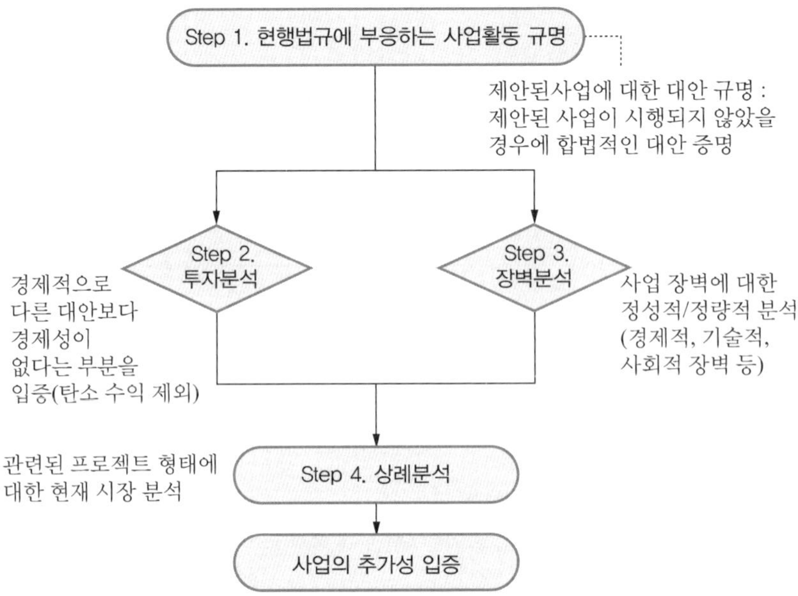

그림 2.8 추가성 검증툴 이해도

5 방법론의 분류

CDM사업을 사업의 크기별로 구분하면, 소규모 CDM사업과 일반 CDM사업으로 나눌 수 있으며, 각각에 해당하는 방법론을 적용한다.

(1) 소규모 CDM사업(AMS : Small Scale CDM Methodology) : 49개 승인

- 최대발전용량이 15 MW(또는 상당분) 이하의 재생에너지 사업
- 연간 60 GWh(또는 상당분) 이하의 에너지를 감축하는 에너지 효율 향상 사업
- 연간 배출 감축량이 60kt CO_2eq. 이하의 사업

소규모 CDM사업의 범주에 속하는 않는 사업은 일반 CDM사업의 범주로 구분한다.

(2) 승인된 대규모 방법론(AM : Approved Large Scale Methodology) : 67개 승인

(3) 승인된 통합 방법론(ACM : Approved Consolidated Methodology) : 16개 승인

- 통합방법론은 상대적으로 많은 방법론이 개발되는 분야에 대하여 이미 승인된 방법

론을 조합하여 만든 방법론을 가리킴

- 통합 방법론을 이용함으로써 CDM사업의 추진에 소요되는 시간과 비용을 절감할 수 있으며, 통합 방법론에 흡수된 기 승인 방법론들은 폐기됨

(4) 배출 감축 및 흡수원(sink) 관련 방법론

제7차 당사국 총회에서는 채택된 마라케쉬 합의문(2001)에서는 제1차 의무감축기간(2008~2012) 동안에 흡수원(sink)에 관한 CDM사업은 조림(造林) 및 재조림(再造林)으로 한정함(산림경영 사업은 제외)

- 조림/재조림 방법론(AR-AM : Afforestation/Reforestation Methodology)
- 소규모 조림/재조림 방법론(AR-AMS : Small Scale Afforestation/Reforestation Methodology)

이 때, 조림 CDM사업의 대상은 50년 간 산림이 아니던 토지를 산림으로 전환하는 사업을 말하며, 재조림 CDM사업의 대상은 1990년 이전에 산림이 아닌 토지를 산림으로 전환하는 사업을 말함.

6 개정 및 신규 방법론 개발

신규방법론의 개발이나 개정은 방법론의 종류에 따라 승인/개정절차를 거치도록 규정하고 있다. 그러나 비부속서 I 국가에서 신규방법론을 개발하거나 개정하는 것은 흔한 일이 아니다(UNFCC에서는 소규모 신규방법론의 작성을 돕기 위한 가이드라인을 제공하고 있음).

CHAPTER 03

환경오염의 발생

3.1 개설

인간에게는 쾌적하고 편리한 문화생활을 원하는 본능이 있다. 그리고 이 본능을 충족시키기 위해서 생산의 수단을 필요로 하며, 많은 종류의 산업활동이 수반되게 된다.

한편, 인간은 자연환경을 지키고 개발에 의해 자연이 파괴되어 가는 것을 거부하는 본능도 지니고 있다. 또한 여기에서 개발을 정지하지 않으면 한정된 지구의 자원과 자연환경이 되돌릴 수 없는 상태가 된다는 사실을 깨닫고 있다. 인간은 대기와 수질이 오염되어 건강을 상실하고, 생활환경이 오염되고 파괴되어 간다는 사실에 실제적으로 두려움을 가지고 대처하고 있다. 원시상태의 생활을 원하는 사람은 없겠지만, 여기서 중요한 것은 개발과 환경과의 사이에 균형있는 조화의 문제라고 할 수 있다. 개발과 공업화가 진행됨에 따라 20세기 후반에 와서야 환경문제가 심각하게 대두되기 시작하였고, 인간은 적어도 쾌적한 환경에서 생활환경을 지키고 건강을 보호해야 할 권리가 있다는 점을 인식하였다.

환경(Environment)이라는 용어를 사전에서 살펴보면 「생활체를 둘러싸고 그것과 일정한 접촉을 가지는 세계… 자연적인 환경과 사회적인 환경을 포함한 종합적인 것…」으로 되어 있다. 이와 같이 환경이라는 것은 사회적 환경까지를 포함하는 것이지만 일반적으로 자연적 환경만을 가리키는 경우가 많으며, 환경파괴 등의 용어도 이 범주에 속하며 자연환경이 손상받는 것을 말한다. 이에 반하여 공해(Public Nuisance)라는 단어는 「사업활동이나 기타 다른 사람의 활동에 의해 생기는 상당범위에 걸친 대기오염, 수질오염, 토양오염, 소음·진동, 지반의 침하 및 악취에 의해서 사람의 건강 또는 생활환경에 관한 피해가 생기는 것」으로 정의할 수 있다. 즉, 환경과 구별되는 점은 주로 그 대상이 사람인 경우 건강상의 피해나 생활환경에 영향을 주는 것 등이다.

공해를 크게 구분하면 ① 물질공해, ② 감각공해, ③ 기타공해로 나눌 수 있다. 대기오염이나 수질오염과 같은 경우는 오염물질이 대기나 하천, 호수, 해양에 유입되어, 오염물질에 인해 사람이 피해를 받거나 생활환경이 영향을 받는다. 따라서, 유입되는 오염물질의 양에 따라 피해의 정도가 달라지므로 이를 제거할 필요가 있다. 이와 같은 공해를 물질공해라고 한다. 일반적으로 물질공해는 광역공해로 되기 쉽고, 사람에 의한 개인차는 적으며, 오염물질을 처리한 후의 폐기물 등이 문제가 된다.

소음이나 진동 등에 의한 공해는 물질에 의한 것이 아니고 자극에 의한 감각공해이다. 따라서, 감각공해는 사람에 따라 크게 개인차를 보이며, 주관적, 심리적 이해관계 등에 의해 좌우되기 쉽다. 또한 지속적인 피해의 결과로 자극에 대한 감각이 둔화되고 자극에 대한 환경에 순응되어갈 수도 있다. 이 자극이 100배, 1000배 되어도 신체는 2, 3배 정도만의 감각을 나타내는 경우도 있다고 한다. 소음과 진동에 의한 공해는 좁은 영역의 공해이며, 이 때문에 공해진정건수 중 가장 높은 비율을 차지하지만, 폐기물 등을 발생시키지 않으므로 2차 오염은 일으키지 않는다.

용도별로 발생되는 공해를 분류해보면 ① 사업활동에 수반하여 발생되는 공해, ② 제품을 사용함에 따라 발생되는 공해, ③ 기타공해로 분류할 수 있다. 첫 번째로 사업활동에 의해 발생되는 공해 중 하나는 대기오염으로, 먼지, 황산화물, 규소, 카드뮴 등의 유해물질이 연소 등에 의해 연기의 형태로 배출된다. 이외에도 악취, 소음·진동, 지반침하, 폐기물, 방사선 등 그 종류는 다양하다. 두 번째로 제품을 사용함에 따라 발생되는 공해는 합성세제, 건전지, 연료, PCB를 포함한 제품, 약품, 식품 등이 오염원이 되는 경우이다.

최근에는 공해의 범주에 일조권의 장해, 식품공해, 전파방해 등 사회상식의 관점에서 다루어지는 문제들도 발생하고 있으며, 이들 공해의 방지에 노력할 필요가 있다.

3.2 인간과 환경오염의 관련성

인간과 환경오염간의 관련성을 면밀히 검토하여 인간의 오염습성의 원인을 파악하게 된다면 인간의 생활태도와 행동을 바꿈으로써 오염문제를 근본적으로 해결할 수 있는 기회를 가질 수 있다.

첫째, 한 가지 목표에만 집중하는 인간의 생활태도를 들 수 있다. 사업가 또는 소비자로서 개인 또는 집단으로서 인간들은 하나의 좁은 목표 달성을 추구하면서 다른 것들은 그대로 내버려 두는 경향이다. 데스몬 모리스는 그의 저서 "발가벗은 원숭이(The Naked Ape)"에서 이러한 성향을 원시인간 때부터 물려 내려오는 유산으로 설명하고 있다. 원숭이는 바나나 열매를 한 다발 따서 먹은 후 그 껍질을 버린다. 인간은 과자나 음료를 마신 후에 일상적으로 그 포장지나 깡통 등을 무심코 던져버린다.

비슷한 예로 우리는 자가용 승용차를 운전하면서 배기통으로부터 어떤 물질이 얼마나 배출되어 주위환경에 피해를 끼치는지에 대하여 별로 관심을 두지 아니한다. 우리는 세정제, 페인트, 용제류, 오일, 그리스 그리고 기타 다른 불필요한 물질들을 하수구에 버리면서 그러한 물질이 흘러나가면 하천에 어떠한 피해를 주는지 별로 주의를 기울이지 아니한다. 생산

공장들은 아직도 빈번한 강 또는 호소근처에 입지하여 폐기물질들을 쉽게 흘려보내려고 하고 있으며, 공장굴뚝을 공기 중으로 오염물질을 내보내어 바람에 쉽게 날려 보낼 수 있는 가장 간단한 시설로 생각하고 있다.

둘째로, 인간은 개인으로서 오염을 받아들이는데 너무 관용적인 태도를 취하고 있다. 예를 들면 공장 근로자들은 자기가 근무하는 공장의 배출시설에서 오염물질을 무단 투기하는 행위를 중지하도록 요구하는 노동쟁의권을 발휘할 수 있으나 사실 그렇게 하지 않고 있다. 또한 소비자들은 오염을 다량 배출시키는 공장에서 생산하는 상품에 대하여 불매운동을 벌일 수 있으나 그렇게 하는 일은 거의 없다. 대부분의 소비자들은 특정제품을 사느냐 안 사느냐를 결정하기 위한 판단기준으로서 제조업자의 오염 발생문제를 포함하려 하지 않고 있다. 우리는 진지하게 인간 자신에 대하여 다음과 같이 질문을 던져야 한다.

"오염자가 오염을 관용적으로 받아들이는 시민들보다 더 죄가 큰 것인가?" 확실한 것은 전자는 후자 없이 존재할 수 없다는 것이다.

3.3 지구환경의 오염

최근 프레온가스에 의한 오존층의 파괴, 이산화탄소에 의한 지구온난화현상 등 과거에는 생각할 수 없었던 「지구환경문제」가 세계적으로 주목을 받고 있다. 이러한 문제들은 우리의 생활활동에 큰 영향을 주고, 마침내는 인류의 장래에 생존이라는 문제까지도 생각해야 할 큰 이슈로 등장하고 있다. 이와 같이 「환경문제의 지구화」라는 문구에서 알 수 있듯이 일개의 국가만으로는 해결할 수 없는 전지구적인 규모까지 발전하게 되었다. 이 같은 상황에 도달하기까지에는 선진각국들의 과대한 에너지의 사용, 그리고 후진국들에서는 인구증가로 말미암은 식량획득을 위한 화전이라는 이동경작의 결과 발생한 산림피해 등에 그 원인을 들 수 있다. 특히, 지난 1950년에서 1999년까지 약 40년 동안 세계 인구는 2배로 되어 60억을 돌파하였다. 이 증가로 개발도상국에서는 식량과 연료자재 등의 수요가 급증하여 무분별한 산림의 파괴가 진행되었다. 1950년에서 1985년까지 35년 동안에 상업용 에너지는 세계 전체로 3.7배 증가하였고, 선진국들은 에너지의 주요공급원으로 화석 연료에 크게 의존해왔으며, 화석 연료의 소비증가가 대기 중에 이산화탄소, 질소산화물, 황산화물 등의 배출을 증가시키는 결과를 초래하였다. 이에 따라 전 세계적으로 대기 중 이산화탄소의 증가로 지구의 온도가 상승하는 온난화가 발생하였으며, 지역적으로 산성비가 내리는 등 여러 현상이 나타나고 있다.

1 오존층의 파괴

오존층은 지표면에서 약 20~25 km 사이에 위치하는 성층권 상층에 오존이 밀집하여 있는 층을 말하며, 태양열을 흡수하여 자외선으로부터 지구의 생명체를 보호하는 중요한 역할을 한다(그림 3.1 참조). 오존문제는 비교적 잘 알려져 있으나 '오존경보'를 일컬을 때의 오존과 '오존층 파괴'를 일컬을 때의 오존은 다르다. 이 때 두 가지 오존(O_3)은 물질로는 분명 같지만, '오존경보'에서의 오존은 대류권에서 주로 광화학반응의 결과로 오존 농도가 상승하게 되는 환경오염에 관련되는 것이며, '오존층 파괴'의 오존은 성층권의 오존 농도가 낮아져 생기는 지구환경문제와 관련되는 것으로 구분할 수 있다.

낮은 대기층에서 생성된 오존은 식물과 동물에 독성이 강한 오염물질인 반면 성층권에서는 절대적으로 필요한 물질로서 자외선을 막아주는 차단막의 역할을 한다. 자외선은 햇빛에서 나오는 방사물질의 일종으로 그 파장은 좀 짧고 다른 가시광선보다 고에너지를 갖는다. 자외선이 생물조직을 통과할 때 고에너지는 단백질 혹은 DNA 같은 핵산에 의하여 우선적으로 흡수되어서 이들 분자들의 화학적 결합을 분해시킬 수 있다. 하지만 자외선의 대부분은 성층권에 있는 오존층에 의하여 흡수되고 걸러져서 우리는 자외선 피해가 거의 없이 지낼 수 있다. 이러한 오존층이 없다면 식물과 동물에 미치는 생물학적 피해는 절망적일 것이다. 흥미롭게도 자외선은 약간의 산소분자들에 작용하여 자유산소원자로 해리시키는데, 해리된 자유산소원자는 다시 산소분자들과 결합하여 오존을 생성하게 되며, 균형에 도달하면 자유산소분자들이 또 오존분자들과 반응하기 때문에 오존 분자들을 파괴하여 다시 산소분자들을 만든다. 이리하여 오존과 산소의 균형이 성층권에서 이루어진다.

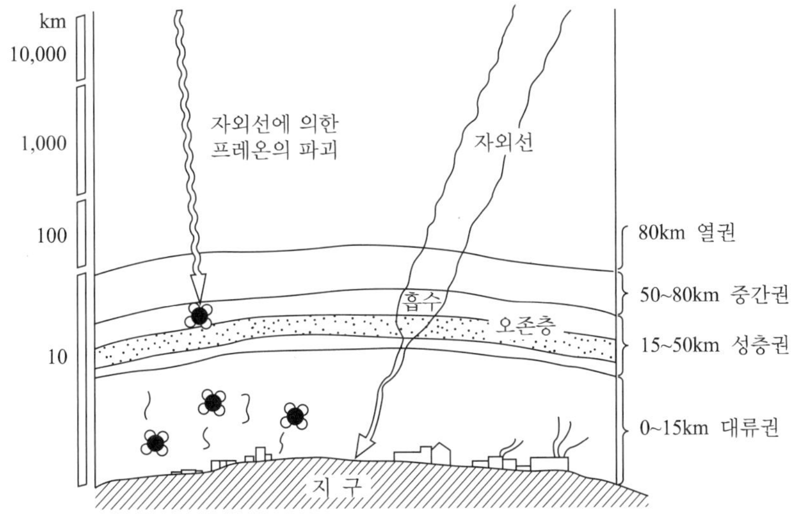

그림 3.1 대기 중의 오존층

낮은 대기층으로부터 성층권으로 서서히 스며들어간 어떤 오염물질은 오존층에 악영향을 준다. 특히 염소원자들은 오존의 분해반응에 촉매작용을 하는데, 이 반응은 연쇄적으로 일어난다. 촉매제인 염소 원자는 그 자신은 변화되지 아니하고 반복적으로 분해반응에 참여할 수 있으므로 수백만 개의 오존분자들을 분쇄시켜서 자연의 오존균형을 깨뜨릴 수 있다. 성층권에 도달하는 염소의 주요 발생원은 에어로졸 캔의 충진제로 쓰이는 프레온(CFCs) 등 염화불화탄소화합물이다.

전자제품의 세정제나 헤어스프레이의 분사제, 냉동기의 냉매 등에 폭넓게 사용되고 있는 프레온을 대기 중에 지속적으로 방출하면 성층권의 오존층이 파괴될 위험성이 있다.

오존층의 고갈은 1970년대 후반부터 관측되기 시작하였으며, 1974년 캘리포니아대학의 Molina와 Rowland 교수 등이 성층권 오존이 프레온가스(CFCs)에 의해 파괴된다는 사실을 Nature에 처음 발표한 후 관심을 끌기 시작하였다. 이로부터 11년이 경과한 1985년에 영국 남극조사팀이 남극 상공의 오존층 파괴 현상을 처음으로 관찰함으로써 주요 지구환경문제로 등장하게 되었다. 이후 1987년 10월에는 소위 '오존홀'로 명명되는 현저한 오존층 파괴를 관찰하였는데, 오존층 파괴가 가장 심각한 남극에서는 오존 전량의 95%가 파괴되었고 최근에는 인공위성 님버스 7호(NIMBUS-7)의 오존 전량측정기(TOMS)로 관측된 자료를 분석한 결과 과거 12년 동안 북반구에서 6~8%의 오존이 감소되었음을 관측하기도 하였다.

현재 남극 상공의 오존층에 생긴 구멍의 최대 크기는 미국 대륙 면적의 3배 정도인 2천 830만 km^2에 달하는 것으로 측정되고 있다. 또한 최근에는 북극에서도 오존홀이 발견되고 있는데 노르웨이의 북쪽 스핏츠버그 섬(Spitsbergen Island) 상공을 중심으로 매년 약 1.5~2%씩 감소하는 것으로 관측되고 있다. 하지만 북극의 오존홀은 남극보다는 작다. Rowland 교수는 이러한 결과가 남극 성층권 하부의 미세한 얼음으로 형성된 구름이 지표면으로부터 도달한 염소화합물을 함유하고 있다가 봄이 되어 녹을 때 염소가 방출되면서 오존층을 파괴하기 때문이며, 남극의 성층권에서 더 강한 공기 수렴현상이 발생, 기온이 −80℃까지 하강되어 프레온가스를 함유하는 질산염을 응결핵으로 하는 극성층 구름(Para Stratospheric Cloud)의 형성에 더 적합한 기상 조건이 되기 때문이라고 설명하고 있다. 표 3.1은 세계 각 지역에서의 할로겐화탄소의 농도를 나타내고 있다.

오존층이 파괴되면 오존층에 의해 차단되던 유해 자외선의 지표도달량이 증가하여 피부암, 백내장 등 건강장해를 일으키며 생태계에 악영향을 주는 것으로 알려지고 있다. UNEP (국제연합환경계획)의 CCOL(오존층 조정위원회)로부터 보고된 바에 의하면, 오존량이 1% 감소하면 생물에 유해한 자외선의 지표도달량이 2% 증가하며, 그 결과 각종 파부암이 4~6% 증가할 것으로 예측하고 있다. 또한 오존의 감소로 인해 기후가 변화하는 점을 주시하고 있다.

표 3.1 세계 각 지역의 할로겐화탄소의 농도

지 역	할로겐화탄소의 농도(ppt)
태평양	81
노르웨이	120
남대서양	52
북대서양	85
워싱턴 D.C	160
워싱턴 D.C	700 (체류공기 중)
로스앤젤레스	650 (체류공기 중)

(1) 오존층파괴물질

오존층을 파괴하는 대표적인 물질로는 '프레온가스'로 일컬어지는 CFCs와 소화기 등에 쓰이는 브롬을 함유한 할론(Halon) 가스를 들 수 있다.

프레온가스는 미국 과학자 미드글리(T. Midgley)가 제네럴일렉트릭(GE)사에서 의뢰를 받아, 가정용 냉장고에 사용하고 있던 암모니아를 대체하기 위해 1930년에 CFC를 처음 개발하였다. 제네럴일렉트릭(GE)사는 화학약품 회사인 듀퐁사와 공동으로 생산을 시작했고 상표명을 「프레온」으로 하였다. CFCs라는 용어는 Chlorofluorocarbons(염화불화탄소)의 약칭으로 프레온가스의 분자가 염소, 불소, 탄소로 되어 있는 것을 의미하며, CFC에 붙는 숫자는 각 성분을 구성하는 분자수를 말한다. 마지막 숫자는 분자중의 「불소의 수」를, 다음 수는 「수소의 수 +1」을, 그 앞의 수는 「탄소의 수 −1」을 각각 의미한다. 프레온가스는 색과 냄새가 없고, 인체에 무해하며 매우 안정하여 폭발성도 없고 불에 타지도 않는다. 프레온가스는 매우 안전하여 대기권에서는 잘 분해되지 않으며 성층권에 도달한 후 자외선에 의해 분해되어 염소분자를 방출하여 오존 파괴의 촉매자로 작용하게 된다($Cl + O_3 \rightarrow ClO + O_2$). 이 염소는 다시 재생되므로 염소분자 1개는 수천에서 수십만 개의 오존 분자를 파괴할 수 있다. 대표적인 프레온가스에는 CFC-11(CCl_3F), CFC-12(CCl_2F_2)와 CFC-115(C_2F_5Cl) 등이 있다. 현재 프레온가스는 화학적으로 안정한 성질 때문에 냉장고, 에어컨 등의 냉매로 이용되며, 이외에도 용제나 발포제, 스프레이나 소화기의 분무제 등으로 사용되고 있다. 표 3.2는 주요 오존파괴물질의 특성과 오존파괴능력을 나타낸다.

▌표 3.2 주요 오존파괴물질의 특성과 오존파괴능력

물 질	수명(년)	오존파괴능력	주요 용도
CFC-11	60	1.0	발포제, 냉장고, 에어컨
CFC-12	120	1.0	발포제, 냉장고, 에어컨
CFC-113	90	0.8	전자제품 세정제
CFC-114	200	1.0	발포제, 냉장고, 에어컨
CFC-115	400	0.6	발포제, 냉장고
Halon 1301	110	10.0	소화기
Halon 1211	25	3.0	소화기
Halon 2402	28	6.0	소화기
Carbon tetrachloride	50	1.1	전자제품 세정제, 살충제, 약제, 용매제, 접착제
Methyl chloroform	6.3	0.15	전자제품 세정제, 살충제, 약제, 용매제, 접착제

(2) 오존층 파괴의 영향

오존층이 파괴되면 기상 이변과 재해가 발생할 수 있으며, 또한 지표면에 도달하는 자외선 양이 증가하여 피부암과 백내장 등의 안질환 발생을 증가시킬 뿐만 아니라, 해양 플랑크톤에 피해를 주어 해양생태계를 파괴하며, 식물에도 피해를 주어 농작물 수확감소, 가축의 성장저해 등을 야기하게 된다. 오존층이 파괴되면 따른 세부적인 영향은 다음과 같다.

첫째, 인체에 대한 영향이다. 오존층 파괴는 지표면에 도달하는 태양광선 중 가장 유해한 290～320 nm의 자외선(UV-B) 흡수를 약화시켜 피부 및 눈에 특히 나쁜 영향을 미치며, 면역체계를 약화시켜 말라리아 등의 전염병을 유행시키기도 한다. UNEP의 오존층위원회는 성층권의 오존농도가 1% 감소하면 UV-B의 양이 2% 증가하여 피부암은 4～6%, 백내장은 0.6% 발생이 증가하여 전 세계적으로 1년에 약 10만 명 이상이 시력을 잃거나 피부암에 걸릴 것으로 보고한 바 있다. 표 3.3에 UV-B가 식물 및 생태계에 미치는 영향을 예상하여 나타내었다.

▌표 3.3 UV-B가 식물 및 생태계에 미칠 때 예상되는 영향

UV-B에 대한 식물의 반응	UV-B 방사량 증가에 의한 위험도
생장 – 저해 생체 내 물질 함유량 – 변화 잎의 면적 – 감소 잎의 두께 – 증가 잎의 속 – 자외선흡수물질의 축적 환경요인에 대한 감수성 – 변화	농작물 – 수량, 품질의 저하 생태계 – 조성, 분포의 변화

둘째, 생태계에 대한 영향이다. 각종 식물을 사용한 실험 연구에서 자외선 조사량의 증가는 생육의 저하를 초래하며, 1%의 오존량 감소는 1%의 농산물 수확 감소를 야기하는 것으로 알려져 있다. 또한 자외선은 새우와 게의 유충에 치명적인 영향을 미치며, 해양플랑크톤을 감소시켜 결국에는 수산물 어획고에도 영향을 미친다.

셋째, 기후에 미치는 영향이다. 오존층은 태양 자외선을 흡수하므로 지상에 도달하는 강한 자외선을 막아 주는 역할을 하며 오존층이 파괴되면 기후변동과 광화학반응의 패턴에 변화를 가져오게 된다.

(3) 오존층 보호

오존층은 파괴되기는 쉽지만 회복에는 매우 오랜 시간이 소요된다. 이에 오존층 파괴의 원인이 CFCs 사용증가로 인한 것임이 밝혀짐에 따라 선진국들을 중심으로 오존층보호를 위한 「비엔나협약」을 1985년 3월에 채택하였고 31개 CFCs 주요생산국의 업계대표들을 1987년 9월 캐나다 몬트리올에서 만나 CFCs 생산량을 1986년 수준으로 동결시킬 것을 약속하여 「오존층을 파괴하는 물질에 관한 몬트리올 의정서」를 채택, 1989년 1월에 1차로 47개국이 서명하여 몬트리올 의정서가 발효되었다. 이 의정서의 내용은 1989년 7월 1일부터 연간 생산량을 1986년 수준으로 고정시키고 1993년 7월 1일 이후는 1986년 수준의 80%, 1998년 7월 1일 부터는 1986년 수준의 50%로 제한키로 하는 것인데, 이의 대안으로 대체품 개발에 상호 협력키로 하였다. 우리나라도 1989년부터 대체품 개발연구를 착수해 오고 있으며, 1992년 5월에 「몬트리올 의정서」에 가입하였다.

2 이산화탄소의 증가에 의한 지구온난화

(1) 온실효과

지구에 도달하는 에너지는 대부분이 빛의 형태이다. 지구에 부딪치면 대부분의 빛은 흡수되어 여러 가지 경로를 거쳐 열로 바뀌며, 그 열은 적외선(열선)형태로 지구로부터 결국 재방출 된다. 대기 중의 이산화탄소는 태양방사는 거의 투과하지만, 지표로부터의 적외선방사를 거의 흡수하기 때문에 대기 중에 탄산가스가 많으면 많을수록 열의 외부방출은 더욱 봉쇄되어 온도는 더욱 증가할 것이다. 이러한 현상은 온실이나 햇빛 아래 주차한 승용차 안의 온도가 높은 것과 비슷하여 「온실효과(Greenhouse Effect)」라 불린다.

이러한 온실효과는 지구의 온도를 일정하게 유지시켜 주는 매우 중요한 역할을 한다. 온실효과가 없다면 지구의 온도는 지금보다 훨씬 낮아(−17℃ 정도) 지구도 다른 행성처럼 인간이 살기 힘들 것이다.

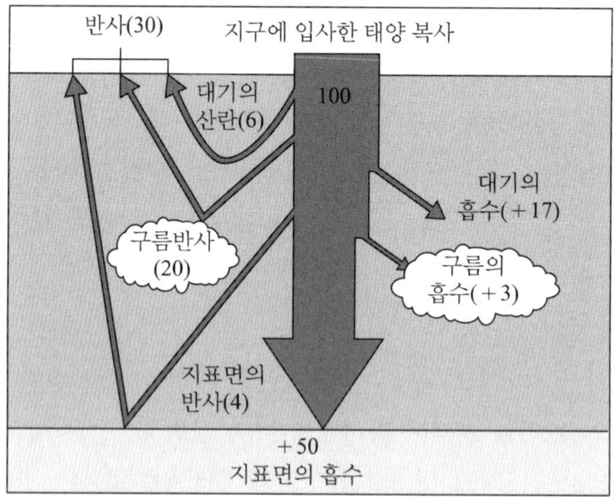

그림 3.2 지구 온실효과의 모형

(2) 온실가스와 그 영향

지구의 대기 중에는 태양방사에 대해서는 흡수가 작지만, 지구방사(적외방사 또는 장파방사)에 대해서는 흡수가 큰 기체들이 존재한다. 이들 기체에는 수증기, 이산화탄소, 오존 등이 있으며, 그 외 메탄, 아산화질소, 프레온가스 등이 있다. 이들 기체를 방사활성기체 또는 온실효과기체라고 부른다.

온실효과에 대한 역할은 현재 수증기, 이산화탄소, 구름이 전체 90%를 차지하고 있으며, 나머지 10%가 오존, 메탄, 프레온가스 등이 차지하고 있다. 지구방사에서 적외선흡수를 가장 많이 하는 것은 물이며, 8 μm 이하에서 그리고 20 μm 이상에서 흡수가 일어난다. 이산화탄소도 온실효과를 일으키는 기체이며, 13～18 μm 사이에서 강한 적외선흡수를 일으킨다(그림 3.3 참조).

표 3.4에 제시된 주요 국가별 CO_2 누적배출량을 살펴보면, 미국이 전 세계 CO_2 발생량의 23.5%로 가장 높은 비율을 차지하고 있으며, 한국은 1.7%로 세계 12위를 차지하고 있다.

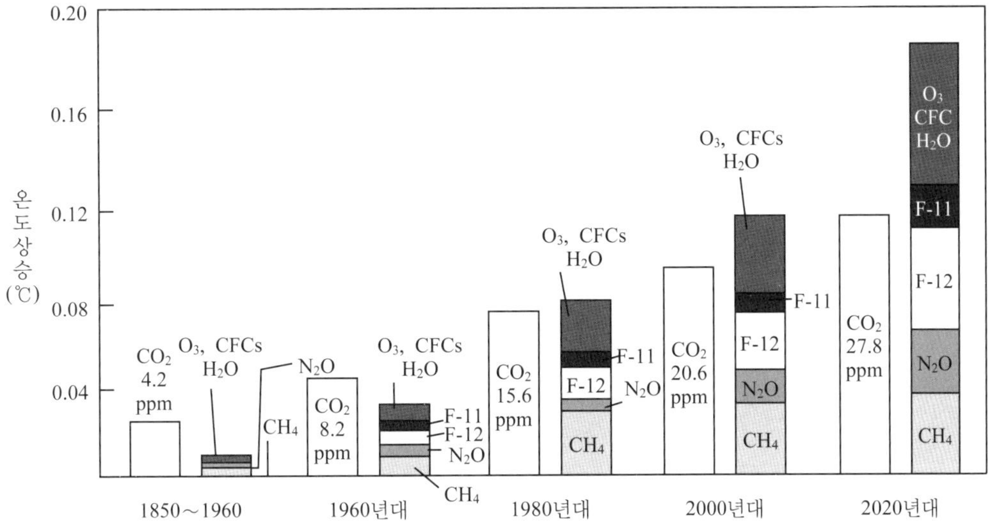

그림 3.3 각종 온실효과 기체의 증가로 인한 기온상승의 기여도

1. Ramanathan 등의 계산(1987년)에 의한 것임.
2. 각 10년간에 각종 온실효과가스의 증가에 의한 기온상승의 통계. 또, 이들 증가분을 더해 전체 농도로서 비교한 경우 2030년대에 이산화탄소를 제외한 다른 가스의 기여가 거의 비슷하다. 프레온에 대해서는 몬트리올 의정서에서의 삭감을 포함하지 않았으므로 예상기여는 약간 적을 것으로 추정된다.

표 3.4 주요 국가별 CO_2 누적배출량

국가명	세계 점유율(순위)	
	1850~2000년	1990~2000년
미 국	29.8%(1)	23.5%(1)
일 본	4.1%(7)	5.2%(5)
호 주	1.1%(15)	1.3%(17)
EU(25)	27.2%(2)	17.3%(2)
한 국	0.7%(23)	1.7%(12)
멕시코	1.0%(17)	1.5%(15)
중 국	7.3%(5)	13.8%(3)
인 도	2.0%(12)	3.7%(7)
선진국	77%	62%
개도국	22%	38%

자료 : International Energy Agency, 2006.

1990년 8월 UN의 한 기구인 기후변화에 관한 정부간 협의회(Intergovernmental Panel on Climate Change, IPCC)의 종합보고서에 따르면, 이산화탄소의 대기 중 농도는 산업혁명 전 약 280 ppm에서 1995년 360 ppm으로 증가하였으며, 과거 100년 동안 지구상의 평균온도는 0.3～0.6℃ 상승하였다고 한다. 2007년 11월 IPCC의 '제4차 평가보고서'에서도 2005년도까지의 100년 동안에 세계 평균기온이 0.74℃ 상승한 점과 북극의 빙하면적이 10년 동안에 2.7% 축소된 점 등에서 기온상승에 의한 온난화에는 의심할 여지가 없다고 기술되어 있으며, 또한 그 원인은 인위적 기원의 온실가스 증가에 의한 것이라고 거의 단정하고 있다. 그림 3.4에 세계평균 지상기온, 세계평균 해수면수위, 북반구의 적설면적의 변화를, 표 3.5에 세계연평균 기온상승으로 인한 주요 영향을 각각 나타내었다.

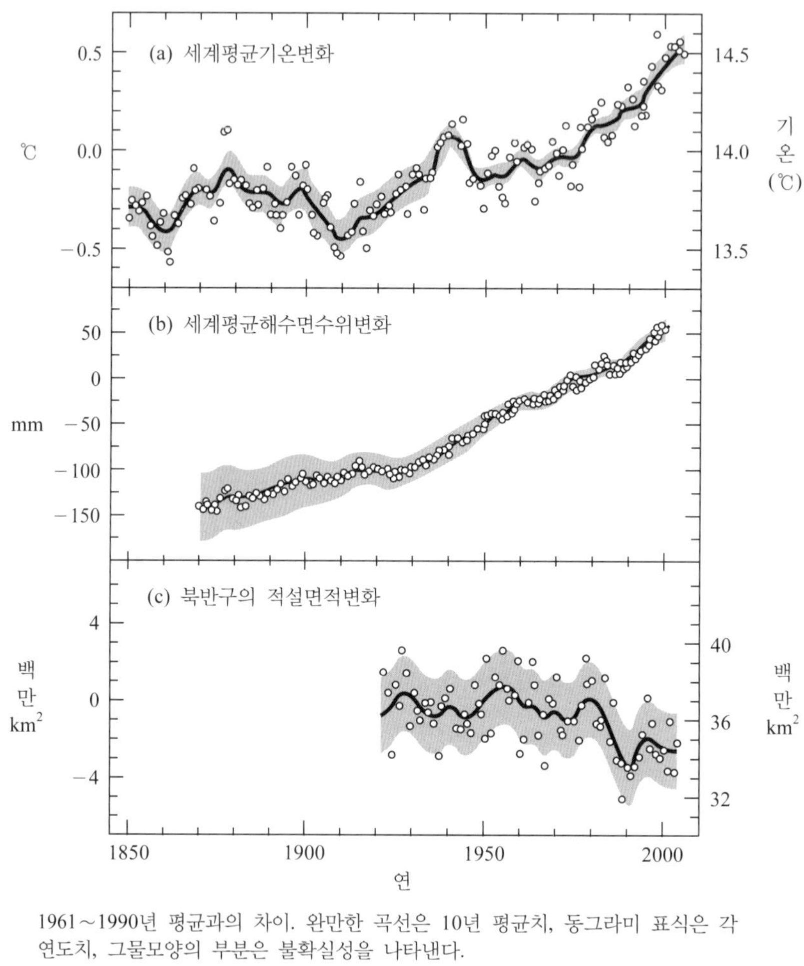

1961～1990년 평균과의 차이. 완만한 곡선은 10년 평균치, 동그라미 표식은 각 연도치, 그물모양의 부분은 불확실성을 나타낸다.

자료 : 환경일보, 월간 물(2008년 7월호), 2008.

그림 3.4 세계평균 지상기온, 세계평균 해수면수위, 북반구의 적설면적의 변화

표 3.5 세계연평균 기온상승으로 인한 주요 영향(1980~1990년)

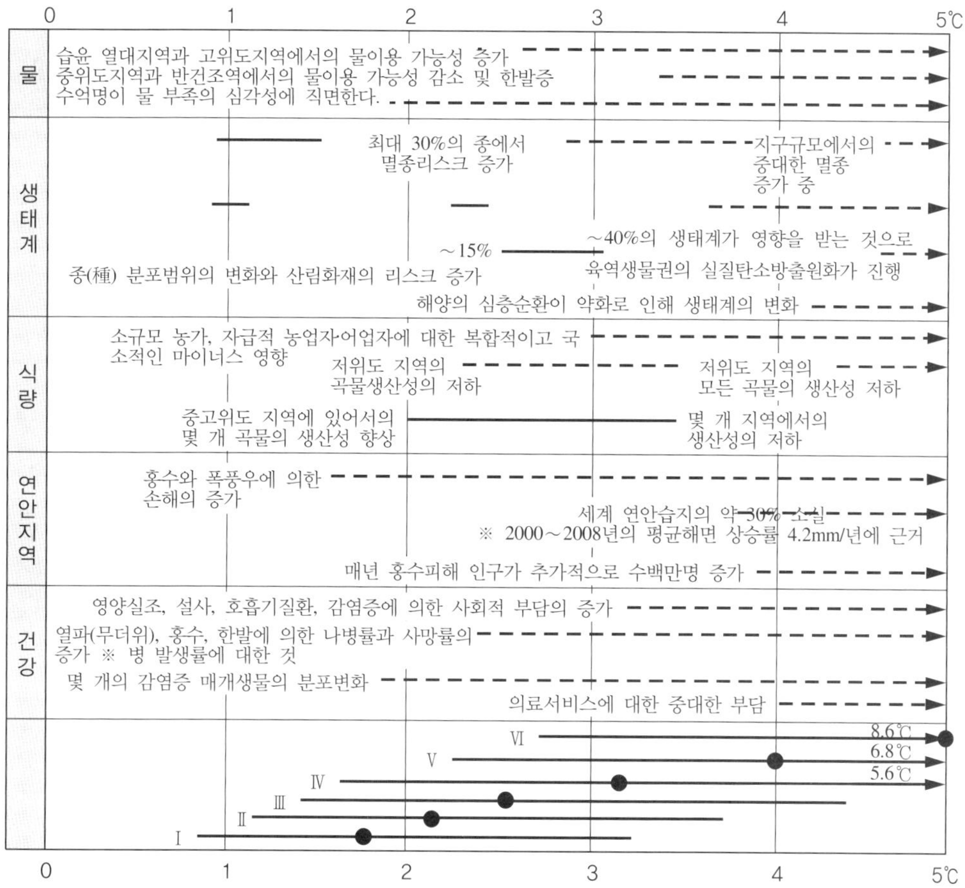

◎ 표 아랫부분에 있는 기온상승 카테고리 Ⅰ~Ⅵ은 목표로 해야 하는 안정화수준에 입각해 「제3차 평가보고서」 이후에 연계된 177개의 시나리오를 분류한 구분(● : 참값, 실선 : 현재, 점선 : 예측)

자료 : 환경일보, 월간 물

하와이, 마우나로아에서의 관측결과에 의하면 2005년의 이산화탄소의 농도는 381 ppm 정도로, 1959년의 316 ppm과 비교하면 45년간 약 21% 증가한 것이 된다(그림 3.5 참조). 최근의 이 증가율은 연간 1.5 ppm 정도이며 이는 과거와 비교하여 점차 높아지고 있다. 이산화탄소 배출량은 계절적으로 5월에 가장 높은 농도를 나타내었으며, 반면에 10월에 가장 낮은 농도를 보였다. 이 때문에 공업화 이전에 280 ppm 이었던 이산화탄소의 농도가 21세기 후반에는 2배인 560 ppm이 될 것으로 추정하고 있다(WECD 보고).

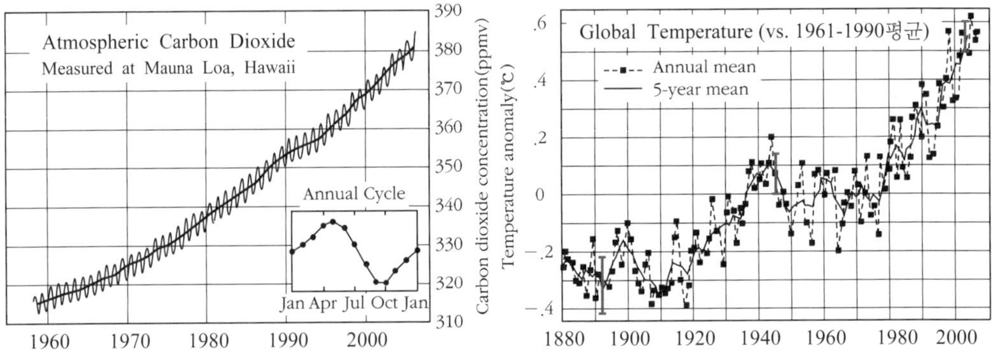

그림 3.5 대기 중 이산화탄소의 변화(하와이, 마우나로아 산) 및 지구온도 상승추이

(3) 지구온난화 방지

1992년 세계 각국의 정상들은 브라질의 리우에서 개최된 환경정상회의에서 대기 중의 온실가스 농도를 안정화하기 위한 목적으로 기후변화협약을 채택하였다. 기후변화협약은 1992년 당시 경제협력개발기구(OECD) 24개국과 온실가스 감축 잠재력이 높은 동구권 11개국 등 총 35개국으로 구성된 국가에 대해 1990년 수준으로 온실가스 배출량을 안정화 하도록 노력하여야 할 의무를 부과하고 있다. 기후변화협약은 1994년 3월 비준국 수가 50개국을 넘음으로써 발효되었다.

국제사회는 '공통의 그러나 차별화된 책임 원칙'에 따라 기후변화협약의 이행을 촉진하기 위해 선진국의 의무강화를 위한 구체적 방안을 논의한 끝에 1997년 제 3차 기후변화협약 당사국총회에서 선진국의 구속력 있는 양적 감축의무를 명분화한 교토의정서를 채택하였고, 2005년 2월에 발효되었다. 정식명칭은 기후변화에 관한 국제연합 규약의 교토의정서(Kyoto Protocol to the United Nations Framework Convention on Climate Change)이다.

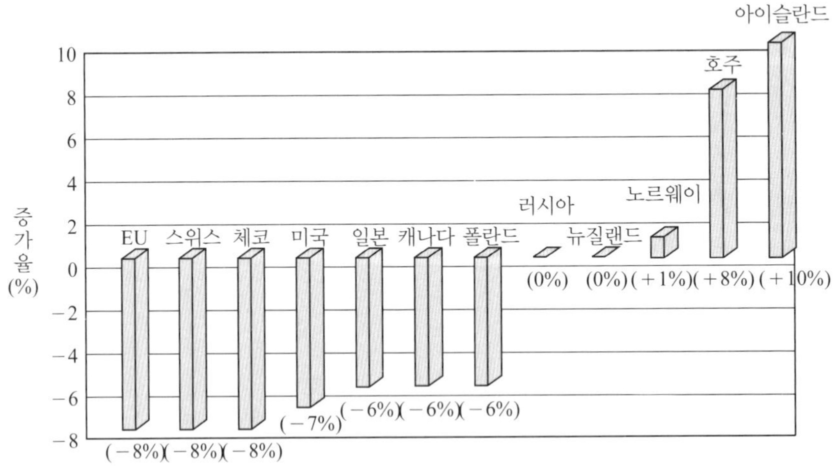

그림 3.6 국가별 온실가스 감축의무 (1990년대 대비)

의정서는 온실효과를 나타내는 이산화탄소를 비롯한 모두 6종류의 감축대상 가스 (GHG; greenhouse gas : 이산화탄소(CO_2), 메탄가스(CH_4), 아산화질소(N_2O), 수소불화탄소(HFCs), 과불화탄소(PFCs), 육불화황(SF_6))의 법정구속력을 가진 배출감소목표를 지정하고 있다. 의무이행 당사국은 오스트레일리아, 캐나다, 미국, 일본, 유럽연합(EU) 회원국 등 총 38개국이며 각국은 1차 의무기간(2008년부터 2012년까지) 중에 선진국 전체의 온실가스 배출량을 1990년 수준보다 적어도 5.2% 이하로 감축하되, 각국의 경제적 여건에 따라 −8%에서 +10%까지 차별화 된 감축량을 규정하였다(그림 3.6 참조).

교토의정서에는 의무이행 당사국이 온실가스를 효과적이고 경제적으로 줄이기 위하여 공동이행제도(Joint Implementation; JI), 청정개발체제(Clean Development Mechanism; CDM), 배출권거래제도(Emission Trading; ET)와 같은 유연성체제를 도입하였는데, 이들을 「교토메커니즘(Kyoto Mechanism)」이라고 한다. 이에 EU는 2005년 1월 1일부터 EU 회원국간의 배출권거래제도를 시행하여 온실가스를 비용효율적으로 감축하여 교토의정서상 의무이행을 준비하고 있다.

우리나라를 비롯한 개발도상국들은 1차 의무기간(2008~2012년) 동안 온실가스 배출을 자율규제하고 2차 의무기간(2013~2017년)부터 온실가스 배출규제를 받는 의무감축 대상국에 포함될 것이 확실시 되고 있다. 미국의 경우 전 세계 온실가스 배출량의 36.2%를 차지함에도 불구하고 자국의 산업보호와 개발도상국이 의무감축 대상국에 포함되어 있지 않다는 명분으로 지난 2001년 3월 탈퇴하였으나, 향후 개발도상국이 온실가스 의무감축 대상국에 포함될 것이 확실시되기 때문에 미국 또한 이를 피할 수 없을 것으로 보인다.

우리나라의 경우 이산화탄소 배출량은 지속적인 경제성장과 에너지 다소비 산업구조로 인해 꾸준히 증가하고 있는 실정이다. 온실가스별로 살펴보면, 온실가스 중 이산화탄소 비중은 1990년 83.6%에서 2002년 88.5%로 연 5.7% 정도 증가하였으며, 메탄은 1990년 이후 농경지 감소 및 폐기물 감축대책 추진 등으로 연평균 4.2%의 감소세를 보였다. 주로 에너지·산업공정·폐기물 등의 분야에서 온실가스가 배출되는 것으로 파악되고 있다. 현재의 산업구조 추세가 그대로 이어지고 획기적인 온실가스 감출노력이 시행되지 않을 경우 2020년까지 온실가스 배출량 증가세가 계속 유지되어 2020년 온실가스 배출량은 2000년 대비 70%가 늘어날 전망이며, 이 경우 2020년 이산화탄소 배출량 전망치 대비 10% 감소시 GDP의 0.29%인 3조 4천억 원의 감소가 예상된다고 보고되고 있다. 이에 정부뿐만 아니라 기업 차원에서도 저탄소 녹색성장의 기조 아래 에너지를 적게 사용하는 고부가가치 산업 육성 및 배출가스 저감기술 개발 등 미래의 배출권 시장에 대응하기 위한 경험축적과 잠재적인 수익기회의 선점을 위한 노력을 아끼지 말아야 할 것이다.

3 산성비

공기가 맑은 지역에서 내리는 비는 대기 중의 이산화탄소를 흡수하고 있으므로 수소이온 농도 pH(수소이온지수)는 5.3 가량을 유지하고 있다. 그런데 황이나 질소의 화합물, 할로겐 화합물, 탄화수소 등이 섞인 오염된 대기를 지난 비는 종종 pH 5.6 이하가 된다. 그 원인은 대기 중에 포함되어 있는 많은 산화물이 빗속에 녹아 들어가, 여러 경위를 거쳐 마지막에 황산, 질산, 염산 그 밖에 유기산 등으로 변하기 때문이다. 이처럼 pH 5.6 이하의 산성을 나타내는 비를 「산성비」라고 한다.

산성비(Acid Precipitation 또는 Acid Rain)는 주로 화석연료가 연소할 때 발생되는 아황산가스(SO_2)와 자동차 배기가스로부터 유래되는 질소산화물(NO_x) 등의 오염물질이 구름을 형성하는 과정에서 물과의 화학반응으로 황산, 질산 등으로 변하여 산성화된 빗물을 내리게 한다. 산성비란 용어는 1872년 산업혁명 초기에 영국 맨체스터 지역에 내린 산성 빗물을 표현하기 위해 기후학자인 Smith에 의해 처음 사용되었으며, 20세기에 이르러 빗물의 산성도가 pH로 표현되기 시작했다. 그림 3.7은 산성비와 pH의 관계를 나타낸 것이다.

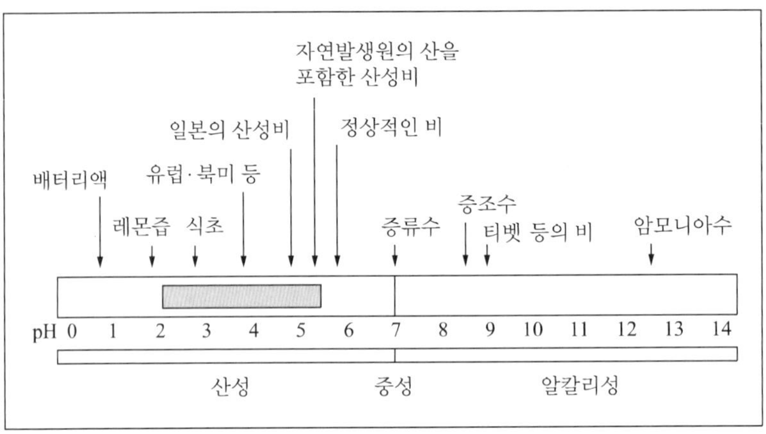

▌그림 3.7 산성비와 pH

(1) 산성비의 발생원인

산성비의 생성은 자연적 원인과 인간활동에 의한 것으로 대별될 수 있다. 자연적인 원인으로는 화산활동에 의한 다량의 황산화물과 염화수소가스 분출, 해풍에 의한 바닷물의 비산, 동·식물의 시체 분해시 생성되는 각종 유기산 등에 의한 산성비 형성을 들 수 있다. 1980년 5월 18일 미국의 세인트 헬렌즈 화산활동은 약 40만 톤의 아황산가스를 분출시켜 인근 지역에 강한 산성비가 내리기도 하였다. 반면 자연계에는 토양 중의 산화칼슘, 산화마그네슘, 황사에 포함되는 탄산칼슘, 암모니아 등과 도시의 아스팔트에서 발생하는 먼지 등 알칼리성 물질도 다수 존재한다. 이는 자동차 공해가 심한 대도시가 예측보다는 비의 산성도가 강하지 않은 이유이기도 하다. 하지만 산성비의 생성은 인간의 산업활동에 의한 부분이 훨씬 크며, 특히 화석연료의 연소가 주범이다. 즉, 대기 중으로 배출되는 아황산가스(SO_2)와 질소산화물(NO_x)은 기체상과 액체상의 산화반응을 거쳐 황산(H_2SO_4), 질산(HNO_3)으로 바뀌게 된다(그림 3.8 참조). 기체상 산화반응은 주로 OH^-기에 의해서 일어나므로 광화학반응과 관련되며, 따라서 겨울보다는 여름에, 밤보다는 낮에 잘 일어난다. 액체상 산화반응은 구름이나 안개 속에서 주로 일어난다. 산성비의 발생형태와 피해정도는 공장, 발전소, 소각로, 자동차, 항공기 등의 발생원과 원인물질, 기상조건 등에 따라 각기 다르게 나타나기도 한다. 우리나라 주요 도시의 산성비 변화추이를 그림 3.9에 나타내었다. 2006년 기준 전국 주요 도시에 내리는 산성비의 pH는 서울 4.7, 부산 5.7, 대구 5.5, 광주 5.2, 대전 4.7, 울산 5.0으로 나타나고 있다.

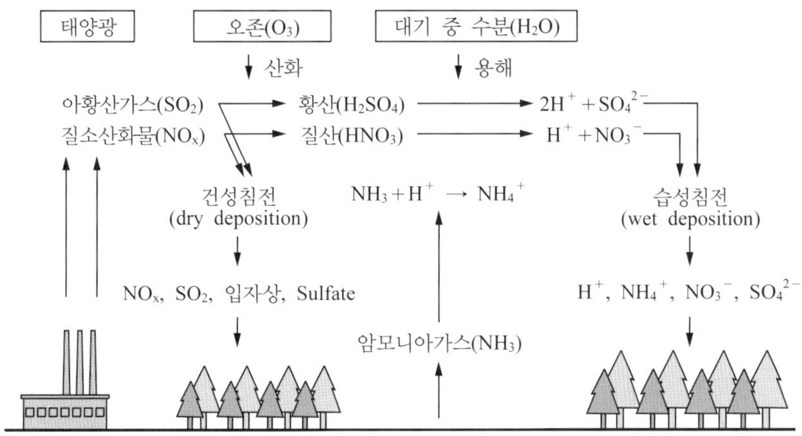

그림 3.8 산성비의 생성과정

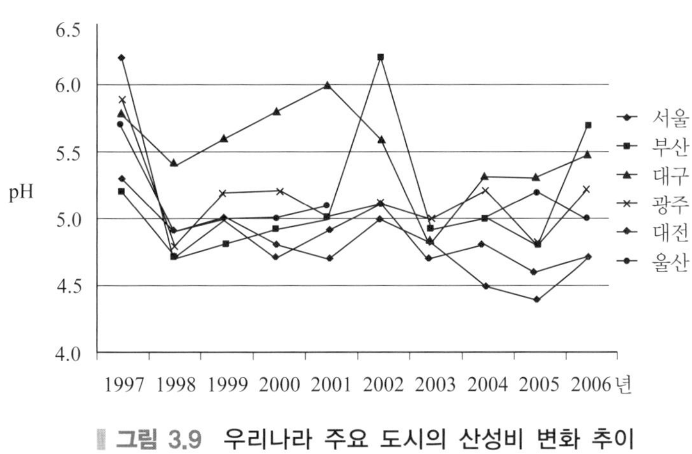

그림 3.9 우리나라 주요 도시의 산성비 변화 추이

(2) 산성비의 영향

산성비는 삼림을 파괴하고 하천·호소를 오염시키며 토양을 산성화시키는 등 생태계 전반에 영향을 미치며 건물, 교량 등의 구조물을 부식시킨다. 산성비가 인간에게 직접 피해를 준다는 보고는 아직 없다. 그러나 간접적인 피해를 입을 가능성은 충분히 있다. 탈모현상이나 호흡기질환의 증가가 산성비와 관련된다는 설도 있다.

산성비에 의한 가장 심각한 피해는 삼림피해이다. 산성비(특히 pH 3.0 이하)는 잎의 기공을 손상시켜 광합성작용에 이상을 일으킨다. 삼림피해는 유럽과 북미지역이 가장 심각하게 나타나고 있다. 독일, 네덜란드, 스위스는 전 삼림면적의 50% 이상이 피해를 입었으며(그림 3.10 참조), 스위스도 침엽수의 손상이 현저하며 그 유명한 동유럽의 미림이 자취를 감춘 대신 10 km에 이르는 고목군이 형성되었다. 체코슬로바키아의 삼림파괴는 50만 ha에 달하며 폴란드는 유럽 최악의 상태이다. 유럽보다는 덜하지만 북미 동북부의 삼림피해도 급속히 확산되고 있다. 최소 25개 주(州)의 삼림지대에서 산성비가 관측되고 있으며 뉴햄프셔주의 화이트산맥과 애팔레치아 산맥 정상지역이 특히 심하다. 비몬트주의 삼림에서는 1960년 이후 이끼에 덮인 면적이 50%나 감소하였으며, 나무들이 서서히 말라죽는 소위 신산림병이 만연하고 있다.

강하한 산성비는 결국은 하천과 호수로 흘러들어 수중 생물의 구성을 변화시키며 어떤 종을 멸종시키기도 한다. 산성화는 수중에 중금속을 용출시키는데 특히 pH가 4.5에 이르면 알루미늄 등으로 어류의 번식이 정지한다. 이 pH 4.5는 어류 절멸의 한계 값이기도 하다. 산성

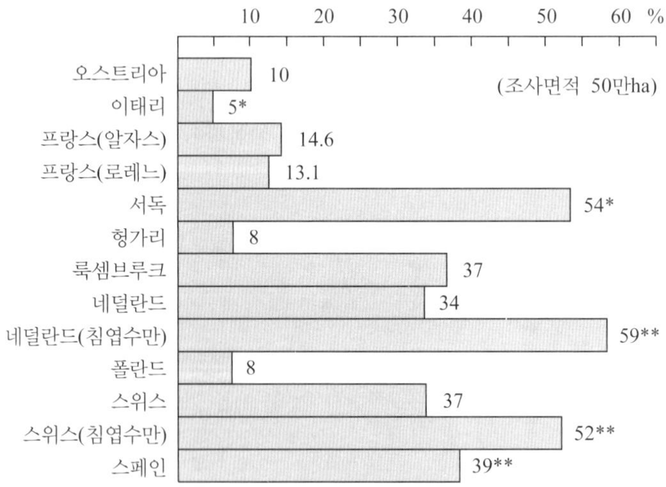

(비고, UNECE 자료 등에서 작성된 것. *는 1984년, **는 1986년)

그림 3.10 유럽각국의 산성비에 의한 산림피해현황(1985)

비에 의한 수자원의 피해는 주로 북유럽과 미국, 캐나다에서 많이 보고되고 있다. 캐나다에서 산성비가 관측되기 시작한 것은 고작 10년 정도이지만 현재 물고기가 살지 않는 호수가 전체의 4%에 이른다고 하며 미국도 뉴잉글랜드 지방의 담수호 중 약 10%가 피해를 입고 있다. 또한 스웨덴은 이미 4,000여개의 호수가 산성화되어 많은 어류들이 사멸되었다고 보고하고 있다. 미국의 생물학자인 Gorham은 영국과 캐나다에 있어서의 연구를 통하여 공업지대에서의 강우의 산성화현상은 화석연료의 연소로 인하여 발생되는 각종 산성가스로 인하여 발생하고, 알칼리물질의 소실과 호소 등의 산성화는 강우에 의한 산성물질의 침착 때문이라고 지적하였다.

토양은 호수나 하천보다는 산성화에 대한 저항력이 강하지만 산성화의 영향을 받는다. 특히 석탄질이 적은 토양은 산성화에 약한데 스칸디나비아 반도나 미국의 동북부, 캐나다의 남동부지역은 이러한 토양 중의 대표적인 영양염류인 칼륨, 마그네슘, 칼슘을 유출시켜 비옥도를 낮추고 알루미늄 등의 유해금속을 용출해 식물의 뿌리를 손상시킨다. 또한 토양미생물의 활성을 저하시켜 유기물 분해를 지연시키고 물질순환을 방해한다. 결국 토양은 자정작용이 파괴되고 생산능력이 감퇴하게 된다. 하지만 산성비로 인한 토양 산성화의 확실한 증거는 없다. 산성비에 의한 생태계 파괴는 동물의 생존에도 영향을 미친다. 어떤 조사에 따르면 pH 4.5에서 거의 모든 어류가 기형화하였고, 알이 부화되지 못했다. 껍질 없는 새알, 뿔 없는 사슴 등도 보고되었다.

(3) 산성화 확산방지

산성비의 정확한 생성(발생메커니즘)과 피해를 규명하기 위해 각국에서는 단독 또는 다국간의 공동에 의한 조사 및 연구를 추진하고 있다. 스웨덴, 독일, 캐나다, 미국, 중국 등에서는 독자적으로 조사·연구를 추진하고 있으며, 또 미국과 캐나다, OECD 등 유럽각국에서도 공동연구와 모니터링이 실시되고 있다. 특히 유럽에서는 1972년에 「OECD 대기오염물질 장거리이동계획 공동 기술계획(LRTAP)」이 책정된 것을 시작으로 유럽경제위원회(ECE)에서도 유럽모니터링평가프로그램(EMEP)을 출발시켜 적극적인 노력이 이루어지고 있다. 이외에도 산성비의 원인물질을 삭감하기 위해 1987년 9월에는 「장거리 월경 대기오염물질 조약에 근거한 헬싱키 의정서」를 발효하여 유황 배출량을 1993년까지 1980년 기준의 3배 이하로 감소시키는 노력을 기울였다.

산성비는 오염원과 피해지역이 달라 국가간 분쟁의 소지가 되기도 한다. 이에 우리나라도 급속히 산업화하고 있는 중국으로부터 피해가 우려되고 있다. 산성비 피해에 대처하기 위하여 산성강하물 국가모니터링 계획이 추진되고 있으며, 국제협력으로 미국·캐나다의 환경협력, 유럽의 EU를 중심으로 한 환경협력이 있다. 우리나라도 동아시아 네트워크(Acid Deposition Monitoring Network in East Asia, EANET)에 동참하고 있다.

CHAPTER 04

환경오염의 피해사례

4.1 개설

지구의 인구는 현재 놀라운 정도로 늘고 있으며, 지금부터 약 1만 년 전인 B.C. 8000년경의 세계 인구는 약 500만 정도였으리라고 추정되고 있다. 현재(2007년 기준) 세계 인구는 66억7천만 명에 육박하고 있으며(그림 4.1), 10억의 인구가 증가하는데 불과 20~30년밖에 걸리지 않는 것이 현실이다. 이와 같은 가속적인 인구의 증가의 배후에는 항상 환경문제가 뒤따르고 있으며, 환경문제로 인한 피해사례는 증가될 것으로 전망된다.

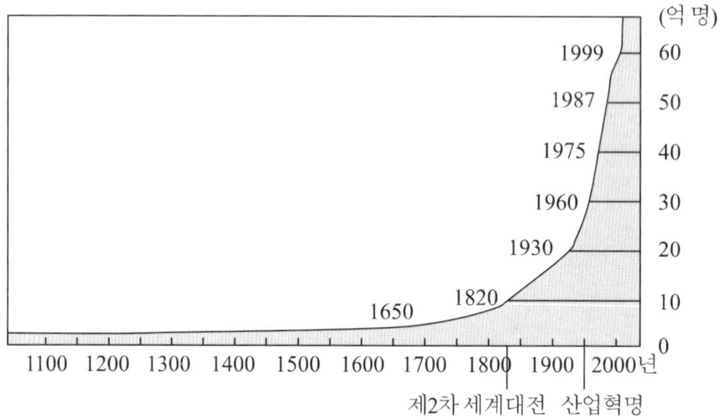

그림 4.1 세계의 인구 성장

태고 때부터 인류는 여러 방면에서 환경에 영향을 미쳐왔으며, 환경의 악화라는 관점에서 보면 식량획득을 위한 노력이 환경의 변화를 일으킨 제 1의 요인이었을 것이다. 불을 사용한 수렵, 경작, 방화, 개관, 습지의 배수, 특정 동식물의 난획, 숲의 채벌 등이 지구의 각처에서 규모의 대소를 막론하고 환경에 큰 변화를 만들어 왔다. 예를 들면, 북미의 인디언은 숲에 불을 놓음으로써 비옥한 초원을 만들고, 가축의 생식지를 넓혀왔지만, 당시 불의 사용은 의도하지 못했던 대규모의 산불을 가져왔을 것이다.

인류가 불을 사용하게 된 것은 그 이전에 인력에 의한 경작방법에 비해 토지의 경작이 용이하였고, 그로 인해 환경에 생각하지 못한 큰 변화를 주었다고 해도 과언은 아닐 것이다.

정착사회가 시작되면서 토지의 개간이 힘차게 이루어졌지만 증발이 심한 건조지에서는 오히려 개간이 토지의 염분을 높이게 되는 결과가 되어, 농지를 황폐지로 만들어버렸으며, 개간과 운하로 인해 하천의 미묘한 메커니즘이 바뀐 예도 있었을 것이다.

메소포타미아의 각양각색의 문명을 낳게 한 티그리스, 유프라테스의 하천은 현재 이라크의 수도 바그다드에서 약 400 km의 하류에 위치한 페르샤만에 인접하고 있지만 그 이전에는 이 두 하천의 하구가 바그다드에 있었다고 알려지고 있다. 수천 년에 걸친 각종 문명의 교체 중에서 반복되어온 하천의 건설과 상류의 수림지대에서의 벌채가 하천의 메커니즘을 바꾸어 토사의 퇴적을 가져온 것이다.

18세기 후반부터 시작된 산업혁명을 계기로 하는 본격적인 산업활동의 개시와 함께 자원개발과 공업생산이 농경업뿐만 아니라 일반주민에 피해를 미치기 시작하였다. 인구의 도시집중으로 인한 위생문제, 도시형 전염병(콜레라, 결핵)의 유행과 함께 각종 문제가 계속 발생하여 왔고, 오늘날에 와서는 환경오염의 문제가 산업혁명의 시기에 비교가 될 수 없을 정도의 문제들을 낳고 있다. 다음은 산업화에 따른 각종 환경오염의 피해사례를 몇 가지 서술한 것이다.

4.2 대기오염의 역사적 고찰

1 영국

광화학 스모그 같은 대기오염 현상은 기상학적으로 안정된 지역에 강한 햇빛과 자동차가 많이 통행하면 생길 수 있는 최근의 오염 현상이다. 그러나 매연(Smoke)오염은 예부터 존재한 것으로 알려져 있다.

영국에서는 13C Edward 1세 재임 시 매연 때문에 의회기간 중에는 연료용 석탄사용을 금지시켰다. 1661년 John Evelyn에 의해 대기오염 해결법에 관한 책이 저술되었지만 채택되지 않았다. 이 책 내용 중에는 그린벨트(Green Belts) 설치에 관한 내용과 공장을 도시로부터 이전시킬 것을 명시한 내용이 무척 흥미로운 사항이다. 1819～1945년 사이에 영국에서는 대기오염 문제를 연구하기 위해 특별위원회가 3차례 구성되었으나 활동이 부진하다가 1952년 런던 스모그(London Smog) 발생 이후에야 결정적인 방책으로 1956년 Clean Air Act(청정공기법)를 제정하였다.

2 미국

영국만이 대기오염에 노출된 것만은 아니다. 벨기에(Belgium)의 뮤즈계곡(Meuse Valley)에서도 1930년 큰 재난이 일어났고, 미국에서는 1907년 세인트루이스(St. Louis), 1910년 시카고(Chicago), 1912년 피츠버그(Pittsburgh)에서 대기오염 문제점이 보고되었고, 마침내 1948년 펜실베니아(Pennsylvania)주 도노라(Donora)에서 큰 재난이 발생하였다. 하지만 Donora사건에서 주의할 점은 미국은 이 당시 석탄보다 석유와 천연 가스의 사용이 많았고 기상 조건이 영국과는 달랐기 때문에 런던 스모그와 같은 큰 피해는 없었다.

1995년 대기오염에 관한 미국 연방정부의 입법이 실시되었고, 1963년 Clean Air Act가 제정되었으며, 1967년 Air Quality Act가 공포되었다. 마침내 1970년 환경보호청(EPA : Environmental Protection Agency)이 신설되어 환경보전 행정의 종합적인 추진을 도모하게 되었다.

3 한국

1960년대 이후로 대기오염 문제는 선진국을 떠나 전 세계적인 문제로 확대되고 있다. 우리나라 역시 1960년 이후, 인구의 도시집중, 중공업의 발달, 에너지 수요증가, 자동차 수의 증가 등으로 서울, 부산을 비롯한 대도시와 울산, 온산, 여천 등의 공업지역에서 갖가지 대기오염이 발생하고 있다.

우리나라는 1963년 공해방지법이 공포된 이후 1971년 이를 현실에 맞게 개정하였고, 급속한 경제발전에 따른 모순점과 미비점을 보완하여 1977년 환경보전법이 공포되었다.

우리나라의 오염방지 담당부서는 보건사회부 산하에 있던 중 대기오염뿐이 아닌 미국 EPA와 같은 총체적인 환경오염 문제를 담당할 부서의 필요성에 따라 1980년 환경청이 설립되었고, 1990년 환경처로 승격되었으며, 1994년 환경부로 바뀌었다.

4.3 대기오염의 피해사례

대기오염은 산업화가 진행됨에 따라 세계의 각처에서 일어났으며, 현재에도 많은 교훈을 남겨주고 있다. 역사상 과거에 있었던 유명한 대기오염 에피소드로는 뮤즈계곡 사례, 도노라 사례, 포사리카 사례, 런던 스모그 사례, 로스앤젤레스 사례 등이 있다. 여기에서는 상기의 몇 가지 사례에 대한 배경과 경과를 고찰해 보고자 한다.

1 뮤즈계곡 사건

뮤즈강은 프랑스에 상류를 두고 벨기에의 탄전시대를 통과하여 네덜란드의 라인델타에 이르는 전장 950 km의 강이다. 벨기에의 유이에서 레제에 이르는 약 24 km는 강의 양쪽에 100 m 가까운 언덕이 강을 싸고 있으며, 이곳에 코크스공장, 제철공장, 제강공장, 유리공장, 아연제련공장, 황산제조공장 등이 연립으로 건설되어 대규모의 공장지대를 형성하였다. 이 계곡에서 차후에 『뮤즈계곡 대기오염 사건』으로 알려진 역사적인 대기오염이 발생한 것은 1930년 12월의 일이었다.

12월 1일, 이 계곡의 상공에 기온역전이 생기고, 이것이 1주일간 지속되었다. 계곡에 인접해있는 공장지역에서 뿜어내는 오염물질은 보통은 강의 흐름을 따라서 바람에 의해서 운반제거되었지만 역전층 때문에 상공에 부딪혀서 무풍의 상태에 오염물은 점점 축적되어 고농도로 되었다. 이와 같은 상황이 지속된 지 3일 후에는 계곡에 사는 주민의 호흡기 장해를 일으켜서 주말경에는 약 60명의 사망자를 내게 되었다. 이때 사망자의 대부분은 노약자가 많았고, 특히 심장병 및 폐질환을 가진 자가 영향을 받았으나 전 연령층에 걸쳐서 피해가 나타났다. 대부분의 주민들은 외기에 폭로되어서 점막 등이 침해를 받아 가슴의 진통, 기침, 호흡곤란, 눈과 코의 자격현상을 호소하였다. 당시 대기오염의 측정은 실시되지 않았으므로 오염의 원인물질이 무엇이었는지는 확실치 않으나, 이 사건에 대해 대기 중의 아황산가스의 농도가 9.6～38.4 ppm 정도로 추정되고 있다. 이와 같은 고농도의 아황산가스의 존재 하에서는 높은 농도의 황산미스트도 발생하였다고 생각되어진다(J. Goldsmith, Effects of Air Pollution on Human Health, Air Pollution I, (Stern)).

또 불화물이 오염물질이 아니었는가 하는 추측도 되고 있으나, 실제로는 복수의 오염물질이 방출되어서 상승적인 효과가 뮤즈계곡의 피해를 가져오게 된 것이라고 평가할 수 있을 것이다.

2 도노라 사건

『1948년 10월 26일, 화요일 오전 중 도노라는 짙은 안개 속에 덮였다. 약간 춥고, 하늘은 흐려있었고, 죽은 듯이 잠잠하였다. 안개가 온종일 뒤덮여 있었다. 수요일이 되어 움직이려고도 하지 않는 연기 덩어리의 주위에 안개가 걷힌 듯이 변화가 생기기 시작하였다. 오후가 되면서 시계는 떨어지고 있었다. 거리의 반대편은 약간 보였으나 공장은 시계에서 사라져 버렸으며, 굴뚝이 약간 알 수 있을 정도가 되어버렸다. 공기는 어느새 끈적끈적한 느낌을 주었으며, 냄새가 나기보다는 맛을 지닌다고 할 정도의 상황이 되어버렸다. 그 냄새는 아황산가스의 달짝지근한 특유의 냄새였다. 외출한 사람들은 누군가 냄새를 맡는 것 같았으나 그다지 관심을 나타내지 않았다. 석탄을 태우거나 철광석을 녹일 때 생기는 자극성이 있는 아황산가스의 냄새는 도노라에서는 안개가 생길 때마다 종종 발생하는 것이었다. 그러나 이번의 안개는 지금까지의 것과는 달리 몸을 치는 듯한 한층 강한 것으로 느껴졌다…』

도노라의 대기오염사건을 상세히 정리한 「뉴요커」지의 기자 B. Roueche는 이와 같이 저술하고 있다(B. Roueche, Eleven Blue Man, Little Brown, Boston, Mass, 1953). 이 일은 1948년 10월 발생한 것으로 도노라는 피츠버그의 남방 약 30 km에 있으며, 오하이오주의 지류 모노가 헤라강의 만곡부에 위치하고 있다.

도노라 주위와 마주보는 웹스터의 바로 뒤에는 약간 높은 언덕이 즐비해 있으며, 강의 만곡부에 위치한 탓으로 지형상 언덕에 의해 둘러싸인 구조를 가지고 있었다. 당시 도노라에는 14,000명이 살고 있었고, 취로 인구가 거의 강주변의 철강공장, 황산제조공장, 아연공장 등에서 일하였다. 1948년 10월 26일에 이 계곡을 덮은 스모그현상은 시간이 갈수록 심각해져갔다. 언제나 그렇듯이 연무에 쌓인 주민들은 관심이 없었다. 그러나 27일, 28일이 지나면서, 병원을 찾는 환자와 의사들에 대한 전화가 빈번히 오가고 있었다. 31일이 되어서야 비가 오고 드디어 스모그는 그 자취를 감추었다.

사망이 20명, 피해를 받은 주민은 약 6,000명에 이르렀고, 원인은 공장의 매연이 계곡을 덮은 역전층에 의해 좁은 공간에 가득 차버렸기 때문이었다. 도노라도 당시 대기오염의 측정이 실시되지 않았다.

그러나 당시 아황산가스의 농도는 0.5～2.0 ppm이었다고 추정되며 입자상 물질도 틀림없이 공존하였다고 추정된다. 이 도노라 사건은 미국 공중위생국이 1949년에 보고서(H. H. Schrenk, H. Heimann, G. D. Clayton, W. H. Gafefer, H. Wexler, U. S. Public Health Service Bulletin 306, 1949)에서 상세히 발표하고 있다.

3 런던 스모그 현상

런던에서는 옛날부터 대기오염이 발생하고 있었으며, 13세기에도 에드워드 1세가 석탄을 연료로 사용하는 것을 금지시켰다. 1866년에는 위생법(Sanitary Act)을, 1875년에는 공중위생법(Public Health Act)을 제정하지 않으면 안 될 정도로 사태는 악화되었다. 1873년 12월, 1880년 1월, 1882년 2월, 1892년 12월에는 스모그의 영향에 의한 사망자가 300명에 이르렀다. 그 후 1952년, 1959년, 1962년에도 스모그에 의한 피해가 생겼지만 런던 스모그를 말할 때는 1952년 스모그의 사례가 제일 유명한 사례로서 교훈을 남기고 있다. 그 때 당시의 상황은 다음과 같이 설명되고 있다.

1952년 12월 4일, 목요일 아침은 쾌적하였다. 런던시민들이 아침에 눈을 떴을 때 기온이 4℃ 정도였고 런던교를 건너는 사람은 템즈강 연안의 풍경을 3～5 km 앞까지 내다볼 수 있었다. 거리에는 여느 때와 같이 출근길에 있었고 북풍이 불고 있었다. 갑자기 기상의 변화가 일기 시작하였고 냉기단이 서유럽을 옆으로 가로질러서 브리텐섬으로 가까이 접근하고 있었다. 오후가 지나서 이 냉기단의 첨단부가 영불해협을 지나기 시작하였다. 아침부터 불고 있던 바람이 갑자기 멈추었다. 영불해협을 건넜던 기단이 굴곡이 심한 지형을 하고 있는 템즈강 하류의 넓은 계곡에 스며들어 완전히 이 계곡을 덮었다. 드디어 이 계곡주변은 냉기단에 뒤덮이고 기류는 움직이지 않게 되어버렸다. 기온역전이 생기고 연무가 발생하기 시작하였다. 날씨의 관계로 어느 가정이고 할 것 없이 석탄을 태우기 시작하였고 수십만 가구에서 내뿜는 연기와 아황산가스가 연무와 함께 뒤섞이고 있었다. 끈적끈적한 공기의 침강이 계속되었고 12월 5일 금요일 런던은 오염공기의 짙은 안개 속에 완전히 밀폐되어 버렸다. 도위켄햄과 디딘톤에서는 안개로 교통이 정지되었다. 운전자들은 헤드라이트를 켰으나 안개로 곳곳에서 교통사고가 발생하여 통행불능이 되었다. 수천 명의 운전자가 차를 방치하고 걸을 수밖에 없게 되었으며 수송 등 모든 기능이 마비되었다. 기온은 영하로 떨어지기 시작하여 각 가정에서는 연료의 사용을 증가시켜 난방을 가동하였고, 그 결과 대기오염은 점점 악화일로에 있었다.

5일 밤은 습도가 100%, 기온 6℃ 전후의 조용한 밤이 지났고, 6일 토요일이 되자 안개는 미들 사섹스, 사리에 넓혀져 갔다. 익일 7일이 되자 사태는 더욱 악화되었고, 많은 곳에서 안개가 깊고 일중 컴컴한 암흑과도 같은 날을 보내게 되었다. 스모그는 이윽고 런던 중심에서 반경 20마일의 범위를 완전히 뒤덮고 있었다.

8일 월요일 밤중에는 남풍이 불기 시작하였고, 9일 아침 6시에는 스모그가 완전히 제거되어 깨끗한 아침을 맞이하였다. 스모그 기간 중 5일 금요일에는 가축 피해가 발생하기 시작하였고, 런던 주민도 늦게 그 피해가 생기기 시작하였다. 구급환자의 수가 평상시에 비해 4배나 증가하였다. 105명이 심장발작에 의해 쓰러지고 대부분이 일상적인 생활 중에 있었다. 금요일 스모그 발생 후 12시간 후 런던시의 사망률은 38% 증가하였고, 통상시의 사망자의 수보다 114명이나 더 많은 숫자를 보고하였다. 토요일에는 사망자가 3배까지 이르렀고, 스모그에 의한 사망자는 602명에 달하였다. 월요일에는 618명의 스모그에 의한 사망자가 발생하였다. 일단 화요일에는 스모그는 완전히 없어졌지만, 그 후에도 사망자는 늘어났으며, 화요일 하루만 해도 500명의 사망자가 발생하였다. 이로서 스모그 기간 중 총 4,000여명의 주민이 사망한 참혹한 결과를 낳았다.

4 로스앤젤레스(L.A) 스모그 사건

로스앤젤레스는 미국 캘리포니아 남부 사막기후 지대에 형성된 도시로 수자원이 부족하기 때문에 콜로라도강과 북부 세크라멘토강까지 인공수로를 건설하여 수자원을 확보함으로써 미국 서부 최대 도시를 이룩하였다. 풍부한 천연 자원을 가진 거대한 대륙에서 하필 수자원이 부족한 사막기후 지역에 대도시를 형성하게 된 이유 중 하나로 1900년대 초부터 시작된 영화산업을 들 수 있다. 강렬한 태양빛을 필요로 했던 당시의 사진 기술에 비추어 로스앤젤레스의 할리우드가 매우 적합한 곳이었기 때문이다.

로스앤젤레스의 발달은 자연히 자동차의 급증을 가져왔으며 도시는 급속히 팽창하게 되었다. 그리고 강렬한 태양빛과 자동차의 증가는 이 지역 특유의 대기오염 현상을 유발하게 되었다. 1940년대에 이르자 급속히 증가한 자동차 수와 더불어 로스앤젤레스의 대기에는 황갈색의 스모그가 형성되어 호흡이 곤란하고, 눈이 따갑고, 눈물이 나는 현상이 나타나기 시작하였다. 로스앤젤레스 시당국은 이러한 현상이 다른 지역의 대기오염과 마찬가지로 이산화황에 의한 것으로 생각하여 석탄과 석유 연소로부터 배출되는 이산화황을 규제하게 되었고 이러한 노력에 힘입어 실제 이산화황 배출량이 크게 감소하였다. 그러나 문제가 되는 황갈색 스모그는 계속해서 증가하였다.

다른 지역의 경우, 태양빛이 약하고 안개가 심한 밤에 검은색의 스모그가 형성되는 반면, 이 지역은 태양빛이 강렬한 주간에 황갈색의 스모그가 형성되었다. 이 황갈색 스모그는 1951년 하겐 스미트(Haagen-Smit, A. J.)라는 캘리포니아 공과대학 교수에 의하여 그 정체가 밝혀졌다. 즉, 자동차로부터 배출되는 질소산화물과 탄화수소 등이 강렬한 태양빛에 의하여 유독한 스모그를 형성한다는 것이다. 이때 태양광선으로 활성화된 질소산화물이 탄화수소와 반응하여 유독한 질산과산화 아세틸(PAN : Peroxyacetyl Nitrate)을 생성한다. 이러한 스모그를 이산화황과 안개에 의한 스모그와 구분하여 광화학 스모그(Photo-chemical Smog)라 부른다.

그 후 자동차에서 배출되는 질소산화물과 탄화수소를 줄일 수 있는 방법이 연구되었고 새로운 촉매장치의 개발로 어느 정도 성공은 거두었으나 아직도 로스앤젤레스는 강열한 태양과 광화학 스모그로 유명한 도시로 남아있다. 지금도 로스앤젤레스 시민들은 다른 지역에 거주하는 사람들보다 폐암에 걸리는 정도가 훨씬 높게 나타나고 있다.

4.4 수질오염의 역사적 고찰

수질오염의 역사는 로마시대에서부터 시작된 것으로 본다. 이 시대에 벌써 폐수처리 시설이 설치된 것으로 짐작할 수 있다. 그러나 실제적인 물의 위생관리는 19C 산업혁명 이후라 할 수 있다.

영국은 조직적인 하수처리장을 최초로 설치한 나라이다. 런던에서는 1889년 하수를 침전처리하였고 1935년경부터 생물학적 처리를 하였다. 1876년에 하천오염방지법(River Pollution Prevention Act)이 공포되었고, 1930년 하수도 조례, 1936년 공장 폐수 조례가 공포되었다.

미국의 수질오염관리는 1886년 매사추세츠(Massachusetts)주의 내면 수질보호법을 시발로 연방정부에서 1948년 연방 수질오염방지법을 제정하였고 1971년 이래 미국환경보호청(EPA)에서 환경오염 감시와 연구를 담당하고 있다.

일본은 2차 대전 후의 산업화로 1953년 미나마타병, 1966년 이타이이타이병 등의 대규모 수질오염 사태가 일어남에 따라 1967년 종합적인 공해대책기본법을 공포하고 1971년 환경청의 발족에 이르게 되었다.

우리나라에서는 1963년 공해방지법이 공포되었으나, 보건위생상 위해를 규정할 따름이었고, 1977년 환경보전법 공포로 환경기준에 따라 공해물질을 배출하는 규정으로 바뀌었다. 2008년 현재 환경 44개 법률 중 수질 및 수생태계 보전에 관한 법률 등에서 수질오염에 대해 규정하고 있다.

4.5 수질오염의 피해사례

현대사회의 대표적인 오염사례는 이미 반세기가 경과함에 따라 다수 발생하고 있으며, 그 양상도 복잡한 면을 띄고 있다. 수질오염의 피해사례로서 대표적인 것은 일본의 미나마타병과 이타이이타이병을 들 수 있다.

1 미나마타병

미나마타병 사건은 일본의 구마모토현의 미나마타만 주변어촌에서 1953년부터 1960년경까지 걸쳐서 원인 불명의 기병이 발생한 사건이다. 수인병의 증상으로는 시야협착, 난청, 동공운동실조, 언어장해, 지각장해 등이 주가 되며, 심한 경우에는 정신착란, 경련 등을 일으키는 증상을 나타낸다. 수인병의 특징으로는, ① 다수의 피해자가 발생한 것, ② 사망률이 높은 것, ③ 중증 및 후유증이 심하고 일상생활에 현저한 장애를 일으킨다는 것, ④ 유효한 치료방법이 없다는 것, ⑤ 태반에서 태아에 영향을 준다는 것, ⑥ 유전자 등의 염색체에 열성의 영향을 줄 가능성이 있는 것 등이다. 1971년 5월 31일 까지 확인된 환자의 수는 총 134명이었고, 이중 사망자는 48명, 모체를 통한 태아성 환자는 23명을 기록하고 있다. 이 수인병의 원인으로는 1962년 구마모토 대학의 의학부 연구반에서 유기수은설(미나마타공장설)을 발표하여, 질소회사의 아세트알데하이드 제조과정에서 배출되는 메틸수은화합물이 미나마타만의 일역을 오염시켜 오염된 어패류를 섭취한 고양이, 새, 인간 등이 발병하였다고 발표하였다.

폭약설, 농약설 등이 팽팽히 맞섰으나 일본정부는 1968년 9월 26일 「미나마타병은 미나마타산의 어패류를 장기간 더욱이 대량으로 섭취한 것에 의해 생긴 중독성의 중추신경계 질환이었으며, 그 원인 물질은 메틸수은화합물이었고, 신일본질소미나마타공장의 아세트알데하이드 초산 설비 내에서 생성된 메틸수은화합물이 공장배수에 포함된 채 배출되어 미나마타만 내의 어패류를 오염시키고 체내에 농축된 메틸수은화합물을 지닌 어패류를 지역주민들이 섭취함에 의해서 생긴 것이다」라고 인정하였다.

질소회사 미나마타공장은 1932년부터 아세트알데하이드를 제조하여 제조공정 중 생기는 폐액을 공장주변의 해역에 방류해버렸다. 1942년부터 미나마타항 내에서 고기가 떠오르는 것을 발견하게 되었고, 1958년에는 어획이 금지되었다. 그 후 질소공장에서의 아세트알데하이드의 생산에는 중단되었으며, 전후 최대의 공해사건으로 발전하였다.

2 이타이이타이병

이타이이타이병 사건은 도야마현의 도야마시, 신쯔강 근처에서 발생한 공해사건으로, 주민의 대부분이 골연화증이라는 비참한 결과를 가져온 사건이다. 그 원인은 미쯔이금속광업회사의 카미오카광업소에서 배출하는 카드뮴에 의한 것으로 되고 있다. 각지의 선광공장에서는 아연 및 납의 선광제련을 하고 있었으며, 그 과정에서 생기는 폐수를 신쯔강에 방류하고 있었다. 이 폐수에는 다량의 카드뮴이 포함되고 있었으며, 인근유역에 유하하여 부중정주변의 논밭에 침전하거나 지하수로 침투하였다. 그 결과 쌀, 콩 등의 농작물에 흡수되거나 인근에 생식하는 어류의 체내에 축적되었다. 또, 카드뮴을 포함한 폐수는 인근 주민들이 식수로 사용하는 지하수까지 오염시켰다. 자연히 이 과정에서 피해자는 서서히 장기간에 걸쳐 카드뮴을 직접 체내에 축적하게 되었고, 이타이이타이병으로 이르게 하였다고 보고하고 있다. 이 병은 중년이 지난 농부에게서 신쯔강주변수역과 구마노지구에 있어서 일종의 풍토병이라는 것으로서 전해지게 되었고, 원인불명의 괴병으로 알고 있었다.

1957년 토야마의약회에서 아키노박사가 이 병이 광독에 의한 것이라는 것을 발표하고 신쯔강 상류에서 방류하는 카드뮴에 의한 것이라고 지적하였다. 그러나, 최근 카드뮴오염지구 이외에서도 이타이이타이병의 증세와 비슷한 예가 발생하고 있어 카드뮴원인설에 의문을 갖는 학자가 늘고 있다고 한다. 현재에도 이 과학적인 논쟁은 결론이 나지 않은 상태이며, 학계의 금후 진전이 주목된다.

4.6 기타 피해사례

1 러브커널 사건

보통 화학공장에서 생기는 유해폐기물은 오랜시간이 지나도 버려진 장소에서 확산되어 생명체에 영향을 미치는 일이 발생할 가능성이 높다. 미국의 러브커널사건을 그 일례로서 화학물질의 투기에 대한 경종을 울려주고 있다. 후커사는 자사의 화학공장에서 발생하는 폐기물을 버리는 장소로서 1953년까지 러브커널을 사용하고 있었다. 사용기간은 11년간으로 되어있으며, 러브커널이라고 불리는 것은 7마일의 운하를 윌리엄러브가 발전용으로 만들었기에 그 이름을 따서 붙였다고 한다. 이 운하는 뉴욕주의 북단 나이아가라시의 일각에 있으며 그

주변의 16에이커가 후커의 소유로 되어 있었다. 1977년 말경에 러브커널 지구주변에 의심할 바 없는 오염이 확산되고 있었고 주민들은 환경조사를 의뢰하게 되었다. 커널근처의 수 블록 지구에서 유산과 기형아의 출생이 두드러지게 나타나 그 이상을 감지하기 시작하였다. 후커사는 자사의 폐기물 21,800톤을 이 운하에 버렸다고 하였다. 그 내역은 표 4.1과 같으며, BHC(Benzene Hexachloride) 등의 농약과 그 원료, 클로로벤젠류가 대부분이었다.

표 4.1 후커사가 투기한 21,800톤의 폐기물

폐기물의 종류	추정량(톤)
Miscellaneous acid chloride	400
Thionyl chloride	500
Miscellaneous chlorinations	1,000
Dodecyl mercaptans (DDM)	2,400
Trichlorophenol (TCP)	200
Benzoyl chloride	800
Metal chloride	400
Liquid disulfides	700
BHC, Lindane	6,900
Benzyl chlorides	2,400
Sulfides	2,100
Miscellaneous (10% 이상)	2,000
합 계	21,800

1978년 8월에 주당국과 EPA(환경보호청)은 조사를 시작하여 토양, 대기, 물에서 82종류의 독물을 검출하였으며, 그 중 11가지가 발암성물질로 판명되어 주지사는 처음으로 긴급주민대책을 취하고 우선 임신부와 유아의 퇴거를 권고하였다. 그리고 수 일 후에는 러브커널 99번 지구의 초등학교를 폐교하고 인접지구 6지구의 전 주민에 대해 영구적인 강제대책을 취했다. 지금도 이 지역의 주변에는 철조망이 둘러있고 접근을 금하고 있으며, 그 후에 지역의 외곽지역에도 건강상의 이상을 호소하는 사례가 발생하고 있다. 그 후에 대통령의 특별긴급대책으로 2,500인에 대해 일시적인 보호대책이 마련되었으며 EPA는 2년간의 종합적인 조사를 실시하였다. 1980년 5월에는 재조사의 긴급대책이 취해졌으며, 러브커널의 폐기물에서 유래하는 복합오염은 다이옥신을 포함하는 400여종의 물질에 의한 것으로 알려졌다.

2 체르노빌 원자력발전소 사건

1986년 4월 26일 오전 1시 23분 독립국가연합 키에프시 북부서 131 km 지점에 있는 체르노빌 원자력 발전소 4호로에서 역사상 최악의 원자력 사고가 발생하였다. 사고의 원인은 실험 중 몇 가지의 인위적인 실수가 겹쳐져서 일어난 것이다.

사고 직후 31명이 사망하였고 1990년 약 300명, 1992년까지 5,000～7,000명이 사망한 것으로 조사되었으나, 정확히 밝혀져 있지는 않다. 구 소련 당국은 사고 직후 발전소 주위 30 km 내의 주민 13만5천명을 강제 이주시킨 것을 시작으로 방사능 오염 확산으로 매년 주민들을 이주시키다가 1990년 4월 독립국가 연합최고회의는 18～20만 명의 이주계획을 세웠다.

위에서 알 수 있듯이 방사능 오염은 발생 이후 즉시 소멸되는 것이 아니고 세월이 지나면서 환경에 대한 피해가 더욱 심해진다는 것이다. 1987년 발전소가 있던 지트미르주의 한 농장에서는 그 때까지 없던 기형동물이 64마리가 태어났고, 1988년 역시 76마리의 기형동물이 태어났다. 더욱이 발전소에서 300 km 떨어진 러시아 공화국과 백러시아(벨라루스) 공화국에서도 어린아이들에게 각종 병이 발생하고 있다. 이와 같이 방사능의 영향은 연령이 낮을수록 심해서 신생아는 55세 성인에 비해 방사능에 300배나 민감하기 때문이다. 일본에서도 사고 7일 후 체로노빌 영향으로 인체에는 큰 피해가 없지만 평상치를 크게 웃도는 양의 방사능이 검출되었다. 8,000 km나 떨어진 일본에까지 방사능이 이동했음을 볼 때, 체르노빌 원자력 발전소 사고는 거의 전 북반구에 걸쳐 오염을 일으킨 것으로 간주된다.

4.7 지구환경문제 관계연표 (1970년대 이후 중심)

1 1970년대 이전의 국제적 중요사항

1891 미국에서 자연보전 단체 세라클럽 설립

1930 뮤즈(프랑스)에서 대기오염으로 60명 사망, 수천 명 피해

1948 도노라(미국)에서 대기오염으로 20명 사망, 6,000명 피해

1952 런던에서 대기오염으로 3,500～4,000명 이상 사망
(1950년대 전반 미국 캘리포니아대학 하겐슈밋이 광화학대기오염 원인 규명)

1962 레이첼 커슨(미국) 「침묵의 봄」을 저술, 농약오염의 공포를 어필

1967 영국바다에서 유조선 좌초, 유출원료로 생태계 피해(토니커니온호 사건)
1969 미국에서 환경보전 NGO「지구의 친구」 설립
1969 미국에서 국가 환경정책법(NEPA) 제정, 환경영향평가 등 여러 종류의 포괄적인 환경정책에 관한 기본법 탄생

2 1970년대 이후의 국제적 중요사항

1970. 7 OECD환경위원회 설립
1970.12 미국 환경보전청(EPA) 설립
1971. 1 「특별 물새생식지의 국제적으로 중요한 습지에 관한 조약(람사르 조약)」 채택
1972. 3 로마클럽「성장의 한계」를 저술, 지구자원의 유한성을 어필
1972. 6 유엔인간환경회의. 스톡홀름에서 개최,「인간환경선언」,「행동 계획」을 채택
1972.11 「폐기물 기타 물질의 투기에 의한 해양오염의 방지에 관한 조약」(런던 덤핑 조약) 채택(1975년 발효)
1972.11 제17회 UNESCO총회,「세계의 문화유적 및 자연유산의 보전에 관한 조약」(1975년 발효)
1972.12 유엔환경계획(UNEP) 설립
1973. 2 「멸종의 우려가 있는 야생동식물종의 국제거래에 관한 조약(워싱턴 조약 CITES)」 채택(1975 발효)
1973. 2 OECD「PCB의 규제에 의해 환경을 보전하기 위한 결의」를 채택, 특수 용도를 제외하고 PCB의 사용금지를 의무화함
1973.10 「1973년의 선박에 의한 오염방지를 위한 국제조약」 채택
1974. 8 세계인구회의 개최,「세계 인구 해동 계획」 채택
1974.11 세계식량회의 개최,「기아 및 영양불량 퇴치에 관한 세계선언」 채택
1976. 2 「지중해 오염방지 조약(바르셀로나조약)」 채택(1978년 발효)
1976. 5 유엔인간거주회의(HABITAT), 밴쿠버(캐나다)에서 개최
1976. 7 세베소(이태리)에서 다이옥신 오염. 비누공장에서의 사고로 누출된 원료가 화학반응을 일으킨 일. 주민에 의해 퇴거가 이루어지다.
1976.12 「라인강 화학오염 방지조약」 채택(1979 발효)
1977. 3 유엔물회의 개최,「마르텔프라타 해동계획」채택
1977. 8 유엔사막화 방지회의 개최,「사막화 방지행동계획」채택
1978. 2 「1973년 선박에 의한 오염방지를 위한 국제조약에 관한 1978년 의정서(MARPOL 73/78 조약)」(부속서 I, II 1983년 발효)
1978. 3 프랑스 바다에서 탱크좌초, 기름누출에 의한 생태계 피해(아모코가디스 사건)

1978. 3 터브커널(미국)에서 대량의 유해폐기물의 지하매설로 판명, 가터대통령에 의해 비상사태선언(러브커널 사건)

1979.4~5 WMO 「세계기후회의」 개최, 「세계기후계획」 채택

1979. 6 「야생동물의 이동성 종류의 보전에 관한 조약(본 조약)」 채택

1979. 7 제2회 OECD환경자관회의 개최, 「예견적 환경정책에 관한 선언」 채택

1979.11 유엔 유럽위원회(UNECE) 환경장관회합 개최

1980. 2 UNEP 및 세계은행 등 다국간 원조 10기관, 「경제개발에 관한 환경정책 등 수속에 관한 선언」 채택

1980. 3 IUCN/WWF 「세계환경보전 전략」 발표

1980. 7 미국정부 「서기 2000년의 지구」를 발표, 21세기로 향하는 환경문제의 심각화를 예측

1981. 8 「유엔 신에너지 및 재생가능 에너지 자원에 관한 회의」 개최
「신에너지 및 재생가능 에너지 자원의 이용을 증가시키기 위한 행동 계획」 채택

1981. 7 오타와 서미트에서 「공동선언」에 환경협력에 관한 사항을 포함시킴.

1982. 6 유엔인간환경회의 10주년기념회의, 나이로비에서 개최, 「나이로비선언」 채택

1983.10 OECD 「환경평가와 개발원조에 관한 특별 GROUP 설치」

1984. 3 산성비에 관한 캐나다, 유럽장관회의 개최, 유황산화물의 30% 저감선언(30% 그래프 탄생)

1984. 5 「세계은행의 환경정책과 절차」 책정

1984. 5 「환경과 개발에 관한 세계위원회」 발족

1984. 6 OECD환경과 경제회의 개최

1984.12 버펄로(인도)의 농약공장에서 유독가스가 누출 2,000명 이상이 사망(버펄로 사건)

1985. 2 ESCAP 환경장관 회의

1985. 3 「오존층 보호를 위한 비엔나 조약」 채택

1985. 6 제3회 OECD 환경장관회의 개최, 선언 「환경 : 장래의 자원」 및 「개발 원조 프로젝트 및 프로그램에 관한 환경평가에 관한 이사회 권고」를 함.

1985. 6 FAO 제7회 열대림 개발위원회, 「열대림행동계획」 채택

1985. 7 「유황배출 또는 이류의 최저 30% 감소에 관한 1978년 장거리월경 대기오염보약의 정서」 채택

1985.10 「이산화탄소등 기타 온실효과가스의 기후변동 및 이것에 기인되는 제반영향에 관한 역할의 평가」에 관한 회의, 피라하. (오스트리아)에서 개최

1986. 2 수림에 관한 국제회의 개최, 「삼림보전에 관한 강한 어필(파리 선언)」 채택

1986. 6 아시아개발은행 「사회자본 프로젝트에 관한 환경 가이드 라인」 작성

1986. 7 세계은행 「자연지역관리에 관한 정책」 채택

1986.10 「개발원조 프로젝트 및 프로그램에 관한 환경평가의 발족에 필요한 시책」에 관한

	OECD이사회 권고
1986.11	화학회사의 창고의 화재, 라인강 오염사건
1987. 2	「환경과 개발에 관한 세계위원회(WCED)」 동경에서 최종회합
1987. 4	WCED보고서「OUR COMMON FUTURE」 공표
1987. 5	세계은행 총재「환경보전을 위한 세계은행의 신정책」에 관한 연설
1987. 9	「오존층을 파괴하는 물질에 관한 몬트리올 의정서」 채택
1987.12	유엔총회의에서 WCED보고서를 지지하는 의결
1989. 5	오존층 파괴물질에 관한 몬트리올 의정서 제1차 체약국회의(헬싱키) 옵서버 국가를 포함한 80개국의 참가 하에 5종의 특종 프레온 가스의 생산과 소비를 2000년까지 전면 금지시키는 헬싱키 선언을 채택
1989. 9	지구환경보전에 관한 동경회의
1989.12	기후변화준비에 관한 세계회의
1990. 6	오존층 파괴물질에 관한 몬트리올 의정서 제2차 체약국회의(런던)
1990. 8	UN 환경개발회의 제1차 준비회의(나이로비)
1991. 3	UN 환경개발회의 제2차 준비회의(제네바)
1991. 4	UN 환경개발회의 제3차 준비회의(뉴욕)
1992. 6	UN 환경개발회의(리오데자이네르) 환경보전과 개발전략의 조화 등의 선언적 사항을 규정한「지구헌장(리우선언)」과 21세기를 향한 실천강령인「아젠다 21」의 채택

CHAPTER 05

환경행정과 관련법

5.1 개설
5.2 환경행정
5.3 환경보전대책
5.4 환경관련법

5.1 개설

오늘날에 와서 환경에 대한 인간의 인식과 참여가 절실히 요구되는 만큼 환경보전에 대한 노력이 여러 분야에서 필요하다. 환경보전에서는 단순히 오염자와 보전자가 따로 존재하는 것이 아니며, 인간활동의 모든 분야에서 오염자로서의 책임을 다할 의무도 있는 것이다. 환경보전을 위해서는 국가나 기업, 개개인 유기적인 관계를 가지면서, 환경에 대한 관리와 감독을 철저히 하여야 한다. 환경을 떠나서는 생물이 존재할 수 없으므로 이는 생물에 대한 생존권을 보장할 수 있어야 한다. 여기에서 상호간의 조직적인 보완과 규제가 필요하며, 이를 위해서는 환경행정의 기능적인 역할이 요구되어 진다. 다음은 환경보전에 관한 국제적 조직과 우리나라의 환경행정기구, 환경관련법 등을 소개하고자 한다.

5.2 환경행정

1 환경보전에 관한 국제적 조직과 활동

최근 선진국을 중심으로 하는 경제활동의 고도화에 부가하여, 개발도상국을 중심으로 한 국가들간 빈곤과 인구급증, 도시집중, 자연파괴 등으로 국제적인 상호의존관계가 절실하게 되었고, 이를 배경으로 지구환경문제가 대두되기 시작하고 있으며, 국제적인 조직의 움직임이 활발하게 진행되고 있다.

지구환경문제에 대해서는 국제연합환경계획(UNEP)을 중심으로 국제연합교육과학문화기구(UNESCO), 세계기상기구(WMO), 국제연합식량농업기구(FAO) 외에 경제협력개발기구(OECD), 국제학술연합(ICSU), 세계은행 등 각국 정부가 관심을 가지고 지구환경 문제의 해결을 위해 노력하고 있다. 1989년은 7월에 파리에서 앨슈서미트가 개최되어 주요과제 중 하나로 지구환경문제를 다루었으며, 9월에는 동경에서 「지구환경보전에 관한 동경회의」를 개최하였고, 11월에는 네덜란드에서 「대기오염과 기후변동에 관한 각료회의」를 개최하는 등 국제회의들이 연속으로 열려 「지구환경원년」이라 할 만큼 의의 있는 해였다.

UNEP의 기능은 ① 환경평가에 관한 것으로 지구환경모니터링시스템, 국제환경정보원조회시스템, 국제유해화학물질의 등록제 등 환경사항을 파악한다. ② 환경관리 및 정보에 관한 기능으로 인간의 주거, 생태계, 지구의 사막화, 환경과 개발, 환경개발법 등을 종합한다. ③ 지원조치로서 교육, 연수 및 기술지원 등의 역할을 수행한다. 1989년 5월에는 UNEP의 본부가 있는 나이로비에서 15회 관리이사회가 개최되어 기후변동에 관한 조약과 외교교섭의 개시 등의 과제를 결의하였다.

OECD는 1970년 7월에 OECD 중에 환경위원회가 설치되어, 지금까지 환경보전을 위한 활동을 계속하고 있으며, 최근에는 다른 위원회에서도 각각의 시점에서 환경문제를 다루고 있다. 환경위원회에서는 가맹각국정부가 환경정책을 기획 추진하는데 중요하다고 생각되는 문제를 검토하며, 그 결과를 필요에 따라 이사회에서 결정하거나, 조사, 연구 등을 통하여 보고서로서 공포하고 있다.

표 5.1 환경관계 국제기구

기구	내용
UNEP (국제연합환경계획)	1972년 스톡홀름에서 실시된 인간환경회의에서 채택된 '인간환경선언' 및 '환경국제공동계획'을 실시하는 기관으로서 1972년 말 제27회 국제연합총회에서 성립된 기관, 주된 업무는 국제연합의 각 기관에서의 환경분야의 활동에 종합적인 조정, 촉진 등의 기능을 가진다. 최고의사결정기관이 있는 관리이사회, 사무국 및 환경기금에 의해 구성되며, 본부는 케냐의 나이로비에 있다. 지구환경의 모니터링시스템(GEMS), 국제환경정보원조회제도(INFOTERRA), 국제유해화학물질등록제도(IRPTC) 등 지구환경의 상황파악과 각국공동의 환경관리지원을 하고 있다.
OECD (경제개발협력기구)	OECD는 1970년에 이사회의 결정에 따라 환경위원회를 설립하여 선진각국의 환경문제에 중추적 기능을 담당하고 있다. 지금까지 51개 이사회권고와 PCB에 규제에 관한 결정, 오염자부담원칙에 대한 권고, 개발지원과 환경영향평가에 관한 권고 등이 있다.
ESCAP (국제연합아시아 태평양 경제사회 위원회)	국제연합경제사회위원회의 하부기관으로 아시아 태평양지역의 경제사회를 담당하는 위원회이다. 환경관계에서는 총회하에 산업기술, 인간거주, 환경위원회가 설치되어 있다. 아시아지역의 환경장관회의, ESCAP 지역 내에 각종 사업의 환경적 검토, 계획수립에서 환경문제를 고려하며, UNEP사무소와 긴밀한 연락관계를 가진다.
WHO (세계보건기구)	보건, 위생을 담당하는 국제연합의 기관으로 환경분야에서는 세계주요도시의 대기환경모니터링 오염물질의 종합적인 폭로조사 등을 추진한다. 우리나라와는 기본협정을 기본으로 기술자문, 해외훈련, 기타지원 등을 실시하며 세미나, 단기훈련 등을 지원한다.
WMO (세계기상기구)	기상담당의 국제연합기구이며 환경분야에서는 세계기후계획(WCP)의 일환으로서 UNEP등과 협력하여 CO_2에 의한 지구온난화, 오존층파괴현상의 기구와 영향을 조사, BAPMON(대기환경농도측정망)을 운영하고 있다.

표 5.2 환경관계 국제민간단체기구

기구	내용
WRI (세계자원연구소)	세계의 환경자원에 관한 과학적, 학술적인 조사연구 및 정책제언을 목적으로 1982년 설립된 비영리단체, 산성비, 오존층보호 등의 환경문제의 과제를 다루며, 열대림의 보호, 생물종의 다양성 보전 토지이용계획, 농약사용의 적정화, 미국과 개발도상국과의 상호의존, 자원관계정보제공 등의 사업을 추진하고 있다.
IIASA (응용시스템 분석 연구소)	1972년 설비된 비정부의 학술연구기관, 세계중의 과학계, 산업계 및 정책결정자의 문제를 지원, 가맹국은 16개국, 산성비, 기후이벤트 등의 환경문제, 인구문제, 시스템의 사결정과학, 기술, 경제과학, 특별프로젝트를 추진하고 있다.
IIED (환경과 개발에 관한 세계연구소)	1968년 지구적인 환경문제를 대응하기 위해 출발한 정책 연구를 위한 민간단체로 창설. 본부는 런던에 있으며, 새로운 정책의 책정수락, 연료 및 거주 환경조사, 환경관계 정보를 제공한다.
WWF (세계자연보호기금)	1961년 설립된 비영리단체로서 야생동물을 보호하기 위해 기부금을 모집하기 시작해 세계 각국의 야생동물의 프로젝트를 추진하도록 도움을 주고 있다. 생태의 기초적 조사, 구체적인 보호활동, 계몽, 교육활동을 실시, 발족 당시부터 IUCN(국제자연보호연합)의 협력을 얻었으며, 아라비아반도의 아리비오릭스의 보호계획, 인도의 인도호랑이의 보호계획, 최근에는 세계자연보호기금으로 변경하였다. 현재 23개국이 가맹국이다.
IUCN (국제자연보호연합)	1948년에 스위스에 본부를 두고 발족하였으며, 자연보호에 관한 정보교환, 조사연구, 계몽, 제안 등을 하고 있다. 59개국 정부기관 125개, 민간단체 387개가 가입되어 있다. 자연보호, 야생동물보호에 가장 광범위한 활동을 하는 국제적 기관이다.
ICBP (국제조류보호회의)	1922년 영국에서 설립되었으며, 야생조류에 관한 적절한 보호를 위해 결성된 회의이다. 세계의 조류에 대한 레드데이터북을 작성, 멸절위기의 조류보호대책, 일반조류의 보호에 대한 자료제공 및 정보의 교환을 하고 있다.

1981년의 네덜란드서미트에서 환경문제에 대한 언급이 있은 이후에 각종 서미트에서 환경문제가 토론되고, 중요한 과제로서 등장하게 되었다. 1988년 캐나다의 토론토서미트에서 오존층의 파괴, 기후변동, 산성비, 유해폐기물의 국제간 이동, 사막화 등에 대해 각국의 국제협력과 행동의 필요성을 강조하였다.

환경보전에 관한 주요한 다국적간 조약에는 MARPOL 73/78조약(선박에 의한 오염방지를 위한 국제조약), 런던 덤핑조약(1975년 발효, 폐기물과 기타 오염물의 투기에 의한 해양오염방지에 관한 조약), 워싱턴 조약(1975년 발효, 절멸의 위기에 있는 야생식물조의 국제교역에 관한 조약), 비엔나조약 및 몬트리올 의정서(1988년 발효, 오존층보호를 위한 비엔나조약), 생물다양성에 관한 협약(1993년 발효, 생물다양성의 보전과 지속가능한 이용의 증진, 유전적으로 변형된 생명체의 안전관리 등을 규정한 협약), 기후변화협약 및 교토의정서(2005년 발효, 온실가스 배출감축에 관한 협약) 등이 있다.

환경과 개발에 관한 세계위원회는 지구적 환경오염문제에 관한 간담회를 개최하고 국제연합인간환경회의(1972, 스톡홀름) 개최 10주년을 기념하여, 1982년에 21세기의 지구환경의 이상상을 모색하고 그 실현을 향한 정책을 임무하는 특별위원회를 구성하였다. 1983년에 UNEP 관리이사회의 승인을 얻어 1984년에 '환경과 개발에 관한 특별위원회'라는 명칭으로 발족하고 이 보고서의 제목은 '지구의 미래를 지키기 위하여(Our Common Future)'이며, 장래의 세대에 대한 손상이 없이 현재의 세대에 만족할 수 있는 개발을 가리키며 1987년 국제연합 총회에서 의결을 거친 뒤 각 정부의 대책을 위한 결의가 채택되었다.

표 5.3에 국제환경협약을, 표 5.4와 표 5.5에 우리나라의 국제환경협약 가입 및 미가입현황을 각각 나타내었다.

표 5.3 국제환경협약

구 분	계	대기기후	담수보호	해양어업	생물보호	핵안전	유해물질	기 타
채 택	221	14	15	86	50	13	13	30
발 효	164	10	9	66	40	12	8	19
가 입	47	8	-	16	7	7	2	7

자료 : 환경부, 2007환경통계년감, 2007.10.

표 5.4 우리나라의 국제환경협약 가입현황

분야	협약명 (국문, 영문)	채택일시 (발효일시)	주요내용	가입일시 (발효일시)
대기·기후 (8) Air·Climate	Vienna Convention for the Protection of the Ozone Layer(오존층 보호를 위한 비엔나 협약)	'85.3.22 ('88.9.22)	• 오존층 파괴방지를 위한 과학기술 협력 • 오존층 파괴로부터 인간의 건강과 환경을 보호하기 위한 오존층 파괴물질 규제	'92.2.27 ('92.5.27)
	Montreal Protocol on Substances that Deplete the Ozone Layer(오존층 파괴물질에 관한 몬트리올 의정서)	'87.9.16 ('89.1.1)	• '86년을 기준으로 CFCs 등 소비량의 단계적 감축일정 규정(규제물질 CFC 4종과 할론 3종 등 8종) • 비가입국에 대한 무역규제	'92.2.27 ('92.5.27)
	The London Amendment to the Montreal Protocol(몬트리올 의정서의 런던 개정서)	'90.6.29 ('92.8.10)	• 규제물질 20종으로 확대(CFC 10종, 사염화탄소, 메틸클로로폼 추가지정)	'92.12.10 ('93.3.10)
	The Copenhagen Amendment to the Montreal Protocol(몬트리올 의정서의 코펜하겐 개정서)	'92.11.25 ('94.6.14)	• 규제물질 95종으로 확대(HCFC 40종, HBFC 34종, 메틸브로마이드 추가지정)	'94.12.2 ('95.3.2)

분야	협약명 (국문, 영문)	채택일시 (발효일시)	주요내용	가입일시 (발효일시)
대기·기후 (8) Air·Climate	The Montreal Amendment to the Montreal Protocol(몬트리올 의정서의 몬트리올 개정서)	'97.9.17 ('99.11.10)	• 2000년부터 규제물질에 대한 수출입허가제도 시행 • 메틸브로마이드의 비당사국과의 교역금지	'98.8.19 ('99.11.10)
	The Beijing Amendment to the Montreal Protocol(몬트리올 의정서의 베이징 개정서)	'99.12.3 ('02.2.25)	• 브로모클로로메탄을 규제일정에 포함, 수소 염화불화탄소(HCFCs) 생산에 대한 규제조치를 소비에 대한 규제조치까지 수정, 확대	'04.1.9 ('04.4.8)
	UN Framework Convention on Climate Change(기후변화에 관한 유엔 기본협약)(기후변화협약)	'92.5.9 ('94.3.21)	• 지구의 온난화를 방지하기 위해 각국의 온실가스 배출 감축에 관한 기본내용 규정	'93.12.14 ('94.3.21)
	Kyoto Protocol to United Nations Framework Convention on Climate Change(기후변화에 관한 국제연합 기본협약에 대한 교토의정서)	'97.12.11 ('05.2.16)	• 온실가스 배출 감축에 관한 세부내용 규정	'02.11.8 ('05.2.16)
해양·어업 (16) Marine·Fishery	International Convention for the Regulation of Whaling(ICRW) (As amended)(국제포경규제협약)	'46.12.2 ('48.11.10)	• 모든 종의 고래를 과도 남획으로부터 보호하기 위하여 국제적인 고래보호단체 설립 등 포경행위규제	'78.12.29 ('78.12.29)
	International Convention for the Prevention of Pollution of the Sea by Oil, 1954(as amended in 1962 and in 1969)(유류에 의한 해양오염방지를 위한 1954년 국제협약, 1962년 및 1969년 개정 포함)	'54.5.12 ('58.7.26) '62.4.11 ('67.6.28) '69.10.21 ('78.1.20)	• 선박에서 유출되는 유류에 의한 해양오염을 방지	'78.7.31 ('78.10.31)
	International Convention for the Conservation of Atlantic Tunas(대서양 참치의 보존에 관한 국제협약)	'66.5.14 ('69.3.21)	• 식용 등의 목적을 위해 일정 수준의 참치류 보존	'70.8.28 ('70.8.28)
	Protocol to the International Con- vention on Civil Liability for Oil Pollution Damage, 1969(유류오염 손해에 대한 민사책임에 관한 1969년 국제협약의 의정서)	'76.11.19 ('81.4.8)	• 유류오염사고 피해에 대한 민사상 책임 규정	'92.12.8 ('93.3.8)
	Convention on Conservation of the Living Resources of the South-East Atlantic(동남대서양생물자원 보존협약)	'69.10.23 ('71.10.24)	• 생물자원의 보호와 합리적 개발에 따른 협력 도모	'81.1.19 ('81.2.19)
	International Convention on Civil Liability for Oil Pollution Damage (CLC)(as amended) (유류오염손해에 대한 민사책임에 관한 국제협약)	'69.11.29 ('75.6.19)	• 유류오염에 관한 피해자에게 적절한 보상을 보장하고 책임문제 및 보상에 관한 기준 설정	'78.12.18 ('79.3.18)

분야	협약명 (국문, 영문)	채택일시 (발효일시)	주요내용	가입일시 (발효일시)
해양·어업 (16) Marine·Fishery	International Convention on the Establishment of an International Fund for Compensation for Oil Pollution Damage, 1971 Fund Convention(as amended)(1971년 유류오염손해배상을 위한 국제기금 설치에 관한 국제협약)	'71.12.18 ('78.10.16)	• 유류업자도 오염배상기금을 마련토록 규정	'92.12.8 ('93.3.8)
	Convention on the Prevention of Marine Pollution by Dumping of Wastes & Other Matter(London Convention)(폐기물 및 그 밖의 물질의 투기에 의한 해양오염방지에 관한 협약(런던협약)	'72.12.29 ('75.8.30)	• 폐기물 투기에 의한 해양오염방지를 위한 각국의 의무 규정	'93.12.21 ('94.1.20)
	International Convention for the Prevention of Pollution from Ships, 1973 as modified by the Protocol of 1978 Relating thereto(MARPOL 73/78) (1973년 선박으로부터의 오염방지를 위한 국제협약 및 1978년 의정서)	'73.11.2 '78.2.17 ('83.10.2)	• 오일 및 기타 유해물질에 의한 오염을 저감시켜 해양환경을 보존 * 1973년 선박으로부터의 오염방지를 위한 국제협약과 1978년 의정서를 합하여 "MARPOL 73/78"로 통칭	'84.7.23 ('84.10.23) (ANX Ⅲ, Ⅳ, Ⅴ 제외)
	Convention on Future Multilateral Cooperation in the North-West Atlantic Fisheries(북대서양어업에 있어서의 장래 다자간 협력에 관한 협약)	'78.10.24 ('79.1.1)	• 북서대서양지역 어업자원의 최적이용과 보전의 증진	'93.12.21 ('93.12.21)
	United Nations Convention on the Law of the Sea(해양법에 관한 국제연합 협약)	'82.12.10 ('94.11.16)	• 해양환경의 오염방지를 위한 포괄적인 해양법 체제 마련	'96.1.29 ('96.2.28)
	Agreement Relating to the Implementation of the Part XI of the United Nations Convention on the Law of the Sea of 10 December 1982(1982년 12월 10일 해양법에 관한 국제연합협약 제6장의 이행과 관련된 협정)	'94.7.28 ('96.7.28)	• 해양법에 관한 국제연합협약 제6장의 이행을 위한 규정	'96.1.29 ('96.7.28)
	Protocol of 1992 to Amend the 1969 International Convention on Civil Liability for Oil Pollution Damage(1969년 유류오염손해에 대한 민사책임에 관한 국제협약을 개정하는 1992년 의정서)	'92.11.27 ('96.5.30)	• 유류오염사고피해에 대한 민사상 책임과 보상에 관한 규정을 개정	'97.3.7 ('98.5.15)
	Protocol of 1992 to Amend the International Convention on the Establishment of an International Fund for Compensation for Oil Pollution Damage (1971년 유류오염손해배상을 위한 국제기금의 설치에 관한 국제협약을 개정하는 1992년 의정서)	'92.11.27 ('96.5.30)	• 유류업자도 오염배상기금을 마련토록 규정한 1992년 의정서	'97.3.7 ('98.5.15)

분야	협약명 (국문, 영문)	채택일시 (발효일시)	주요내용	가입일시 (발효일시)
해양·어업 (16) Marine·Fishery	International Convention on Oil Pollution Preparedness, Response and Cooperation, 1990(OPRC, 1990) (1990년 유류오염의 대비, 대응 및 협력에 관한 국제협력)	'90.11.30 ('95.5.13)	• 유류유출로 인한 오염사고에 대비하기 위한 국가간 협력사항	'99.11.9 ('00.2.9)
	Convention on the Conservation of Antarctic Marine Living Resources (CCAMLR)(남극 해양생물자원 보존에 관한 협약)	'80.5.20 ('82.4.7)	• 남극의 해양생태계 및 해양생물 자원을 보호	'85.3.29 ('85.4.28)
자연 및 생물 보호 (7) Nature & Species Conservation	International Plant Protection Convention(국제식물보호협약)	'51.12.6 ('52.4.3)	• 식물 및 농작물의 해충·질병예방 및 치료에 대한 국제협력 증진	'53.12.8 ('53.12.8)
	Plant Protection Agreement for the South-East Asia & Pacific Region (as amended)(동남아시아태평양지역 식물보호 협정)	'56.2.27 ('56.7.2)	• 질병과 해충을 지닌 식물의 동남아시아, 태평양지역에로의 도입과 확산의 방지	'81.11.4 ('81.11.4)
	Convention on Wetlands of International Importance Especially as Waterfowl Habitat(물새서식지로서 국제적으로 중요한 습지에 관한 협약)	'71.2.2 ('75.12.21)	• 보호대상 습지지정, 람사습지 목록 관리 및 관련 정보 상호교환	'97.3.28 ('97.7.28)
	Convention on International Trade in Endangered Species of Wild Fauna & Flora(CITES)(멸종위기에 처한 야생동·식물종의 국제거래에 관한 협약)	'73.3.3 ('75.7.1)	• 멸종위기에 처한 야생동·식물을 보호하기 위하여 보호시급 정도에 따라 구분하여 국제 거래 규제	'93.7.9 ('93.10.7)
	Convention on Biological Diversity (생물다양성에 관한 협약)	'92.5.22 ('93.12.29)	• 생물다양성의 보전과 지속가능한 이용의 증진, 유전적으로 변형된 생명체의 안전관리 등을 규정	'94.10.3 ('95.1.1)
	International Tropical Timber Agreement, 1983(ITTA)(1983년 국제열대목재협정)	'83.11.18 ('85.4.1)	• 생태계의 균형을 유지하면서 열대목재림의 최적 이용 확보	'85.6.25 ('85.6.25)
	International Tropical Timber Agreement, 1994(1994년 국제열대목재협정)	'94.1.26 ('97.1.1)	• 열대목재림의 최적 이용을 확보하기 위하여 국제협력증진	'95.9.12 ('97.1.1)

분야	협약명 (국문, 영문)	채택일시 (발효일시)	주요내용	가입일시 (발효일시)
핵 안전 (7) Nuclear Security	Treaty Banning Nuclear Weapons Tests in the Atmosphere, in Outer Space & Underwater(대기권, 외기권 및 수중에서의 핵무기 실험금지 조약)	'63.8.5 ('63.10.10)	• 군비경쟁을 종식하고 핵무기를 포함한 여타 무기의 생산 및 실험을 제한함	'64.7.24 ('64.7.24)
	Treaty on the Prohibition of the Emplacement of Nuclear Weapons & Other Weapons of Mass Destruction on the Seabed & the Ocean Floor & in the Subsoil Thereof(핵무기 및 기타 대량파괴무기의 해저·해상 및 그 하층토에 있어서의 설치금지에 관한 조약)	'71.2.11 ('72.5.18)	• 군비경쟁종식을 위해 해저·해상 및 그 하층토에 핵무기 및 기타 대량파괴무기의 설치를 금지	'87.6.25 ('87.6.25)
	Convention on Early Notification of a Nuclear Accident(Notification Convention)(핵사고의 조기통보에 관한 협약)	'86.9.26 ('86.10.27)	• 국가간 방사선 오염피해를 최소화하기 위하여 가능한 빨리 핵사고에 관한 관련정보제공	'90.6.8 ('90.7.9)
	Convention on Assistance in the Case of a Nuclear Accident or Radiological Emergency(Assistance Convention)(핵사고 또는 방사능긴급사태시 지원에 관한 협약)	'86.9.26 ('87.2.26)	• 핵사고 또는 방사성 물질로 인한 긴급사태시 즉시 지원제공	'90.6.8 ('90.7.9)
	Convention on the Physical Protec- tion of Nuclear Material(핵물질의 방호에 관한 협약)	'80.3.3 ('87.2.8)	• 국제간 핵물질의 이동시 보호대상 범위설정과 수송방법에 대한 협약	'82.4.7 ('87.2.8)
	Convention on Nuclear Safety(핵안전에 관한 협약)	'94.9.20 ('96.10.24)	• 원자력발전소의 안전한 유지 및 운영에 관한 법적 의무 창설	'95.9.19 ('96.10.24)
	Joint Convention on the Safety of Spent Fuel Management and on the Safety of Radioactive Waste Management(사용 후 핵연료 및 방사성폐기물 관리의 안전에 관한 공동협약)	'97.9.5 ('01.6.18)	• 사용된 연료와 방사능 폐기물에 대한 안전기준과 사고방지체계 확립	'02.9.16 ('02.12.15)
유해 물질· 폐기물 (2) Toxic Substan -ces· Hygiene	Basel Convention on the Control of Transboundary Movements of Hazardous Wastes & Their Disposal(Basel Convention)(유해폐기물의 국가간 이동 및 그 처리의 통제에 관한 바젤협약)(바젤협약)	'89.3.22 ('92.5.5)	• 유해폐기물의 타국으로 이동(수출·입)시의 절차규정	'94.2.28 ('94.5.29)
	Rotterdam Convention on the Prior informed Consent Procedure for Certain Hazardous Chemicals and Pesticides in international Trade(특정 유해화학물질 및 농약의 국제교역에 있어서 사전통보승인에 관한 로테르담 협약)	'98.9.10 ('04.2.24)	• 유해화학물질의 특생에 대한 정보교환을 용이하게 하여, 수입 및 수출에 대한 국가 정책결정과정을 제공, 당사국들에게 이러한 결정들을 배포	'03.8.11 ('04.2.24)

분야	협약명 (국문, 영문)	채택일시 (발효일시)	주요내용	가입일시 (발효일시)
기타 (7) Etc.	Treaty on Principles Governing the Activities of States in the Exploration & Use of Outer Space, including the Moon & Other Celestial Bodies(달과 기타 천체를 포함한 대기권의 탐색과 이용에 있어서의 국가활동을 규율하는 원칙에 관한 조약)	'67.1.27 ('67.10.10)	• 외계의 탐사 및 이용에 대한 국제법적 근거 마련	'67.10.31 ('67.10.31)
	Convention for the Protection of the World Cultural & Natural Heritage (World Heritage Convention) (세계문화유산 및 자연유산의 보호에 관한 협약)	'72.11.23 ('75.12.17)	• 문화적·자연적 유적(지)의 효과적인 보호체계 수립, 가입국은 문화유산 보호를 위한 종합계획수립, 세계 유적(지) 리스트 작성	'88.9.14 ('88.12.14)
	Convention for the Prohibition of Military or Any Other Hostile Use of Environmental Modification Techniques (환경변경기술의 군사적 또는 기타 적대적사용의 금지에 관한 협약)	'6.12.10 ('78.10.5)	• 환경에 영향을 주는 화학기술의 군사목적 사용금지	'86.12.2 ('86.12.2)
	The Antarctic Treaty(남극조약)	'59.12.1 ('61.6.23)	• 남극대륙의 평화적 목적에의 이용 및 과학적 연구를 위한 국제협력시 분쟁소지 억제	'86.11.28 ('86.11.28)
	Protocol to the Antarctic Treaty on Environmental Protection(환경보호에 관한 남극조약의정서)	'91.10.4 ('98.1.14)	• 남극 환경을 보호하기 위한 제반 사항 규정	'96.1.2 ('98.1.14)
	Convention on the Prohibition of the Development, Production and Stockpiling of the Bacteriological (Biological) and Toxin weapons, and on their Destruction (세균무기)(생물무기) 및 독소무기의 개발, 생산 및 비축의 금지와 그 폐기에 관한 협약	'72.4.10 ('75.3.26)	• 모든 인류의 안전을 위하여 생물학적 무기의 개발금지	'87.6.25 ('87.6.25)
	United Nations Convention to Combat Desertification in Those Countries Experiencing Serious Drought and/or Desertification, Particularly in Africa(심각한 한발 또는 사막화를 경험한 국가(특히 아프리카)들의 사막화를 방지하기 위한 유엔협약)(사막화방지협약)	'94.6.17 ('96.12.26)	• 기상이변, 산림황폐 등으로 심각한 한발 및 사막화의 영향을 받고 있는 국가들의 사막화방지를 통한 지구환경 보호	'99.8.17 ('99.11.15)

* 자료 : 환경부 국제협력관 지구환경담당관실

표 5.5 우리나라의 국제환경협약 미가입현황

일련번호	영문명	국문명	협약		우리나라	
			채택일	발효일	가입(비준)일	발효일
1	1996 Protocol to the Convention on the Prevention of Marine Pollution by Dumping of Wastes and Other Matter	폐기물 및 기타 물질의 투기에 의한 해양오염 방지에 관한 1996년 의정서	'96. 11.7	'06. 3.24	미가입	-
2	Agreement for the Implementation of the Provisions of the United Nations Convention on the Law of the Sea of 10 December 1982 relating to the Conservation and Management of Straddling Fish Stocks and Highly Migratory Fish Stocks	경제왕래 어류자원 및 고도회유성 어족자원의 보존과 관리에 관한 1982년 12월 10일 유엔 해양법협약 규정의 이행을 위한 협약	'95. 12.	미발효	미가입	-
3	Stockholm Convention on Persistent Organic Pollutants	잔류성유기오염물질에 관한 스톡홀름 협약	'01. 5.22	'04. 5.17	서명 ('01.10.4)	-
4	Based Protocol on Liability and Compensation for Damage Resulting from Transboundary Movements of Hazardous Wastes & Their Disposal	유해폐기물의 국가간 이동 및 그 처리로 인한 피해에 대한 보상과 책임에 관한 바젤의정서	'99. 12.10	미발효	미가입	-
5	Amendment to the Basel Convention on the Control of Transboundary Movements of Hazardous Wastes & Their Disposal	유해폐기물의 국가간 이동 및 그 처리의 통제에 관한 바젤협약에 대한 개정서	'95. 9.22	미발효	미가입	-

2 우리나라의 환경행정기구

우리나라에서 환경관계 행정을 주로 담당하고 있는 기관은 환경부이다. 우리나라의 환경행정은 1973년 보건사회부에 공해과가 설치되면서 공해문제에 대처해 오다가, 1980년 환경청이 발족되었고, 1986년 10월에 6개의 지방환경청(서울, 부산, 대구, 광주, 대전, 원주)이 설치되었으며, 1990년 환경청이 환경처로 승격되고 1994년에는 환경부로 승격하면서 환경행정의 확대와 적극적 대처를 할 수 있게 되었다. 그러나, 환경업무는 중앙행정기관별로 다소 다원화되어 있어 아직까지는 환경행정 수행상 어려운 점이 뒤따르고 있다.

시·도에는 지방환경지청, 지방자치단체의 환경보호과에서 지방의 환경행정을 담당하고 있으며, 시·도 보건환경연구원은 환경오염조사를 전담하고 있다.

환경보전업무는 여러 부처에 분산되어 있고 또한 모든 산업활동이 정도의 차이는 환경문제와 관련을 가지고 있어 국가적 차원에서의 종합·조정을 통한 정책수행의 효율성 및 투자 효율의 극대화가 절실히 요청되고 있다. 이에 따라 환경정책기본법 제36조에 의거 환경보전 위원회를 운영해 오고 있으며, 1990년 6월에는 동 위원회의 규정을 개정하여 국무총리를 위원장으로 하고 민간위원의 참여를 대폭 강화하는 한편 환경보전 장기계획 및 주요시책의 심의를 원활하게 하기 위하여 분기별로 환경동향 및 환경보전대책 추진실적 등 주요 환경시책의 추진상황을 위원장에게 보고하도록 하는 등 그 기능을 활성화하였다.

또한 환경보전위원회에서는 심의할 안건에 대한 검토 조정과 환경보전 중·장기계획의 시행을 위한 단계별 세부추진계획의 조정, 사후관리 및 기타사항을 처리하기 위하여 환경부 차관을 위원장으로 하는 실무대책위원회를 운영하고 있다.

환경정책기본법 제37조에는 환경보전에 필요한 기술적 자문에 응하기 위하여 환경부장관 소속하에 중앙 환경보전자문위원회 및 각 시·도지사 소속하에는 지방환경보전자문위원회를 두도록 규정하고 있으며, 중앙 환경보전자문위원회는 각 분야별 기술적 자문을 위한 분과위원회를 두고 있다.

5.3 환경보전대책

환경보전대책에는 각 기준의 설정과 시행, 환경의 감시감독, 환경오염 방지 사업의 조성, 환경교육, 환경영향평가제도의 실시, 환경오염조사연구, 환경오염의 피해보상과 대책, 자연환경보호대책 등이 있다. 다음은 환경보전에 대한 세부사항을 구체적으로 살펴보기로 한다.

1 각종 환경기준의 설정

환경기준은 환경목표의 달성을 위한 기준이며, 국가나 지방자치단체에서 행정목표상 환경질 달성을 위해 정해진 것이며, 행정상의 규제대상이 되기도 하나 법적인 구속력을 가지지는 않는다. 환경기준은 환경에 대한 영향을 고려하여 동식물, 인간 등 생태계에 대한 영향 등을 과학적인 자료를 근거로 하여 설정한다. 환경기준이나 허용기준 등은 법적인 환경규제를 위한 기준이 설정되어 있으며, 동식물, 인간 등에 대한 건강상 또는 생활상에 현저한 장해가 나타나서는 안될 한계치를 찾아서 그보다도 낮은 수준의 값을 정하는 것이 일반적이다.

현행 환경정책기본법 제10조에서는 '환경기준의 설정'을 명시하고 있고, 이는 정부가 국민의 건강을 보호하고 쾌적한 환경을 조성하기 위하여 환경기준을 설정하여야 하며 환경여건의 변화에 그 적정성이 유지되도록 하여야 함을 강조하고 있다.

또한 특별시·광역시·도는 지역의 특수성을 고려하여 필요하다고 인정할 때에는 환경부장관의 승인을 얻어 기준 설정이 진행되고 있는 지역에서는 오염도를 이 기준이하로 낮추어서 이 기준을 초과하지 않도록 확대·강화된 별도의 지역환경기준을 설정하는 등의 환경정책을 실시하여야 한다. 이 기준은 국민의 권리로서 양호한 환경을 유지하여야 하는 이상, 지역간의 차이가 없는 것이 바람직하고 지역의 기술적인 발전에 따라서 한층 강화되고 개선되어가는 탄력성을 가지는 것이 요구되어진다.

그림 5.1은 환경오염과 건강의 관계를 나타낸 것으로 건강과 질병이 발생되는 한계와 이에 대응한 오염물의 농도 그리고 중독학적인 범위 등에 대해 관련성을 나타내고 있다. 환경기준의 설정시에는 신체학적으로 유의성이 나타나지 않는 한계이하에서 설정되어야 하며, 이 한계를 초과할 시에는 임상적인 효과가 나타나며, 더욱 더 초과시에는 원인 결과를 분석하는 법의학적인 관계까지 규명을 필요로 하게 된다.

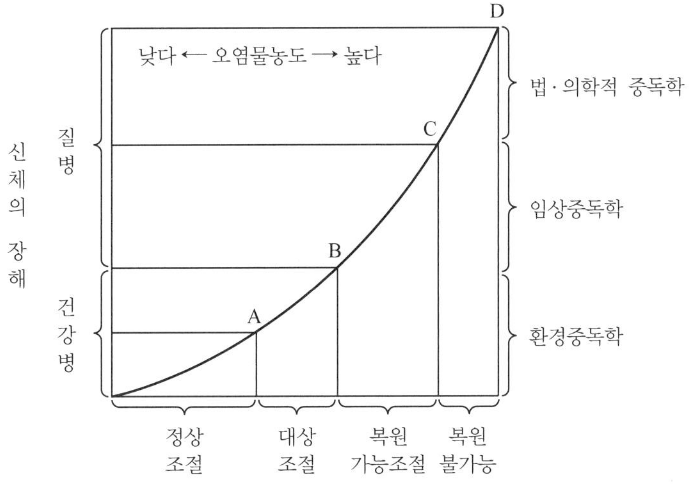

그림 5.1 환경오염과 건강의 관계도

배출허용기준은 일반적으로 공장이나 사업장 등의 배출시설에서 유해물질의 최대허용량 또는 농도를 법으로 정한 기준을 말하며, 현행 수질 및 수생태계 보전에 관한 법률 제32조에 배출허용기준이 명시되어 있다. 앞에서의 환경기준은 환경허용농도를 말한 것이고, 지역전체의 오염책임을 개개의 사기업에 분배하기가 어렵고 또 2개 이상의 발생원인이 복합적이고 타지역의 조건 등을 가미할 수 없는 경우가 발생할 수 있다. 이와 같은 경우에는 그 지역에 대해 통합적인 규제를 가할 기준이 없으므로 배출허용기준을 설정하여 개개의 공장이나 사업장에 대하여 배출규제를 할 수 있다. 배출허용기준의 설정은 이 기준에 의하여 배출을 규제하고 생활환경을 보호하려는 것이 목적이므로, 업종별, 규모별, 지역별, 주택사정, 기상 등을 고려하여 정하여야 한다.

배출허용기준에서는 기준이하로 강화되지 않을 경우, 대부분의 공장들이 규제대상에서 제외되고, 사고나 처리시설의 미비 등으로 누출되는 오염물질을 통제할 수 없다는 점, 법상으로 규제대상물질에 포함되지 않는 새로운 오염물질을 규제할 수 없는 등의 문제점도 있다. 이 배출허용기준은 수질 및 수생태계 보전에 관한 법률 제32조 제8항에 의해 환경부장관은 폐수종말처리시설 또는 하수종말처리시설에 배수설비를 통하여 폐수를 전량 유입하는 배출시설에 대하여는 그 폐수종말처리시설 또는 하수종말처리시설에서 적정하게 처리할 수 있는 항목에 한하여 별도의 완화된 배출허용기준을 정하여 고시할 수 있도록 하고 있다.

2 환경오염의 감시 · 감독

환경오염에 대한 감시·감독을 철저히 하기 위해서는 우선, 환경오염의 상황을 정확히 파악하고 있어야 한다. 이를 위해서는 환경감시측정체계를 정비하고, 오염배출원에 대한 감시와 조사, 유해화학물질의 심사, 목록화 등이 필요하다. 우리나라에서는 현행법상 배출시설에서 비정상적인 운영을 했을 경우 자진신고제를 도입하여 개선을 도모하고 있다.

환경에 대한 감시, 감독 중 가장 보편적인 방법은 행정에 의한 법적규제이다. 특히, 환경정책기본법상에서 언급된 바와 같이 국가나 지방자치단체는 환경을 적정하게 관리, 보전하기 위하여 환경보전계획을 수립하고 시행할 책무를 지니게 되어 있다. 또한 환경문제로 인한 분쟁 발생 시 과거에는 각종 공해사건에서 대부분이 공해문제가 민법에 의한 손해배상의 차원에서 해결되어 왔으며 가해자와 피해자간의 문제만을 해결하는데 그쳤다. 그러나, 환경문제를 보다 근원적으로 해결하기 위해서는 환경문제의 발생과 인과관계, 과학적인 분석 등이 필수적으로 뒤따라야 하며, 환경문제의 해결도 민간의 차원에서 국가행정의 규제로 점차적으로 전환되어 가고 있다.

법적인 규제는 보통 사전규제와 사후규제로 나뉠 수 있으며, 사전규제로서는 환경오염이 발생하기 이전에 환경기준의 강화, 배출기준의 엄수, 환경영향평가의 실시 등을 통하여 오염의 발생을 사전에 막자는 것이 그 목표가 된다. 사후규제는 피해가 일단 발생 시에 적용되는 것으로 환경오염피해의 원인과 범위, 피해의 확대방지를 통해 원래의 상태대로 조속히 회복시키는 것이다. 이상의 규제들을 종합적으로 요약하면 다음과 같이 몇 가지로 서술할 수 있다.

(1) 환경기준의 설정 및 강화
(2) 배출허용기준의 강화 및 미설정오염물질의 규제
(3) 배출원에 대한 분류 및 효율적인 배출규제 관리
(4) 환경영향평가제도의 실시
(5) 토지 및 지역활용의 제한
(6) 사업장의 배출관리 지도 및 감독
(7) 위반 시의 사업장 조업단축 및 조업정지
(8) 환경감시감독에 대한 교육 및 계몽

3 환경교육

환경보전대책 중 대부분이 환경오염이 발생한 후의 사후대책으로 취하여지지만 환경교육은 사전대책으로 평가할 수 있다. 환경에 대한 인식을 유아기부터 교육을 시작하는 외국의 사례를 볼 때 우리나라는 다소 늦은 감도 없지 않다. 자연환경에 대한 인식과 인간과의 관계 등이 중점적으로 강조되어야 하며, 우선 환경교육을 담당할 담당자의 환경교육이 앞서야 할 것이다. 환경교육은 학교 등의 교육기관을 통해서만이 이루어지는 것이 아니고, 국가만이 일원적으로 책임을 지니고 있는 것도 아니다. 외국에서는 기업이나 공공단체, 전문연구기관 등에서의 교육연수 등이 실시되고 있으며, 무엇보다도 생활환경 중에서의 지도·계몽이 중요하다.

4 환경영향평가제도

현대 산업사회로 들어서면서 급속한 공업화의 진전, 인구의 폭발적인 증가 및 거대도시화 현상으로 인하여 일정 지역의 자정능력(환경용량)을 초과하는 과다한 오염물질이 배출됨에 따라 환경오염이 관리 또는 해결되어야 할 하나의 사회문제로 대두되게 되었다. 특히 환경은 일단 한번 훼손되면 원상으로의 회복이 거의 불가능하며, 그 복구가 가능한 경우에도 상당한 경제적 비용 및 시간 등을 요한다는 인식이 확산됨에 따라 오염물질을 제거하는 사후관리적 수단보다는 오염물질의 발생을 사전에 예방하는 사전관리적 수단의 중요성이 부각되게 되었다.

환경영향평가는 이러한 환경오염 사전예방 수단으로서 사업계획을 수립·시행함에 있어서 당해사업의 경제성·기술성 뿐만 아니라 환경성까지 종합적으로 고려하여 환경적으로 건전한 사업계획안을 모색하는 과정이자 계획기법이라 할 수 있다. 즉 과거에는 개발사업계획의 결정시 사업의 경제성, 기술성에 주안점을 두었으나, 산업사회의 진전에 따른 개발사업의 시행으로 환경오염이 점차 심화되자 경제성, 기술성외에 환경보전을 주요 인자로 하여 사업계획의 합목적성을 평가하여야 한다는 견해가 대두되었고 이에 따라 환경영향평가제도가 만들어지게 되었다.

1969년 미국은 국가환경정책법(NEPA; National Environmental Policy Act) 제102조에 환경영향평가를 최초로 도입하였고, 우리나라도 지난 1977년 환경보전법에 그 법적 근거를 도입한 이래 그간 수차례의 법령개정 등 제도개선을 거쳐 현재까지 실시하고 있다.

환경영향평가란 사업 시행 전 미리 환경보전측면에서 충분한 고려가 이루어지도록 함으로써 환경오염을 사전에 예방하는데 그 의의가 있다. 현행 환경영향평가법 제1조 및 제2조에서는 "환경영향평가대상사업의 사업계획을 수립·시행함에 있어서 당해 사업이 환경에 미치는 해로운 영향을 미리 예측·분석하고 이에 대한 대책을 강구하는 것"이라 정의하고, 그 목적을 "환경적으로 건전하고 지속가능한 개발이 되도록 함으로써 쾌적하고 안전한 국민생활을 도모함"이라 규정하고 있다.

이 법은 그간 통합해 운영하던 환경영향평가와 교통·재해·인구영향평가를 분리하고, 모든 평가대상사업에 대해 평가항목·범위 등을 결정하는 절차를 거치도록 하며, 협의기준초과부담금제도를 폐지하고, 주민의견 재수렴 제도와 간이 환경영향 평가절차를 새로이 도입하는 등의 내용으로 법률이 전부 개정됨에 따라, 그 위임사항과 시행에 필요한 사항을 정하는 한편, 기후변화로 인한 환경침해를 예방하기 위해 온실가스를 환경영향 평가항목에 추가하였다. 환경영향평가의 기능을 살펴보면 다음과 같이 네 가지로 설명할 수 있다.

첫째, 정보제공 기능을 들 수 있다.

환경영향평가는 환경에 영향을 미칠 가능성이 있는 계획 입안이나 사업 실시에 즈음해서 당해 사업의 실시로 인한 환경영향을 최소화 할 수 있도록 환경영향의 정도, 영향저감방안 등 환경영향에 관한 정보를 정책결정권자에게 제공함으로써 정책 결정시 반영하도록 하는 것이 환경영향평가의 가장 기본적인 목적이다. 또한, 지방자치단체 및 지역주민에게 계획이나 사업에 대해 판단할 수 있도록 사업의 현황이나 환경영향 등에 관한 정보를 제공할 뿐만 아니라 환경영향평가 절차에 참여하는 행정기관, 주민으로부터 지역의 환경정보를 제공받기도 한다.

둘째, 합의 형성기능을 지니고 있다.

지역주민에 대한 평가서 공람, 설명회·공청회 개최, 설명자료 배포 등을 통한 정보제공, 주민의견 청취 등의 일련의 환경영향평가 절차를 통하여 지역의 환경정보가 평가서에 반영되고, 이러한 쌍방적인 정보교류를 통해서 지역관계자와의 관계를 긴밀히 함으로써 사업에 대한 이해·설득 내지는 합의형성을 촉진할 수 있다.

셋째, 친환경적인 계획안이 되도록 하는 유도기능을 가지고 있다.

환경영향평가는 정책결정권자에게 환경적인 측면에서 유용한 정보를 제공하여 친환경적인 계획을 수립토록 하는 가장 기본적인 역할이다. 환경보전의 목적을 달성하기 위하여 각종 규제기준을 설정하여 규제를 하지만 이것으로는 일정기준을 지키는데 한계가 있다. 환경영향평가에서는 규제기준을 준수하는 것은 당연하고, 계획 입안자가 스스로 규제기준을 상회하는 목표를 설정하거나, 규제기준이 정하여져 있지 않는 환경항목에 대해서는 환경보전목표를 설정한 다음 그 목표를 유지·달성할 수 있도록 계획을 수정하기도 하고, 복수의 대안 중에서 환경영향을 최소화할 수 있는 방안을 선택하는 등의 방법으로 보다 친환경적인 계획안이 되도록 유도하는 기능도 하게 된다.

마지막으로, 제도적 규제기능을 들 수 있다.

환경영향평가제도를 규제제도와 연계하여 제도화하는 것이 가능하다. 계획이나 사업의 실시가 인·허가를 필요로 하는 경우 평가협의 조건을 붙이거나 환경영향평가절차를 완료한 후 협의조건 미이행 등에 대하여 벌칙 등 제재를 과하는 등의 제도로 규제를 설정할 수 있다.

환경영향평가시 주요 대상사업으로는 ① 도시의 개발사업, ② 산업입지 및 산업단지의 조성사업, ③ 에너지개발사업, ④ 항만의 건설사업, ⑤ 도로의 건설사업, ⑥ 수자원의 개발사업, ⑦ 철도(도시철도를 포함)의 건설사업, ⑧ 공항의 건설사업, ⑨ 하천의 이용 및 개발사업, ⑩ 개간 및 공유수면의 매립사업, ⑪ 관광단지의 개발사업, ⑫ 산지의 개발사업, ⑬ 특정 지역의 개발사업, ⑭ 체육시설의 설치사업, ⑮ 폐기물처리시설의 설치사업, ⑯ 국방·군사시설의 설치사업, ⑰ 토석·모래·자갈·광물 등의 채취사업, ⑱ 환경에 영향을 미치는 시설로서 대통령령으로 정하는 시설의 설치사업을 들 수 있다. 또한 환경영향평가항목은 총 6개 분야 21개 항목으로 구성(표 5.6 참조)되어져 있으며, 여기서 환경영향평가항목이란 대상사업의 시행으로 영향을 받게 되는 환경인자를 말한다.

표 5.6 환경영향평가 항목 및 분야

평가분야	평가항목
1) 대기환경 분야	기상, 대기질, 악취, 온실가스 (4개)
2) 수환경 분야	수질(지표·지하), 수리·수문, 해양환경 (3개)
3) 토지환경 분야	토지 이용, 토양, 지형·지질 (3개)
4) 자연생태환경 분야	동·식물상, 자연환경자산 (2개)
5) 생활환경 분야	친환경적 자원 순환, 소음·진동, 위락·경관, 위생·공중보건, 전파장해, 일조장해 (6개)
6) 사회·경제 분야	인구, 주거(이주의 경우를 포함), 산업 (3개)

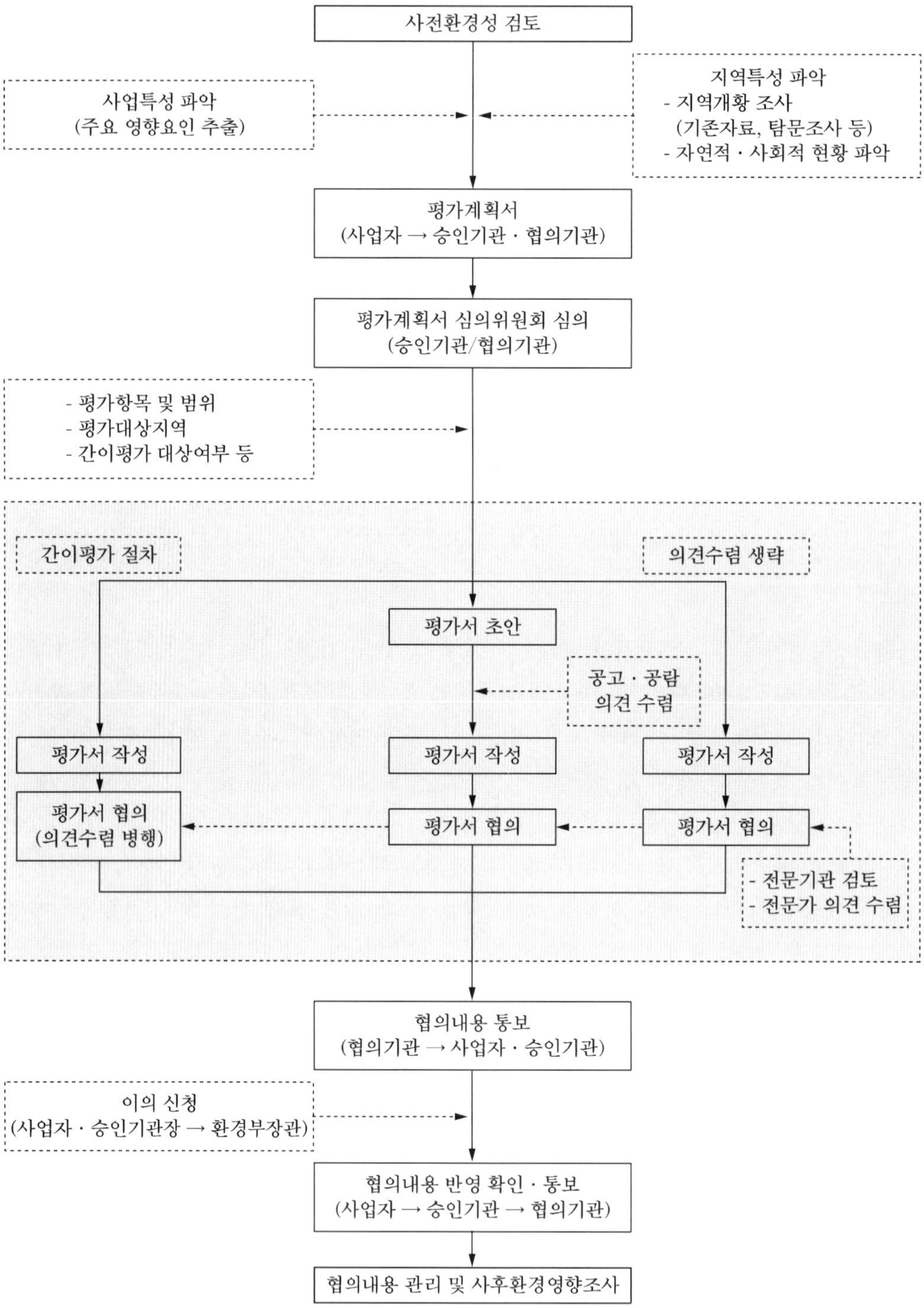

그림 5.2 환경영향평가 절차도

한편, 환경에 영향을 미치는 사업을 하고자 하는 자는 환경영향평가서를 작성하여 협의절차에 따라 환경부장관과 협의하도록 하고(그림 5.2 참조), 그 평가서의 작성시에는 반드시 주민의 의견을 수렴하도록 하는(그림 5.3 참조) 한편, 협의내용의 불이행시에는 관계행정기관의 장에게 시정을 위한 필요한 조치를 하도록 요청하고 있다.

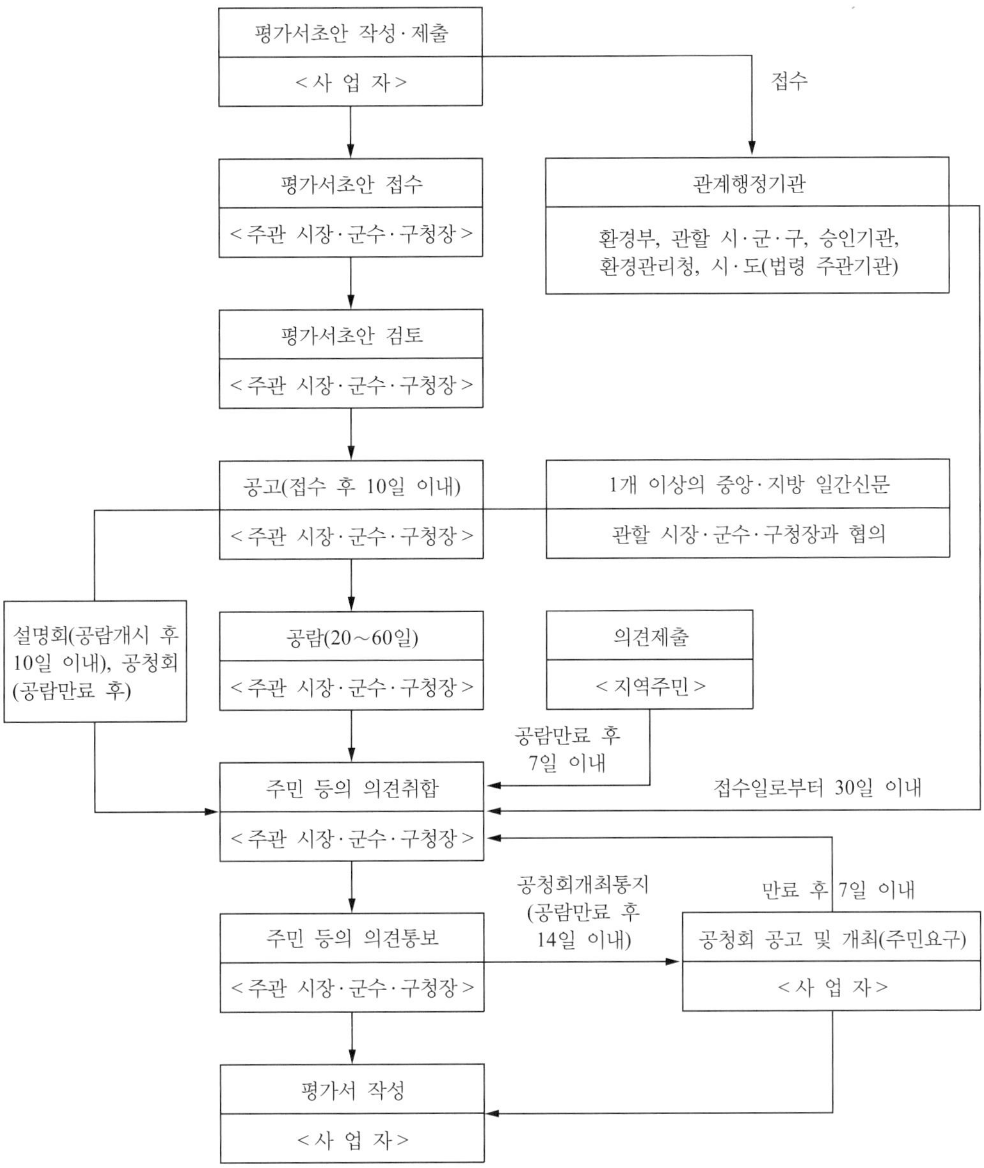

그림 5.3 주민의견 수렴절차

환경영향평가는 환경오염의 사전예방을 통하여 국토환경보전에 크게 이바지하고 있으며, 다음과 같은 효과를 가진다.

첫째, 환경기초시설의 확충, 녹지의 원형보전 등 예방적 차원의 환경관리를 가능하게 하고
둘째, 주민의 참여를 통하여 사업계획수립 전반에 대한 절차적 민주성을 확보하는 한편 교육의 장으로서 환경보전에 대한 사회적 관심을 제고하고 나아가 향후 발생 가능한 환경 분쟁을 예방하며
셋째, 농약오염 피해방지를 위한 골프장 조정지의 설치, 공단 자체폐기물처리시설의 설치 등과 같이 환경관련 법령 등 현행제도의 미비점을 보완하는 한편, 장기적으로 제도 개선을 유도하게 된다.

그러나 이러한 효과에도 불구하고 환경영향평가는 그 본질상 다음과 같은 일정한 한계를 지닐 수밖에 없다.

첫째, 환경영향평가란 현재 이용 가능한 평가기법, 정보·자료 등을 바탕으로 미래의 불확실한 환경변화상태를 예측, 분석 및 평가하는 것인데, 평가기법 및 정보·자료 등이 충분히 발달되지 못하여 미래에 대한 정확한 예측이 곤란하고,
둘째, 경제적 편익에 비하여 환경적 손실은 계량화 및 금전화가 상대적으로 어려워 각 대책간에 과학적인 비교·검토가 곤란하며,
셋째, 개발과 보전의 조화수준에 대한 판단기준을 정하기 어려워 각 개인의 가치관(개발과 보전사이의 가치준거)에 따라 서로 다른 의견이 제시될 우려가 있다.

5 환경오염조사연구

환경보전대책을 효과적으로 전개하기 위해서는 환경오염의 메커니즘, 인간과 동식물에 대한 영향, 공해방지기술의 개발, 새로운 에너지 및 대체에너지의 개발, 환경오염의 역학적 조사 등이 체계적으로 이루어져야 한다. 환경보전의 특색은 생태계를 오염으로부터 보호하고 인간과 동식물이 쾌적한 환경에서 영위할 수 있는 생존권을 부여해야 한다는 점이다. 전 생물을 환경에서 보호한다는 것은 궁극적으로는 인간을 보호하는 것이며, 이러한 관점에서 피해가 발생하기까지 그 생물적인 영향을 연구하고 조사하는 것은 중요한 의미를 지닌다. 환경오염의 조사연구에는 대기, 수질오염방지기술, 폐기물 관리기술, 소음·악취방지기술 등의 기술적인 방지측면의 조사와 오염물질이 피해자에게 이르기까지의 피해조사, 인체영향조사, 동식물피해조사, 역학적 관계조사 등이 있다. 한편, 환경전반에 걸쳐 생태계를 포함한 종합적인 연구계획이 추진되어야 하며, 측정기술의 개발 등의 분야에도 관심이 집중되어야 한다.

6 자연환경보호대책

자연환경보호대책에는 생태계에 대한 보다 깊은 이해가 필요하며, 이를 홍보하고 계몽하여야 한다. 국립공원의 지정, 자연공원의 시설정비, 야생동식물의 보호대책, 레크리에이션 시설의 확충, 도시공원과 녹지추진계획, 해안, 항만의 환경보전 등이 이 대책에 포함된다. 자연보호대책에는 자연환경 보호지역의 지정, 그 지역에 대한 자연환경조사가 필요하다. 자연환경조사에는 식생조사, 동식물의 분포조사, 해역생물 환경조사, 생태계 종합 모니터링 조사 등이 포함된다.

다음은 세계 각국의 자연보호대책에 대해 살펴보기로 한다. 우선, 미국은 자연환경보전에 대한 의식이 높은 나라 중 하나이며, 국유지의 관리가 그 주체이다. 미개발지역의 대부분이 국유지이었고, 개척의 과정에서 국유지로 많이 분리되었지만 1/3은 아직도 국유지로 남아 있다. 19세기 말, 20세기 초부터 자연보호의식이 높아졌으며, 국가가 중심이 되어 조직적으로 자연보호가 이루어져 왔다. 1872년에 세계최초의 국립공원인 옐로우스톤 국립공원이 설치되었으며, 오늘날에는 내무성의 국립공원국(National Park Service)이 중심이 되어 야생생물국(Fish and Wildlife Service)과 농림성의 임야국(Forest Service) 등의 기관들이 활발히 자연보호를 추진하고 있다. 또한 공유지로 되어 있는 곳도 환경배려가 추진되고 있으며 자연공원, 역사공원 등이 내무성국립공원국에 의해 관리되고 있다.

표 5.7 미국의 국립공원체계(National Park System)의 내역

내 역	수	관리면적(에이커)	전체비율(%)
국립공원(National Parks)	48	47,971,577	60
국립보전지(National Preserves)	12	21,106,350	26
국가기념물(National Monuments)	77	4,724,442	6
국가레크리에이션지역(National Recreation Areas)	17	3,687,006	5
국립해안(National Seashores)	10	597,025	1
국립하천(National Rivers)	4	359,993	a
국립호안(National Lakeshores)	4	224,674	a
국립원시경관하천(Wild and Scenic Rivers)	8	208,911	a
국립공원도로(National Parkways)	4	163,226	a
국립역사공원(Historical Parks)	26	150,790	a
국립경관도로(National Scenic Trails)	3	126,858	a
총 계	213	79,320,852	
기 타	124	119,541	a는 0.5% 이하
합 계	227	79,440,393	

국립공원 외에도 1,000만 에이커의 주립공원이 있으며, 전 국토면적의 약 13%에 상당하는 3억 에이커의 국유지를 내무성토지관리국(Bureau of Land Management)이 관리하고 있다. 토지관리국은 농업, 광업, 레크리에이션, 환경보전 등의 다목적관리(Multiple Use)를 추진하고 있다. 또 2억 에이커 이상의 국유림 중 약 3,200만 에이커(1985년)가 원생지역으로 지정되어 있다. '멸종에 처한 야생생물의 보호에 관한 법률'(Endangerous Species Act)등 각종 법률에 의해 야생생물의 보호가 이루어지고 있다.

일본은 '자연환경보전법'을 제정하여 원생자연환경보전지역과 자연환경보전지역을 지정하여 자연적, 사회적인 제반조건에서 자연환경을 보전하는 구역을 설정하고 있다. 1986년 당시 원생환경보전지역이 5개 지역, 자연환경보전지역이 9개 지역으로 그 면적 및 비율은 표 5.8과 같다.

표 5.8 일본의 자연환경보전지역의 면적(1986년)

	지역수	면 적 (ha)	특별지구 및 해중특별지구 (ha)	비 율 (%)
원생자연환경보전지역	5	5,631	–	–
자연환경보전지역	9	7,550	7,500	100
도, 부, 현 자연환경보전지역	448	26,781	21,904	28.5

자연환경보전의 계획에는 자연공원보전, 조수보호구역의 설정을 통한 야생동물의 보호, 보안림의 확보를 실시하는 삼림보호, 도시지역의 자연보전 등이 포함된다. 1976년에는 도시계획중앙심의회를 답신에 근거하여 도시화에 따르는 도시환경의 악화를 방지하기 위해 도시계획구역마다 녹색구역설정과 유휴공간설정 등의 종합적인 정비와 보전을 추진하는 '녹색마크플랜'을 책정하였다.

5.4 환경관련법

환경법의 생성 및 발전은 환경문제에 대한 인식의 정도와 밀접한 관계가 있다. 우리나라에서 본격적인 환경문제는 제3공화국 정부가 경제개발 5개년 계획을 수립하여 공업화를 추진하기 시작한 1960년대에 들어와서 시작되었다.

경제개발에 수반하여 발생하는 환경오염 등에 대처하기 위한 대응방안으로 1963년 우리나라 최초의 환경법인 공해방지법이 제정되었다. 동 법은 "공장이나 사업장 또는 기계·기구의 조업으로 인해 야기되는 대기오염·하천오염·소음·진동으로 인한 보건위생상의 피해를 방지하여 국민보건의 향상을 기하는데" 그 구체적 목적이 있었다.

그러나 공해방지법은 전문이 21개조에 불과하여 규제내용이 크게 미흡하였을 뿐 아니라, 동법 시행규칙이 1969년 7월에야 제정되는 등 후속입법이 미비하였고, 경제개발을 최우선적으로 추진하는 당시의 사회분위기 등으로 인하여 실효성을 거둘 수도 없었다.

1960년대 후반부터 환경문제에 대한 관심이 언론매체를 중심으로 국민적인 관심을 불러일으키기 시작하면서 1971년 1월 그동안 사문화(死文化)되다시피 한 공해방지법을 대폭 수정·강화하여 배출허용기준, 배출시설설치허가제도, 이전명령제도 등을 도입하였다.

급속한 산업화·도시화가 이루어지던 1970년대에는 환경문제가 더욱 심각하게 인식되었다. 때문에 소극적인 공해의 규제를 목적으로 하는 종래의 공해방지법 체계로는 다양하고 광역적인 환경문제에 효과적으로 대처하는데 한계가 있어, 이를 대체하는 환경보전법을 1977년 12월 31일 제정·공포하게 되었다. 환경보전법에서는 환경파괴 또는 환경오염의 사전예방뿐 아니라 오염된 환경을 개선함으로써 보다 적극적·종합적으로 환경문제에 대응하기 위한 환경영향평가제도, 환경기준, 오염물질의 총량규제제도 등을 새로이 도입하였다.

종래의 공해방지법이 대기오염, 수질오염 등의 공해적 측면만을 대상으로 한데 비하여 환경보전법에서는 그 대상을 자연 환경을 포함하는 전반적인 환경문제와 사전예방적 기능으로까지 확대하였다. 또한 공해방지법이 현재의 국민보건의 향상만을 목적으로 하였다면 환경보전법은 현재의 국민은 물론 장래의 세대까지 건강하고 쾌적한 환경에서 생활할 환경권을 보장하고 있다.

1980년에 개정된 헌법에 환경권에 관한 규정이 처음으로 신설된 이후 산업화의 진전으로 인한 경제구조의 고도화로 환경 문제가 심각화·다양화되자, 오염분야별 대책법의 제정이 불가피하다는 인식하에 우리나라의 환경법은 복수법 체계로 이행하게 되었다. 즉, 1990년 8월 1일에 환경보전법이 환경정책기본법·대기환경보전법·수질환경보전법·소음·진동규제법·유해화학물질관리법·환경분쟁조정법 등 6개 법으로 분법화되었던 것이다.

1990년대에는 독도를 비롯한 도서지역의 생물다양성과 수려한 경관을 보전하기 위한 독도 등 도서지역의 생태계 보전에 관한 특별법, 한강수계의 수질개선을 위한 한강 수계상수원 수질 개선 및 주민지원 등에 관한 법률, 습지를 효율적으로 보전·관리하기 위한 습지보전법이 제정되었으며, 정부조직 개편에 의하여 자연공원법, 조수 보호 및 수렵에 관한 법률이 환경부로 이관되었다.

2002년 1월 낙동강, 영산강, 금강 수계의 수질을 개선하여 주민에게 맑은 물을 공급하기 위하여 상하류간의 공존의 정신을 바탕으로 오염물질총량관리제도 등 기존의 오염물질의 사후처리위주의 정책을 사전예방중심으로 획기적인 전환을 가져오는 낙동강특별법, 영산강특별법, 금강특별법이 제정되었으며, 2003년에는 수도권대기환경개선 대책의 추진을 위한 수도권 대기환경 개선에 관한 특별법, 건설폐기물의 효율적 처리 및 재활용을 위한 건설폐기물의 재활용 촉진에 관한 법률, 백두대간의 생태계보전을 위한 백두대간보호에 관한 법률 등 3개법이 제정되었으며, 2004년에는 야생동·식물보호법(조수보호 및 수렵에 관한 법률 폐지), 악취방지법, 남극활동 및 환경보호에 관한 법률, 친환경상품구매촉진에 관한 법률이 제정되었고, 2006년에는 문화유산과 자연환경자산에 관한 국민신탁법, 가축분뇨의 관리 및 이용에 관한 법률, 환경분야 시험·검사 등에 관한 법률이 제정되었으며, 2007년에는 잔류성유기오염물질의 체계적인 관리를 위한 잔류성유기오염물질 관리법, 전기·전자제품 및 자동차의 재활용 촉진 등을 위한 전기·전자제품 및 자동차의 자원순환에 관한 법률, 국가 및 지방자치단체의 지속가능발전을 위한 법적·제도적 기반 마련을 위한 지속가능발전 기본법이 제정되어 환경부가 관장하는 법률은 총 44개에 이르게 되었다.

표 5.9 환경법의 변천

'60 (6개 법률)	'70~80 (9개 법률)	'90~2007 (44개 법률)		
		현 황	제정일	최종개정일
공해방지법 ('63.11.5 제정)	환경보전법 ('77.12.31 제정)	환경정책기본법	1990.8.1	2007.5.17
		지속가능발전 기본법	2007.8.3	2008.2.4 (시행일)
		대기환경보전법	1990.8.1	2007.4.27
		다중이용시설 등의 실내공기질 관리법	1996.12.30	2006.12.30
		소음·진동규제법	1990.8.1	2007.4.11
		악취방지법	2004.2.9	2007.1.3
		수도권 대기환경 개선에 관한 특별법	2003.12.31	2007.1.26
		수질 및 수생태계 보전에 관한 법률	1990.8.1	2007.5.17
		한강수계 상수원 수질개선 및 주민지원 등에 관한 법률	1999.2.8	2007.8.3
		낙동강수계 물 관리 및 주민지원 등에 관한 법률	2002.1.14	2002.1.14
		금강수계 물 관리 및 주민지원 등에 관한 법률	2002.1.14	2002.1.14
		영산강, 섬진강 수계 물 관리 및 주민지원 등에 관한 법률	2002.1.14	2002.1.14
		자연환경보전법	1991.12.31	2007.5.17
		환경범죄의 단속에 관한 특별조치법	1991.5.31	1999.12.31
		환경분쟁조정법	1990.8.1	2007.5.11
		남극활동 및 환경보호에 관한 법률	2004.3.22	2004.3.22
		친환경상품구매촉진에 관한 법률	2004.12.31	2006.9.27
		환경분야 시험·검사 등에 관한 법률	2006.10.4	2007.10.5

<table>
<tr><th rowspan="2">'60
(6개 법률)</th><th rowspan="2">'70~80
(9개 법률)</th><th colspan="3">'90~2007(44개 법률)</th></tr>
<tr><th>현 황</th><th>제정일</th><th>최종개정일</th></tr>
<tr><td rowspan="8">공해방지법
('63.11.5
제정)</td><td rowspan="8">자연공원법
('80.1.4 제정)</td><td>환경개선비용부담법</td><td>1991.12.31</td><td>2007.1.3</td></tr>
<tr><td>자연공원법</td><td>1980.1.4</td><td>2007.1.3</td></tr>
<tr><td>독도 등 도서지역의 생태계 보전에 관한 특별법</td><td>1997.12.31</td><td>2007.5.17</td></tr>
<tr><td>습지보전법</td><td>1999.2.8</td><td>2007.1.26</td></tr>
<tr><td>환경·교통·재해 등에 관한 영향평가법</td><td>1999.12.31</td><td>2003.12.30</td></tr>
<tr><td>토양환경보전법</td><td>1995.1.5</td><td>2007.5.17</td></tr>
<tr><td>백두대간 보호에 관한 법률</td><td>2003.12.31</td><td>2007.7.13</td></tr>
<tr><td>문화유산과 자연환경자산에 관한 국민신탁법</td><td>2006.3.24</td><td></td></tr>
<tr><td>조수보호 및
수렵에 관한
법률
('67.3.30제정)</td><td></td><td>야생동·식물보호법</td><td>2004.2.9</td><td>2007.5.17</td></tr>
<tr><td rowspan="3"></td><td rowspan="3">환경오염방지
사업단법
('83.5.1 제정)</td><td>환경관리공단법</td><td>1983.5.21</td><td>2003.5.29</td></tr>
<tr><td>환경개선특별회계법</td><td>1994.1.5</td><td>2006.12.30</td></tr>
<tr><td>환경기술개발 및 지원에 관한 법률</td><td>1994.12.22</td><td>2007.1.3</td></tr>
<tr><td rowspan="2">독물 및
극물에 관한법
('63.12.13제정)</td><td rowspan="2"></td><td>유해화학물질관리법</td><td>1990.8.1</td><td>2004.12.31</td></tr>
<tr><td>잔류성 유기오염물질 관리법</td><td>2007.1.26</td><td>2008.1.27
(시행일)</td></tr>
<tr><td rowspan="8">오물청소법
('61.12.30
제정)</td><td rowspan="8">폐기물
관리법
('86.12.31
제정)</td><td>폐기물관리법</td><td>1986.12.31</td><td>2007.8.3</td></tr>
<tr><td>가축분뇨의 관리 및 이용에 관한 법률</td><td>2006.9.27</td><td></td></tr>
<tr><td>자원의 절약과 재활용촉진에 관한 법률</td><td>1992.12.8</td><td>2007.8.3</td></tr>
<tr><td>전기·전자제품 및 자동차의 자원순환에 관한 법률</td><td>2007.4.27</td><td>2008.1.1
(시행일)</td></tr>
<tr><td>폐기물의 국가간 이동 및 그 처리에 관한 법률</td><td>1992.12.8</td><td>2007.5.17</td></tr>
<tr><td>건설폐기물의 재활용 촉진에 관한 법률</td><td>2003.12.31</td><td>2006.12.28</td></tr>
<tr><td>폐기물처리시설 설치촉진 및 주변지역 지원 등에 관한 법률</td><td>1995.1.5</td><td>2007.1.3</td></tr>
<tr><td>수도권 매립지 관리공사의 설립 및 운영 등에 관한 법률</td><td>2000.1.21</td><td>2000.1.21</td></tr>
<tr><td></td><td>합성수지
폐기물처리
사업법
('79.12.28제정)</td><td>한국환경자원공사법</td><td>1993.12.27</td><td>2003.12.30</td></tr>
<tr><td>하수도법
('66.8.3제정)</td><td></td><td>하수도법</td><td>1966.8.3</td><td>2006.9.27</td></tr>
<tr><td>수도법
('61.12.31제정)</td><td></td><td>수도법</td><td>1961.12.31</td><td>2007.4.11</td></tr>
<tr><td></td><td></td><td>먹는물관리법</td><td>1995.1.5</td><td>2005.4.11</td></tr>
</table>

표 5.10 환경법규 현황 (2007.7)

일련번호	법 률 (44)	대통령령 (44)	부 령 (39)
1	환경정책기본법 ('90.8.1 제정, '07.5.17 4차 개정)	환경정책기본법 시행령 ('91.2.2 제정, '06.5.30 9차 개정) 지속가능발전위원회 규정 ('00.8.5 제정, '03.6.25 전문개정, '06.12.4 3차 개정)	
2	환경기술개발 및 지원에 관한 법률 ('94.12.22 제정, '00.2.3 전문개정, '07.1.3 4차 개정)	환경기술개발 및 지원에 관한 법률 시행령 ('95.6.1 제정, '00.8.17 전문개정, '07.7.4 4차 개정)	환경기술개발 및 지원에 관한 법률 시행규칙 ('95.6.10 제정, '00.8. 30 전문개정, '07.6.29 6차 개정) 환경관리대행기관의 지정 등에 관한 규칙 ('98.8.11 제정, '07.6.27 4차 개정)
3	환경분쟁조정법 ('90.8.1 제정, '97.8.28 전문개정, '07.5.11 3차 개정)	환경분쟁조정법 시행령 ('91.2.2 제정, '98.2.24 전문개정, '06.7.27 2차 개정)	환경분쟁조정법 시행규칙 ('91.2.2 제정, '98.2.28 전문개정, '06.7.24 3차 개정)
4	환경개선비용부담법 ('91.12.31 제정, '07.1.3 2차 개정)	환경개선비용부담법 시행령 ('92.7.21 제정, '07.6.4 7차 개정)	환경개선비용부담법 시행규칙 ('92.8.8 제정, '07.6.7 5차 개정)
5	환경개선특별회계법 ('94.1.5 제정, '06.12.30 2차 개정)		
6	환경범죄의 단속에 관한 특별조치법 ('91.5.31 제정, '99.12.31 전문개정)	환경범죄의 단속에 관한 특별조치법 시행령 ('97.6.26 제정, '00.6. 27 전문개정, '05.12.9 1차 개정)	
7	환경관리공단법 ('83.5.21 제정, '03.5.29 3차 개정)	환경관리공단법 시행령 ('86.12.31제정, '03.11.27 3차개정)	
8	유해화학물질관리법 ('90.8.1 제정, '04.12.31 전부개정)	유해화학물질관리법 시행령 ('91.1.28 제정, '05.12.28 전부개정)	유해화학물질관리법 시행규칙 ('91.2.2 제정, '05.12.30 전부개정, '06.7.4 1차 개정)
9	잔류성 유기오염물질 관리법 ('07.1.26 제정)		
10	남극활동 및 환경보호에 관한 법률 ('04.3.22 제정)	남극활동 및 환경보호에 관한 법률 시행령('05.10.25 제정)	
11	친환경상품 구매촉진에 관한 법률 ('04.12.31 제정, '06.9.27 1차 개정)	친환경상품 구매촉진에 관한 법률 시행령 ('05.6.13 제정, '07.3.27 1차 개정)	
12	환경분야 시험·검사 등에 관한 법률 ('06.10.4 제정)		
13	자연환경보전법 ('91.12.31 제정, '04.12.31 전부개정, '07.5.17 1차 개정)	자연환경보전법 시행령 ('92.8.31 제정, '05.12.30 전부개정)	자연환경보전법 시행규칙 ('92.8.31 제정, '05.12.30 전부개정, '06.6.30 1차 개정)

일련번호	법 률 (44)	대통령령 (44)	부 령 (39)
14	환경·교통·재해 등에 관한 영향평가법 ('99.12.31 제정, '03.12.30 1차 개정)	환경·교통·재해 등에 관한 영향평가법 시행령 ('00.12.30 제정, '06.12.29 4차 개정)	환경·교통·재해 등에 관한 영향평가법 시행규칙 ('00.12.30 제정, '06.7.4 3차 개정) 환경영향조사 등에 관한 규칙 ('00.12.30 제정, '07.1.5 4차 개정)
15	자연공원법 ('80.1.4 제정, '01.3.28 전문개정, '06.1.3 2차 개정)	자연공원법 시행령 ('80.8.18 제정, '01.9.29 전문개정, '07.7.4 3차 개정)	자연공원법 시행규칙 ('92.5.19 제정, '01.10.17 전문개정, '07.6.29 4차 개정)
16	습지보전법 ('99.2.8 제정, '07.1.26 3차 개정)	습지보전법 시행령 ('99.8.7 제정, '07.7.24 3차 개정)	습지보전법 시행규칙 ('99.8.7 제정, '07.7.26 3차 개정)
17	야생동·식물보호법 ('04.2.9 제정, '07.5.17 2차 개정)	야생동·식물보호법 시행령 ('05.2.7 제정, '05.9.14 1차 개정)	야생동·식물보호법 시행규칙 ('05.2.7 제정, '05.9.27 1차 개정)
18	백두대간 보호에 관한 법률 ('03.12.31 제정, '05.5.31 1차 개정)	백두대간보호에 관한 법률 시행령 ('04.12.30 제정, '05.11.30 1차 개정)	
19	독도 등 도서지역의 생태계 보전에 관한 특별법 ('97.12.13 제정, '07.5.17 2차 개정)	독도 등 도서지역의 생태계 보전에 관한 특별법 시행령 ('98.6.20 제정, '04.6.25 1차 개정)	독도 등 도서지역의 생태계 보전에 관한 특별법 시행규칙 ('98.7.6 제정, '04.6.30 1차 개정)
20	문화유산과 자연환경자산에 관한 국민신탁법 ('06.3.24 제정)	문화유산과 자연환경자산에 관한 국민신탁법 시행령 ('07.3.22 제정)	
21	대기환경보전법 ('90.8.1 제정, '07.4.27 전부개정)	대기환경보전법 시행령 ('91.1.28 제정, '96.8.31 전문개정, '06.12.21 10차 개정)	대기환경보전법 시행규칙 ('91.2.2 제정, '96.9.14 전문개정, '07.3.14 21차 개정)
22	수도권 대기환경개선에 관한 특별법 ('03.12.31 제정, '07.1.26 1차 개정)	수도권 대기환경개선에 관한 특별법 시행령 ('04.12.30 제정, '07.7.27 2차 개정)	수도권 대기환경개선에 관한 특별법 시행규칙 ('04.12.31 제정, '07.6.28 2차 개정)
23	소음·진동규제법 ('90.8.1 제정, '07.4.11 전부개정)	소음·진동규제법 시행령 ('91.1.28 제정, '05.12.26 8차 개정)	소음·진동규제법 시행규칙 ('91.2.2 제정, '06.12.29 12차 개정)
24	다중이용시설 등의 실내공기질관리법 ('96.12.30 제정, '03.5.29 전문개정, '06.12.30 3차 개정)	다중이용시설 등의 실내공기질관리법 시행령 ('97.12.31 제정, '04.12.30 전문개정)	다중이용시설 등의 실내공기질관리법 시행규칙 ('98.1.26 제정, '04.5.28 전문개정, '06.3.13 2차 개정)
25	악취방지법 ('04.2.9 제정, '07.1.3 1차 개정)	악취방지법 시행령 ('05.2.7 제정)	악취방지법 시행규칙 ('05.2.7 제정, '07.7.4 3차 개정)
26	수질환경보전법 ('90.8.1 제정, '05.3.31 전부개정, '07.5.17 2차 개정)	수질환경보전법 시행령 ('91.1.28 제정, '06.3.31 전부개정, '07.7.4 2차 개정)	수질환경보전법 시행규칙 ('91.2.2 제정, '06.4.4 전부개정, '07.7.4 4차 개정)
27	한강수계 상수원 수질개선 및 주민지원에 등에 관한 법률 ('99.2.8 제정, '05.12.29 2차 개정)	한강수계 상수원 수질개선 및 주민지원 등에 관한 법률 시행령 ('99.8.6 제정, '05.9.30 3차 개정)	한강수계 상수원 수질개선 및 주민지원 등에 관한 법률 시행규칙 ('99.8.7 제정, '01.4.17 1차 개정)

일련 번호	법 률 (44)	대통령령 (44)	부 령 (39)
		한강수계관리위원회 규정 ('99.4.9 제정, '04.4.27 2차 개정)	
28	낙동강수계 물 관리 및 주민지원 등에 관한 법률 ('02.1.14 제정)	낙동강수계 물 관리 및 주민지원 등에 관한 법률 시행령 ('02.7.13 제정, '05.9.30 2차 개정) 낙동강수계관리위원회 규정 ('02.4.15 제정)	낙동강수계 물 관리 및 주민지원 등에 관한 법률 시행규칙 ('02.7.29 제정)
29	금강수계 물 관리 및 주민지원 등에 관한 법률 ('02.1.14 제정)	금강수계 물 관리 및 주민지원 등에 관한 법률 시행령 ('02.7.13 제정, '05.9.30 1차 개정) 금강수계관리위원회 규정 ('02.4.15 제정)	금강수계 물 관리 및 주민지원 등에 관한 법률 시행규칙 ('02.7.29 제정)
30	영산강·섬진강수계 물 관리 및 주민지원 등에 관한 법률 ('02.1.14 제정)	영산강·섬진강수계 물 관리 및 주민지원 등에 관한 법률 시행령 ('02.7.13 제정, '05.9.30 1차 개정) 영산강·섬진강수계관리위원회 규정('02.4.15 제정)	영산강·섬진강수계 물 관리 및 주민지원 등에 관한 법률 시행규칙 ('02.7.29 제정)
31	가축분뇨의 관리 및 이용에 관한 법률('06.9.27 제정)		
32	수도법 ('91.12.14 전문개정, '07.4.11 전부개정)	수도법 시행령 ('92.12.9 전문개정, '06.6.29 7차 개정)	수도법 시행규칙 ('92.12.15 전문개정, '06.6.29 7차 개정) 상수원관리규칙 ('92.12.15 제정, '06.6.29 5차 개정) 수도시설의 청소 및 위생관리 등에 관한 규칙 ('94.9.13 제정, '06.12.28 5차 개정)
33	하수도법 ('66.8.3 제정, '06.9.27 전부개정)	하수도법 시행령 ('69.12.1 제정, '05.8.17 8차 개정)	하수도법 시행규칙 ('71.6.15 제정, '05.9.6 6차 개정)
34	오수·분뇨 및 축산폐수의 처리에 관한 법률 ('91.3.8 제정, '02.12.26 4차 개정)	오수·분뇨 및 축산폐수의 처리에 관한 법률 시행령 ('91.9.7 제정, '97.8.11 전문개정, '03.7.25 4차 개정)	오수·분뇨 및 축산폐수의 처리에 관한 법률 시행규칙 ('91.9.9 제정, '97.9.18 전문개정, '06.7.4 7차 개정)
35	먹는물관리법 ('95.1.5 제정, '07.4.11 전부개정)	먹는물관리법 시행령 ('95.5.1 제정, '06.6.29 6차 개정)	먹는물관리법 시행규칙 ('95.5.1 제정, '06.6.30 7차 개정) 먹는물 수질기준 및 검사 등에 관한 규칙 ('95.5.1 제정, '06.6.29 8차 개정) 지하수의 수질보전 등에 관한 규칙 ('94.8.9 제정, '03.6.18 전문개정, '06.7.4 1차 개정)
36	토양환경보전법 ('95.1.5 제정, '07.5.17 4차 개정)	토양환경보전법 시행령 ('95.12.29 제정, '05.6.30 3차 개정)	토양환경보전법 시행규칙 ('96.1.4 제정, '06.7.4 5차 개정)

일련 번호	법 률 (44)	대통령령 (44)	부 령 (39)
37	폐기물관리법 ('86.12.31 제정, '91.3.8 전문개정, '07.4.11 전부개정)	폐기물관리법 시행령 ('87.4.1 제정, '91.9.26 전문개정, '07.1.5 9차 개정)	폐기물관리법 시행규칙 ('87.5.30 제정, '96.2.5 전문개정, '07.2.14 12차 개정)
38	자원의 절약과 재활용촉진에 관한 법률 ('92.12.8 제정, '02.2.4 전문개정, '07.5.11 6차 개정)	자원의 절약과 재활용촉진에 관한 법률 시행령 ('93.6.24 제정, '02.12.18 전문개정, '07.6.11 9차 개정)	자원의 절약과 재활용촉진에 관한 법률 시행규칙 ('93.7.31 제정, '02.12.30 전문개정, '07.6.29 7차 개정) 제품의 포장재질·포장방법에 관한 기준 등에 관한 규칙 ('93.8.17 제정, '03.4.3 전문개정, '06.3.14 1차 개정)
39	전기·전자제품 및 자동차의 자원순환에 관한 법률('07.4.27 제정)		
40	건설폐기물의 재활용촉진에 관한 법률 ('03.12.31 제정, '06.12.28 2차 개정)	건설폐기물의 재활용촉진에 관한 법률 시행령 ('04.12.31 제정, '07.1.5 1차 개정)	건설폐기물의 재활용촉진에 관한 법률 시행규칙 ('05.1.19 제정, '07.1.9 2차 개정)
41	폐기물처리시설 설치촉진 및 주변지역지원 등에 관한 법률 ('95.1.5 제정, '07.1.3 4차 개정)	폐기물처리시설 설치촉진 및 주변지역지원 등에 관한 법률 시행령 ('95.6.30 제정, '97.12.31 전문개정, '07.7.4 4차 개정)	
42	폐기물의 국가간 이동 및 그 처리에 관한 법률 ('92.12.8 제정, '07.5.17 4차 개정)	폐기물의 국가간 이동 및 그 처리에 관한 법률 시행령 ('94.5.28 제정, '01.7.16 4차 개정)	
43	한국환경자원공사법 ('93.12.27 제정, '03.12.30 1차 개정)	한국환경자원공사법 시행령 ('94.3.29 제정, '04.6.11 1차 개정)	
44	수도권 매립지 관리공사의 설립 및 운영 등에 관한 법률 ('00.1.21 제정, '05.12.29 1차 개정)	수도권 매립지 관리공사의 설립 및 운영 등에 관한 법률 시행령 ('00.7.10 제정, '06.6.15 1차 개정)	
		환경부와 그 소속기관 직제 (행자부소관) ('98.2.28 전문개정, '07.2.28 19차 개정)	환경부와 그 소속기관 직제 시행규칙 ('98.2.28 제정, '07.6.1 19차 개정) 국립환경과학원 시험의뢰 규칙 ('90.3.22 제정, '06.7.4 3차 개정) 환경부소관비영리법인의 설립 및 감독에 관한 규칙 ('99.12.9 전문 개정) 환경부소관비상대비자원관리법시행규칙 ('95.1.14 제정, '01.9.3 2차 개정)

※ 개정차수는 본법 개정차수를 의미함.

1 환경일반

(1) 환경정책기본법

환경보전에 관한 국민의 권리·의무와 국가의 책무를 명확히 하고 환경정책의 기본이 되는 사항을 정하여 환경오염과 환경훼손을 예방하고 환경을 적정하고 지속가능하게 관리·보전함으로써 모든 국민이 건강하고 쾌적한 삶을 누릴 수 있도록 함을 목적으로 한다.

환경의 질적인 향상과 그 보전을 통한 쾌적한 환경의 조성 및 이를 통한 인간과 환경간의 조화와 균형의 유지는 국민의 건강과 문화적인 생활의 향유 및 국토의 보전과 항구적인 국가발전에 필수불가결한 요소임에 비추어 국가·지방자치단체·사업자 및 국민은 환경을 보다 양호한 상태로 유지·조성하도록 노력하고, 환경을 이용하는 모든 행위를 할 때에는 환경보전을 우선적으로 고려하며, 지구의 환경상 위해를 예방하기 위한 공동의 노력을 강구함으로써 현재의 국민으로 하여금 그 혜택을 널리 향유할 수 있게 함과 동시에 미래의 세대에게 계승될 수 있도록 함을 이 법의 기본이념으로 한다.

(2) 환경관리공단법

1983년 5월 21일 법률 제3657호로 환경오염방지사업단법으로 제정되었다. 1987년 11월 28일에 환경관리공단법으로 명칭이 바뀌었다. 환경관리공단을 설립해 환경오염방지사업 기타 환경개선사업을 효율적으로 수행하게 함으로써 환경보전에 기여함을 목적으로 한다. 환경관리공단은 법인으로 한다. 여러 차례 개정을 거쳐 2003년 5월 29일에 법률 제6910호로 일부 개정되었다. 최근 개정에는 감사의 임기 연장, 운영위원회 폐지 등의 내용이 포함되었다.

(3) 환경분쟁조정법

환경분쟁의 알선·조정과 재정절차 등을 규정하여 환경분쟁을 신속·공정하고 효율적으로 해결하여 환경을 보전하고 국민의 건강 및 재산피해를 구제함을 목적으로 하는 법률이다.

분쟁조정의 대상이 되는 환경피해의 범위는 사업활동 기타 인간의 활동으로 발생하였거나 발생을 예상할 수 있는 대기오염, 수질오염, 토양오염, 해양오염, 소음·진동, 악취, 자연생태계 파괴, 기타 대통령령이 정하는 원인에 따른 건강상·재산상 피해이다. 방사능피해는 제외한다.

(4) 유해화학물질관리법

화학물질로 인한 국민건강 및 환경상의 위해를 예방하고 유해화학물질을 적정하게 관리함으로써 모든 국민이 건강하고 쾌적한 환경에서 생활할 수 있게 함을 목적으로 한다.

국가는 유해화학물질이 국민건강 및 환경에 미치는 영향을 항시 파악하고, 국민건강 및 환경상의 위해를 예방하기 위하여 필요한 시책을 수립·시행하여야 한다. 환경부 장관은 5년마다 유해화학물질관리기본계획을 수립하여야 한다. 환경부 장관 소속하에 유해화학물질대책위원회를 둔다. 유해화학물질을 제조·수입, 판매, 보관·저장, 운반 또는 사용하는 영업을 하는 자는 유해화학물질로 인한 국민건강 또는 환경상의 위해가 발생하지 않도록 시설·장비의 적정유지, 종업원의 교육, 기술개발 및 정보의 교환 등 필요한 조치를 하여야 하며, 유해화학물질의 적정관리를 위한 국가의 시책에 참여하고 협력하여야 한다.

(5) 잔류성유기오염물질 관리법

「잔류성유기오염물질에 관한 스톡홀름협약」의 시행을 위하여 동 협약에서 규정하는 다이옥신 등 잔류성유기오염물질의 관리에 필요한 사항을 규정함으로써 잔류성유기오염물질의 위해로부터 국민의 건강과 환경을 보호하고 국제협력을 증진함을 목적으로 한다.

(6) 환경개선비용 부담법

이 법에 따르면 환경부장관은 유통·소비 과정에서 환경오염물질의 다량배출로 인하여 환경오염의 직접적인 원인이 되는 건물 등 기타 시설물(대통령령이 정하는 규모 이상의 시설물)의 소유자 또는 점유자와 자동차(경유를 연료로 사용하는 대통령령이 정하는 자동차)의 소유자로부터 환경개선부담금을 부과·징수한다. 이때의 부과대상지역, 부과대상시설물의 용도, 부과·징수의 방법·절차 기타 필요한 사항은 대통령령으로 정한다.

(7) 환경범죄단속에 관한 특별조치법

사람의 생명·신체, 상수원 또는 자연생태계 등에 유해한 환경오염 또는 환경훼손을 초래하는 행위를 가중처벌하고, 그에 대한 행정처분을 강화함으로써 환경보전에 이바지함을 목적으로 한다.

(8) 환경개선특별회계법

이 법은 환경개선사업의 투자를 확대하고, 그 관리·운영을 효율화하기 위하여 환경개선특별회계를 설치함을 목적으로 한다. 환경개선특별회계(이하 "회계"라 한다)는 환경부장관이 관리·운용한다.

(9) 환경기술개발 및 지원에 관한 법률

환경기술의 개발·지원 및 보급을 촉진하고 환경산업의 기반을 조성함으로써 환경보전에 이바지함을 목적으로 한 법률이다.

환경부장관은 매 10년마다 종합 과학기술 심의회의 심의를 거쳐 장기 환경기술 개발계획을 수립하여야 한다. 그리고 연도별로 연구·개발과제를 선정하여 국·공립 연구기관, 대학, 기업 부설 연구소, 산업기술 연구 조합 등과 협약을 맺어 연구하게 할 수 있다.

정부는 환경기술을 개발하거나 응용하여 이를 사업화하는 자 및 환경기술 개발에의 출자를 주된 사업으로 하는 자를 육성하기 위하여 필요한 시책을 강구하여야 한다. 환경부장관은 환경 기술에 대한 정보의 수집·보급에 관한 구체적 시책을 강구하여야 하며, 환경기술 개발센터를 지정·운영하고, 환경산업 관련 협회에 대하여 자금 등의 지원을 할 수 있다.

(10) 친환경상품 구매촉진에 관한 법률

이 법은 친환경상품 구매를 촉진함으로써 자원의 낭비와 환경오염을 방지하고 국민경제의 지속가능한 발전에 이바지함을 목적으로 한다.

(11) 환경분야시험 · 검사 등에 관한 법률

이 법은 환경분야의 시험·검사 및 환경의 관리와 관련된 기술기준과 운영체계 등을 합리화함으로써 환경관리를 효율화하고 시험·검사 관련 기술개발을 촉진하며 나아가 국민보건의 향상과 환경의 보전에 이바지함을 목적으로 한다.

환경부장관은 5년마다 시험·검사 등의 기준 및 운영체계의 선진화를 위하여 환경시험·검사발전기본계획을 수립하여야 한다.

(12) 지속가능발전기본법

이 법은 지속가능발전을 이룩하고, 지속가능발전을 위한 국제사회의 노력에 동참하여 현재 세대와 미래 세대가 보다 나은 삶의 질을 누릴 수 있도록 함을 목적으로 한다.

"지속가능성"이란 현재 세대의 필요를 충족시키기 위하여 미래 세대가 사용할 경제·사회·환경 등의 자원을 낭비하거나 여건을 저하(저하)시키지 아니하고 서로 조화와 균형을 이루는 것을 말한다.

"지속가능발전"이란 지속가능성에 기초하여 경제의 성장, 사회의 안정과 통합 및 환경의 보전이 균형을 이루는 발전을 말한다.

2 자연 보전

(1) 자연공원법

자연생태계와 자연풍경지를 보호하고, 이를 계속적으로 이용할 수 있게 함으로써 국민의 보건과 여가 및 정서생활의 향상에 기여할 목적으로 1980년 1월 처음 제정된 이후 1981년 12월부터 2000년 1월까지 15차례 일부 개정되었다.

국가와 지방자치단체 및 개인의 공원보호 의무, 국립·도립·군립 등 공원의 지정·고시, 각종 공원계획의 결정과 변경 및 그 내용·고시 등에 관하여 규정하고, 공원관리청과 공원위원회 및 국립공원관리공단의 설립·조직 등을 정하고 있다.

(2) 자연환경보전법

자연환경의 보호와 생태계의 보전 및 야생동·식물의 멸종 방지 등을 위하여 필요한 사항을 규정한 법률로 자연환경을 체계적으로 보전·관리함으로써 국민의 쾌적한 자연환경에서의 여유있고 건강한 생활을 확보하기 위한 목적으로 1991년 처음 제정된 이후 1997년 8월 전문이 개정되었다. 1999년 관련법령의 개정에 따라 4차례 부분 개정되었다.

용어의 정의, 자연환경보전의 기본원칙, 국가·지방자치단체·사업자의 책무, 자연보호운동에 대한 정부지원, 전국자연환경보전계획의 수립, 멸종위기 야생동·식물 등의 포획금지, 국제적 멸종위기종의 국제거래 등의 규제, 생태계보전지역의 관리 등에 관하여 상세한 규정을 두고 있다.

(3) 토양환경보전법

토양오염으로 인한 국민건강 및 환경상의 위해(危害)를 예방하고 오염된 토양을 정화하는 등 토양을 적정하게 관리·보전함으로써 모든 국민이 건강하고 쾌적한 삶을 누릴 수 있게 하기 위한 법이다.

환경부장관은 토양보전을 위해 10년마다 토양보전에 관한 기본계획을 수립·시행해야 한다. 토양오염의 우려기준은 환경부령으로 정한다. 환경부장관은 전국적인 토양오염실태를, 시·도지사는 관할구역 안의 토양오염실태를 조사해야 한다.

(4) 독도 등 도서지역의 생태계보전에 관한 특별법

이 법은 특정도서의 다양한 자연생태계·지형 또는 지질 등을 비롯한 자연환경의 보전에 관한 기본적 사항을 정함으로서 현재와 장래의 국민 모두가 깨끗한 자연환경 속에서 건강하고 쾌적한 생활을 할 수 있도록 함을 목적으로 한다. 이 법은 독도 등 대한민국의 주권이 미치는 특정도서의 자연생태계 등의 보호에 관한 사항에 대하여 적용한다.

(5) 습지보전법

생물다양성의 보고인 동시에 오염물질 정화기능을 가진 습지를 효율적으로 보전·관리함으로써 국토의 효율적 이용을 도모하면서 동시에, 물새서식처로서 국제적으로 중요한 습지에 관한 협약(람사조약)의 취지를 살려 국제협력을 증진하기 위하여 제정된 법률이다.

(6) 환경영향평가법

환경·교통·재해 또는 인구에 미치는 영향이 큰 사업에 대한 계획을 수립·시행할 때 그 사업이 미칠 영향을 미리 평가·검토해 건전하고 지속가능한 개발이 되도록 함으로써 쾌적하고 안전한 국민생활을 도모함을 목적으로 한다.

영향평가 대상사업에는 도시 개발, 산업입지 및 산업단지 조성, 에너지 개발, 항만 건설, 도로 건설, 수자원 개발, 철도 건설, 공항 건설, 하전의 이용 및 개발, 개간 및 공유수면의 매립, 관광단지 개발, 산지 개발, 특정지역 개발, 체육시설·폐기물처리시설 기타 대통령령이 정하는 시설 설치 등이 있다.

(7) 백두대간보호에 관한 법률

백두대간의 보호에 필요한 사항을 규정하여 무분별한 개발행위로 인한 훼손을 방지함으로써 국토를 건전하게 보전하고 쾌적한 자연환경을 조성함을 목적으로 한다. “백두대간”이라 함은 백두산에서 시작하여 금강산·설악산·태백산·소백산을 거쳐 지리산으로 이어지는 큰 산줄기를 말한다.

(8) 야생동 · 식물 보호법

야생동·식물과 그 서식환경을 체계적으로 보호·관리함으로써 야생동·식물의 멸종을 예방하고, 생물의 다양성을 증진시켜 생태계의 균형을 유지함과 아울러 사람과 야생동·식물이 공존하는 건전한 자연환경을 확보함을 목적으로 한다.

(9) 남극활동 및 환경보호에 관한 법률

우리나라가 남극조약 및 환경보호에 관한 남극조약의정서의 시행 등 남극관련 국제협력체제에 적극적으로 참여하기 위하여 남극활동에 필요한 사항을 정함으로써 남극환경의 보호와 남극관련 과학기술의 발전에 기여함을 목적으로 한다.

(10) 문화유산과 자연환경자산에 관한 국민신탁법

문화유산 및 자연환경자산에 대한 민간의 자발적인 보전·관리 활동을 촉진하기 위하여 문화유산국민신탁 및 자연환경국민신탁의 설립 및 운영 등에 관한 사항과 이에 대한 국가 및 지방자치단체의 지원에 관한 사항을 규정함을 목적으로 한다.

3 대기 보전

(1) 대기환경보전법

대기오염으로 인한 국민건강 및 환경상의 위해를 예방하고 대기환경을 적정하게 관리·보전함으로써 모든 국민이 건강하고 쾌적한 환경에서 생활할 수 있게 함을 목적으로 한다.

환경부장관은 전국에 대하여, 시·도지사는 관할구역에 대하여 대기오염도를 상시측정하고, 대기오염물질의 배출원 및 배출량을 조사하여야 한다. 시·도지사는 대기오염경보를 발령하고 필요한 때에는 자동차의 운행제한이나 사업장의 조업단축 등의 필요한 조치를 할 수 있다. 정부는 기후·생태계 변화유발물질의 배출을 줄이기 위한 국제적인 노력에 적극 참여하고, 조사·연구, 회수·재사용 및 대체물질의 개발 등의 시책을 강구하여야 한다.

(2) 소음 · 진동규제법

공장·건설공사장·도로·철도 등으로부터 발생하는 소음·진동으로 인한 피해를 방지하고 소음·진동을 적정하게 관리·규제하여 모든 국민이 조용하고 평온한 환경에서 생활할 수 있게 함을 목적으로 한다. 환경부장관은 전국적인 소음·진동의 실태를 파악하기 위하여 측정망을 설치하고 상시(상시) 측정하여야 한다.

(3) 다중이용시설 등의 실내공기질 관리법

1996년 12월 30일 '지하생활공간 공기질 관리법'(법률 제5224호)으로 제정된 뒤 2003년 현재의 명칭으로 전문 개정되었다. 이 법은 지하역사와 지하도 상가, 여객자동차터미널의 대합실, 공항의 여객터미널, 항만의 대합실, 도서관, 박물관 및 미술관, 의료기관, 실내 주차장, 철도역사의 대합실 등 불특정 다수의 사람들이 이용하는 시설과 아파트와 연립주택으로서 대통령령이 정하는 규모 이상의 공동주택을 적용대상으로 한다.

(4) 수도권 대기환경개선에 관한 특별법

2003년 12월 31일 법률 제7041호로 제정되었다. 현행 대기환경보전법으로는 수도권 지역의 대기환경을 개선하는데 한계가 있어 오염총량관리제도를 도입하는 등 필요한 제도를 마련하기 위한 것이다. 목적은 대기오염이 심각한 수도권 지역의 대기환경을 개선하기 위하여 종합시책을 추진하고 대기오염원을 체계적으로 관리함으로써 지역 주민의 건강을 보호하고 쾌적한 생활환경을 조성하는 것이다.

(5) 악취방지법

사업활동 등으로 인하여 발생하는 악취를 방지함으로써 국민이 건강하고 쾌적한 환경에서 생활할 수 있게 함을 목적으로 한다. 국가는 악취방지에 관한 종합적 시책을 수립·시행하고, 지방자치단체가 시행하는 악취방지시책에 대한 재정적·기술적 지원, 악취가 생활환경 및 사람의 건강 등에 미치는 영향에 관한 조사·연구, 악취방지에 관한 기술개발 및 보급 등을 위하여 노력하여야 한다.

4 수질 보전

(1) 수질 및 수생태계 보전에 관한 법률

수질오염으로 인한 국민건강 및 환경상의 위해를 예방하고 하천·호소 등 공공수역의 수질 및 수생태계를 적정하게 관리·보전함으로써 국민으로 하여금 그 혜택을 널리 향유할 수 있도록 함과 동시에 미래의 세대에게 승계될 수 있도록 함을 목적으로 한다.

(2) 한강수계 상수원 수질개선 및 주민지원 등에 관한 법률

한강수계(한강수계) 상수원(상수원)을 적절하게 관리하고 상수원 상류지역의 수질개선(수질개선) 및 주민지원사업을 효율적으로 추진하여 상수원의 수질을 개선함을 목적으로 한다.

(3) 낙동강수계 물 관리 및 주민지원 등에 관한 법률

낙동강수계의 수자원과 오염원을 적정하게 관리하고 상수원 상류지역에서의 수질개선 및 주민지원사업을 효율적으로 추진하여 동 수계의 수질을 개선함을 목적으로 한다.

(4) 금강수계 물 관리 및 주민지원 등에 관한 법률

금강수계 상수원 상류지역에서의 수질개선 및 주민지원사업을 효율적으로 추진하고, 금강·만경강 및 동진강수계의 수자원과 오염원을 적정하게 관리하여 동수계의 수질을 개선함을 목적으로 한다.

(5) 영산강 · 섬진강수계 물 관리 및 주민지원 등에 관한 법률

영산강·섬진강 및 탐진강수계의 상수원 상류지역에서의 수질개선 및 주민지원사업을 효율적으로 추진하고 수자원과 오염원을 적정하게 관리하여 동 수계의 수질을 개선함을 목적으로 한다.

(6) 가축분뇨의 관리 및 이용에 관한 법률

가축분뇨를 적정하게 자원화하거나 처리하여 자연환경과 생활환경을 청결하게 하고 수질오염을 감소시킴으로써 환경과 조화되는 축산업의 발전 및 국민보건의 향상과 환경보전에 이바지함을 목적으로 한다.

5 상하수도 관리

(1) 수도법

수도에 관한 종합적인 계획을 수립하고 수도를 적정하고 합리적으로 설치·관리하여 공중위생을 향상시키고 생활환경을 개선하게 하는 것을 목적으로 한다. 국가는 모든 국민이 질 좋은 물을 공급받을 수 있도록 수도에 관한 종합적인 계획을 수립하고 합리적인 시책을 강구하며 수도사업자에 대한 기술 지원 및 재정 지원을 위하여 노력하여야 한다.

(2) 하수도법

하수도를 개량하고 정비하기 위하여 그 설치 및 관리의 기준 등을 정함으로써 도시 및 지역사회의 건전한 발전과 공중위생의 향상에 기여하고 공공수역의 수질을 보전함을 목적으로 한다. 국가는 하수도의 설치·관리 및 관련기술개발 등에 관한 기본정책을 수립하고, 지방자치단체에 대하여 기술적·재정적 지원을 할 수 있다.

(3) 먹는 물 관리법

먹는 물에 대한 합리적인 수질 관리 및 위생 관리를 도모함으로써 먹는 물로 인한 국민건강상의 위해를 방지하고 생활환경의 개선에 이바지함을 목적으로 하는 법률이다.

국가 및 지방자치단체는 모든 국민이 질 좋은 먹는 물을 공급받을 수 있도록 합리적인 시책을 마련하며 알맞은 지도 및 관리를 하고, 먹는 물 관련 영업자는 질 좋은 먹는 물을 안전하고 알맞게 공급하도록 하여야 할 책무가 있다. 환경부장관은 먹는 물의 수질 관리를 위하여 필요한 시책을 마련하여야 하며, 먹는 물에 대한 수질검사를 실시하고, 먹는 물 수질감시원을 둔다.

6 폐기물 관리(친환경적 자원순환)

(1) 폐기물관리법

폐기물의 발생을 최대한 억제하고 발생한 폐기물을 적정하게 처리하여 환경보전과 국민생활의 질적 향상에 이바지하는 것을 목적으로 한다.

(2) 자원의 절약과 재활용촉진에 관한 법률

자원의 효율적인 이용과 폐기물의 발생억제, 자원의 절약 및 재활용촉진을 통하여 환경을 보전하고 지속적인 경제발전과 국민복지향상에 이바지함을 목적으로 한다.

국가는 자원재활용을 촉진하기 위한 시책을 강구하여야 하며, 지방자치단체는 국가의 시책에 따라 당해 지역 안의 자원재활용을 촉진할 책무를 진다. 사업자와 국민은 자원재활용을 촉진하기 위하여 노력하는 동시에 국가 또는 지방자치단체가 행하는 조치에 협력하여야 한다. 환경부 장관은 자원재활용기본계획을 수립하여야 한다. 관계중앙행정기관의 장 및 시·도지사는 기본계획의 연차별 시행계획을 수립하여 시행하여야 하며, 시장·군수·구청장은 당해 지역 안의 자원재활용계획을 수립·시행할 수 있다.

(3) 폐기물의 국가간 이동 및 그 처리에 관한 법률

유해폐기물의 국가간 이동 및 그 처리의 통제에 관한 바젤협약 및 동협약에 의한 양자간·다자간 또는 지역적 협정의 시행을 위하여 폐기물의 수출입 및 국내경유를 규제함으로써 폐기물의 국가간 이동으로 인한 환경오염을 방지하고 국제협력을 증진함을 목적으로 하는 법률이다.

원자력법에 따른 방사성물질 및 오염물질과 해양오염방지법에 따른 해역배출폐기물과 선박의 항행에서 배출되는 폐기물에는 적용하지 않는다.

(4) 한국환경자원공사법

한국환경자원공사를 설립하여 폐기물의 발생 억제, 재활용 및 적정한 처리를 위한 사업을 효율적으로 수행함으로써 순환형 자원관리체계를 마련하는 데에 이바지함을 목적으로 한다. 한국환경자원공사는 무자본 특수법인으로 한다.

(5) 폐기물처리시설설치 촉진 및 주변지역지원 등에 관한 법률

폐기물처리시설의 주변 지역주민을 지원함으로써 부지확보와 폐기물처리시설 설치를 원활히 진행해 주변 지역주민의 복지를 증진하고 환경보전과 국민생활을 질적으로 향상시키는데 이바지함을 목적으로 한다.

(6) 수도권매립지관리공사의 설립 및 운영 등에 관한 법률

수도권매립지관리공사의 설립 및 운영 등에 관한 사항을 규정하여 수도권매립지를 효율적으로 관리하도록 함으로써 수도권지역에서 발생하는 폐기물의 적정한 처리와 자원화를 촉진하고, 주변지역주민의 쾌적한 생활환경의 조성에 기여함을 목적으로 한다.

"수도권매립지"라 함은 인천광역시 서구 검단동·백석동·경서동 및 검암동과 경기도 김포시 양촌면에 위치하고 있는 광역폐기물처리시설을 말한다.

"수도권지역"이라 함은 서울특별시·인천광역시·경기도의 관할구역으로서 수도권매립지에 폐기물관리법에 의한 폐기물)을 반입하는 지역을 말한다.

(7) 건설폐기물의 재활용촉진에 관한 법률

건설공사 등으로 인하여 발생한 건설폐기물을 친환경적으로 적정처리하고 재활용을 촉진하여 국가자원의 효율적 이용은 물론 국민경제발전과 공공복리증진에 기여함을 목적으로 한다.

(8) 전기 · 전자제품 및 자동차의 자원순환에 관한 법률

전기·전자제품 및 자동차의 재활용을 촉진하기 위하여 유해물질의 사용을 억제하고 재활용이 쉽도록 제조하며 그 폐기물을 적정하게 재활용하도록 하여 자원을 효율적으로 이용하는 자원순환체계를 구축함으로써 환경의 보전과 국민경제의 건전한 발전에 이바지함을 목적으로 한다.

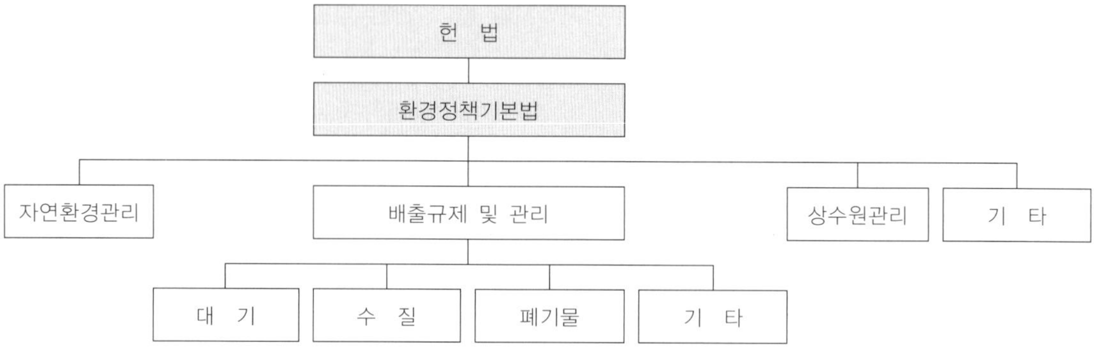

자연환경관리
- 자연환경보전법
- 환경·교통·재해 등에 관한 영향평가법
- 독도 등 도서지역의 생태계보전에 관한 특별법
- 자연공원법
- 토양환경보전법
- 습지보전법
- 조수보호 및 수렵에 관한 법률

대기
- 대기환경보전법
- 소음진동 규제법
- 지하생활공간 공기질관리법

수질
- 수질 및 수생태계 보전에 관한 법률
- 오수·분뇨 및 축산폐수의 처리에 관한 법률
- 하수도법
- 한강수계 상수원 수질개선 및 주민지원 등에 관한 법률

폐기물
- 폐기물관리법
- 자원의 절약과 재활용촉진에 관한 법률
- 폐기물처리시설설치촉진 및 주변지역 지원 등에 관한 법률
- 폐기물의 국가간 이동 및 그 처리에 관한 법률

기타(배출규제 및 관리)
- 유해화학물질관리법
- 환경범죄의 단속에 관한 특별조치법

상수원관리
- 수도법
- 먹는물관리법

기타
- 환경기술개발 및 지원에 관한 법률
- 환경분쟁조정법
- 환경개선특별회계법
- 환경개선비용부담법
- 환경관리공단법
- 한국자원재생공사법
- 수도권매립지관리공사의 설립 및 운영 등에 관한 법률

그림 5.4 환경부소관 환경법 체계도

CHAPTER 06

환경과 생태

6.1 개설

생태학(Ecology)이란 용어는 약 1백 년 전 독일의 생물학자 에렌스트 헤겔(Ernst Haeckel)이 만들어냈다. Ecology의 Eco는 집이란 뜻 외에 그리스어 Oikos에서 유래되며, 이는 Economics의 Eco와도 같은 어원이 된다. 그 이유는 생물학자(Ecologist)가 연구하는 것은 다름 아닌 동물과 식물의 경제였기 때문이다. 그러나 오늘날 널리 사용되는 정의는 "생태학이란 생물과 그들의 환경과의 관계를 연구하는 학문"이다.

우리는 자연계나 생태학자들의 사고처럼 유기체와 환경이라는 개념이 엄격하게 구분되어 있지 않다는 점을 명심한다면 위의 생태학에 대한 정의는 유익하게 사용될 수 있다. 즉, 어떤 한 유기체에 대해서 다른 유기체들이 그 유기체의 환경 일부를 구성하기 때문이다. 또한 물리적인 환경 자체가 대체로 유기체들에 의해서 형성되고 또한 유시되기 때문이다. 따라서 유기체와 그 환경이 한 체계 내에서 상호작용하는 부분이라는 사실을 인식하고 있는 생태학자들은 그들이 연구하는 자연의 한 부분 속에 존재하는 생명체들의 집단과 물리적 환경을 동시에 포괄하여 생태계라는 용어를 사용하고 있다.

생태계(Ecosystem)는 생태학의 핵심 요소로서 흔히 자연(Nature)이라는 용어에 상응되기도 한다. 환경에 대한 생태학적 입장이 중요한 이유는 인간의 이익을 추구하기 위하여 토지이용 등의 환경계획을 추진함에 있어 자연환경과의 조화와 균형을 이끌어 낼 수 있기 때문이다. 생물계에는 서로 상호 연관이 있는 식물, 동물, 박테리아, 균류 등의 군집체의 집합이 있다. 그리고 그 발생과정 발달, 기능적 양상 등에 의해 제각기 특이한 생활계를 형성하고 있다.

군집과 환경간에는 상호밀접한 관계를 이루고 있어 기후나 토양 등이 군집에 작용하면 군집은 환경의 흐름에 따라 생물체가 되고, 군집 내 생물간의 교체에 의해 환경으로 되돌아온다. 이와 같이 물질이나 에너지가 순환하고 상호보완적인 관계를 갖는 환경을 생태계(Ecosystem)라고 한다.

인간은 필연적으로 환경에 의존하지 않으면 안 되며, 생물군집에서 여러 가지를 수확하지만 그에 의해 생기는 환경의 변화는 예측하기가 어렵고, 인간이 바라고 있는 것조차 이익에 역행할 수 있다. 자연조건의 악화뿐 아니라 이러한 변화와 인간자체와의 관계가 파괴될 수 있다. 예를 들면, 식량획득의 수단으로 막대한 양의 살충제를 살포한 지역에서는 식량생산의 증대는 가져왔지만, 생물학적인 천적 등이 사멸되고 살충제에 대한 해충의 내성이 증가하므로 종종 문제를 일으키는 경우가 있다.

종래 생물학의 한 분야로서 다루어져온 생태학은 생물대의 특정생물을 중심으로 하나의 생태계만을 취급하는 것이 일반적이었으나, 오늘날에는 환경문제와 연관되어 생태계는 전 지구적인 레벨에서의 인류와의 상관관계를 중심으로 한 환경과의 유기적인 연계를 중시하는 경향이 강해졌다. 이 장에서는 생태계의 구조와 기능을 알아보고 생태계 속에서 인간의 위치와 그 역할을 올바르게 이해함으로써 자연과 인간의 상관성을 깨닫도록 해야 할 것이다.

6.2 생태계의 정의 및 특징

생물과 그의 환경과의 불가분의 관계를 맺고 있으며 이들은 상호작용을 하고 있다. 물리화학적인 환경과 상호작용을 하는 지역 내의 생물전체를 포함하는 단위를 G.A. Transley (1935)는 생태계(Ecosystem)라고 정의하였다. 즉, 생태계의 구성요소는 환경과 생물이며, 생물은 영양단계(Tropic Level)에 따라 독립영양구성요소(Autotrophic Components)와 종속영양구성요소(Heterotrophic Components)로 구분할 수 있다. 생태계에서 생물은 역할에 따라 생산자(Producer), 소비자(Consumer), 분해자(Decomposer)로 세분화할 수 있다. 이들 생태계 내의 생물군 중 생산자는 광에너지를 받아들여 무기물로 전환하거나 분해된 물질을 합성 또는 그 과정에서 발생하는 에너지로 생명현상을 유지한다. 분해자는 소비자의 일부로서 유기물의 사체를 분해하여 필요한 에너지와 물질을 취하며, 에너지의 흐름을 가능케 한다. 생태계는 생물과 비생물적 환경이 포함되며 생태계 내의 인자상호간 서로의 속성에 영향을 주는데, 기본구조는 그림 6.1과 같다.

생태학의 특성에 대해서 알아보면 첫째, 상호의존성으로 생태학자 베리 코머는 "생태학의 첫 번째 법칙은 모든 것은 모든 다른 것과 관련되어 있다" 고 말했다. 이것은 어느 한 유기체의 계속적인 기능의 수행은 많은 다른 유기체들의 기능과 상호 관련되어 있다는 것을 뜻한다. 예를 들어, 혼자 살아가는 사람도 결국은 음식을 얻기 위해서 탄수화물의 광합성작용에 의존하고 있다. 마찬가지로 숲 속에서 혼자 자라는 참나무도 아주 작은 미생물에 의존한다. 이렇게 유기체들 사이에는 대단히 미묘하게 얽혀 있는 경우가 자주 있다.

둘째 법칙은 한계이다. 나무는 하늘 끝까지 자라지는 못한다. 이 용어는 생태학의 또 다른 기본적 주제를 잘 표현하고 있다. 어떤 유기체나 종도 무한히 성장할 수는 없다. 생태학자가 아닌 사람들이 흔히 생각하는 것 이상으로 동물들은 그들의 성장을 스스로 제한하고 있다.

즉, 동물의 수효가 지나치게 늘어나면 번식률은 반대로 떨어지게 마련이며, 따라서 생태계내의 여러 자원과 균형을 유지하게 되는 것이다. 지구상의 모든 생태계에 있어서 전체적인 동물의 에너지에 대한 가장 큰 한계는 지구상의 식물이 유기화합물을 합성하는데 사용할 수 있는 태양에너지의 양에 의해서 정해져 있다.

셋째 법칙은 복잡성을 들 수 있다. 생태계를 면밀히 관찰해 보면 끊임없는 복잡성, 즉 미묘한 상호관계를 접하게 된다. 생태계에서의 원인과 결과는 사회 체계와 마찬가지로 시간적, 공간적으로 상당히 멀리 분포되어 있다. 따라서 환경에 대한 인간의 개입은 때때로 예기치 못한 결과를 빚어낸다. 마지막 법칙은 적응으로서 주어진 환경에서 생물이 생존에 유리한 방향으로 스스로의 체계나 환경을 형성하는 반응과정을 적응이라 하고, 이 과정을 지나면서 생물이 진화해 나가는 것이라고 보고 있다.

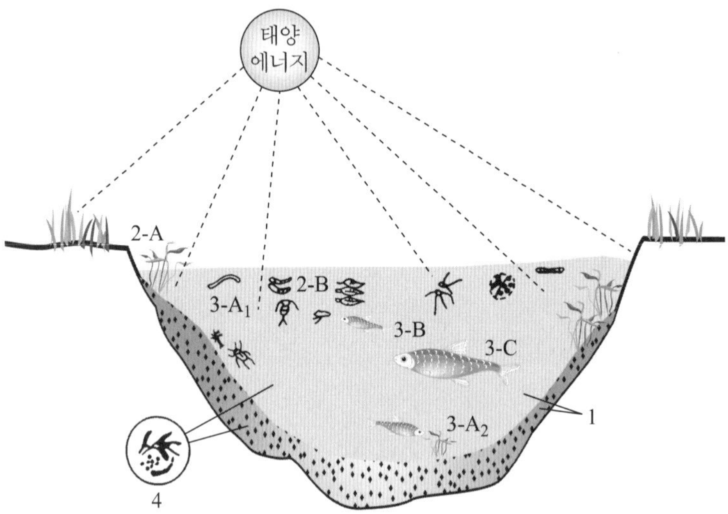

1	: 무생물질		기본적 무기 및 유기화합물
2 - A	: 생산자		뿌리를 가진 식물
2 - B	: 생산자		식물 Plankton
3 - A1	: 1차 소비자(포식자)		저처형 저생생물(Benthos)
3 - A2	: 1차 소비자(포식자)		동물 Plankton
3 - B	: 2차 소비자(육식자)		
3 - C	: 3차 소비자(2차 육식자)		
4	: 부식자(분해자)		분해성 세균과 같은 미생물

이 계의 대사는 태양에너지로 움직이며, 못의 안정선은 비나 이 못이 있는 지역의 집수역에서 유입되는 물질에 좌우된다.

그림 6.1 호수생태계 및 기본적 구조

6.3 생태학의 영역과 대상

생태학의 기본문제를 구체적으로 기술하면 첫 번째로, 생물체의 분포와 그 분포원인을 규명하는 문제이다. 일반적으로, 생물체는 한 단위로서 시간과 공간의 기반 위에서 생활하고 있는데, 이들의 분포와 양은 얼핏 보기에는 상관이 없는 것처럼 보이지만, 실제로 어떤 생물종의 분포에 영향을 주는 요인은 생물체계에도 영향을 주고 있어서 일정한 관계를 갖고 있음을 알 수 있다.

생태학은 다양한 생물계 내의 300만종 이상이나 되는 종과 이들 계 내의 생물 간의 상호관계 및 생물과 환경요인의 관계 등을 연구대상으로 하고 있으며, 나아가서는 이들이 생명을 유지하는 메커니즘을 규명하는데 목적을 두고 있다. 따라서, 생태학은 생물의 분포와 그 원인 즉, 생물과 환경과의 상호관계를 규명하고자 하는 것으로, 생태학의 중요한 접근방법 중 한 가지는 시간과 공간에 따른 환경요구의 측정이며, 이들의 3가지 특징을 측정하고 종합하여 생물학의 기본논리인 생물종의 분포와 그 원인을 밝히려는 것이다. 두 번째로, 생태학은 개체로부터 생물권까지의 조직체를 대상으로 각 수준의 특수성과 일반성을 관찰하고 그들의 개개의 계(System) 내의 물질과 에너지의 순환을 추적한다. 실제로 생물권이나 생태계 내에서 식물이나 일부 다른 생물에 의해서 광에너지가 화학에너지로 전환되고 탄소동화작용을 거쳐 고정된 화학에너지는 유기물질의 순환에 의해 다른 생물로 순환함을 알 수 있다. 이와 같은 생물권이나 생태계는 환경과 상호관계를 갖는 개방계로서 환경과의 작용으로 빚어지는 다양한 문제를 내포하게 되며 이들의 문제로 생태학을 다루게 된다.

6.4 생태계의 물질순환

생태계의 물질순환은 에너지의 상호작용과 같은 내용이다. 열역학적인 법칙에 따라 에너지는 반드시 반환되며 거기에는 에너지의 출입, 변환의 문제가 수반된다. 즉, 물질의 변화는 에너지의 공급과 소비의 조합이며, 여러 형태로 에너지의 출입이 물질변화의 형태로 나타난다. 그림 6.2와 같이 식물의 잎에 대해 3,000 kcal/m^2/day의 빛이 조사된다고 하면 그 절반인

1,500 kcal/m^2/day만이 이용되고 나머지는 복사열, 기타 이용되지 않는 형태로 방출된다. 따라서, 유기물합성으로 고정되는 에너지량이며 먹이연쇄(Food Chain)를 통하여 초식동물에 고정되는 에너지는 약 1/10 정도이다. 마찬가지로 육식동물의 단계에서 고정되는 에너지도 약 1/10 정도에 그친다.

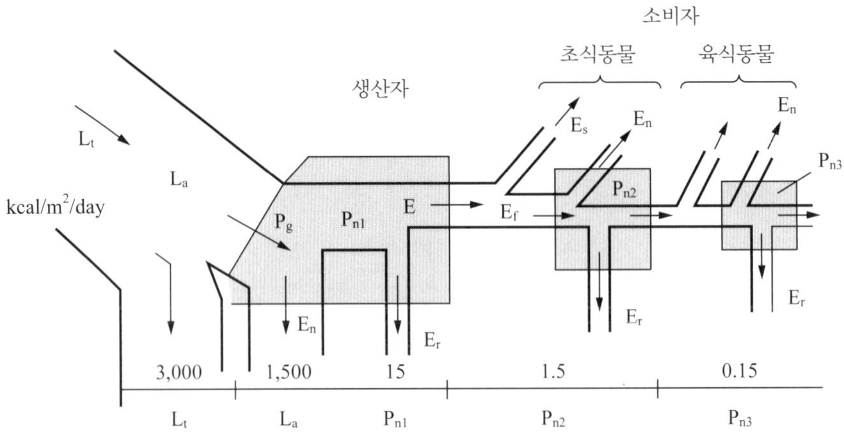

그림 6.2 에너지 흐름의 도식화

에너지의 순환단계에서는 미생물과 같이 독립영양(Autotroph)을 유지하면서 생존하는 종들이 있는 반면, 식물에 의해 생산된 유기물에 의존하면서 생명을 유지하는 종속영양(Heterotroph)의 종들도 있다. 또 에너지의 대사과정에서 최종적으로 물이나 탄산가스가 방출되는 것과 마찬가지로, 생태계의 식물이나 동물을 분해하여 물과 탄산가스를 생성시키는 분해자(Decomposers)가 있다. 분해자에 해당하는 미생물, 특히 부패세균은 자연을 정화하는데 큰 몫을 담당한다. 이 때 분해된 유기물은 최종적으로 이산화탄소, 황화수소, 질소, 물 등으로 변환되며 이들은 각기 특이한 사이클을 가지게 된다. 이러한 순환을 원소의 순환이라고 하며 생물계의 유지에 중요한 역할을 한다. 원소의 순환에는 탄소, 산소, 질소, 황, 인 등의 순환이 포함된다.

이들 물질들의 움직임은 생물체의 움직임으로 이해되므로 영양물질의 순환(Nutrient Cycle)이라고도 한다. 여러 가지 순환물질 가운데서 중요한 것으로 탄소, 산소, 질소 및 물을 들 수 있다. 순환과정이 단순한 경우는 극히 드물다. 여러 개의 소순환이 상호작용하면서 이루어지는 탄소의 복잡한 순환과정은 생태계에서 순환이 얼마나 중요한가를 보여주고 있다. 탄소순환의 중요한 소순환의 하나는 대기권과 생물권 사이에서 일어나는 것이다(그림 6.3). 녹색식물은 광합성을 통하여 당, 지방 및 단백질 같은 식품으로 이산화탄소를 동화하고 이렇게 고정된 탄소의 일부는 생산자와 소비자의 호흡과정을 통하여 다시 이산화탄소로 변형되어 대기권으로 되돌아가게 된다. 또, 동식물의 사체에 들어 있는 탄소도 분해자의 호흡을 통하여 결국 대기권으로 되돌아가는 것이다. 이 소순환은 비교적 평형을 유지하고 있다. 즉, 생산자가 광합성을 통하여 고정한 만큼의 이산화탄소가 호흡으로 다시 대기권으로 방출되는 것이다.

질소의 순환에 대해서 알아보면 공기 중의 약 80%는 질소이고 이 질소는 단백질의 기본적인 성분이기 때문에 모든 생물 조직이 필요로 하는 또 하나의 기본요소이다. 질소는 다음 2가지 방법으로 생물체내에 들어온다. 예를 들면, 질소고정 박테리아를 통하여 직접 대기로부터, 그리고 식물이 토양으로부터 취하는 질소염으로부터 생물체내로 들어온다. 또 다른 종류의 박테리아인 질소제거 박테리아는 질소를 대기에 환원시킨다. 이와 같은 박테리아는 질산염, 아질산염, 암모니아를 전환하여 기체상태의 질소를 유리시키며, 질소의 일부는 질소순환계를 이탈한다. 즉, 질산염의 형태로서 그것은 대단히 용해되기 쉽기 때문에 토양에 흘러내려가서 드디어는 깊은 바다 속에 침전물로 퇴적한다. 생활에 필수적인 자원인 질소의 순환과정은 점점 어렵게 되어가고 있다.

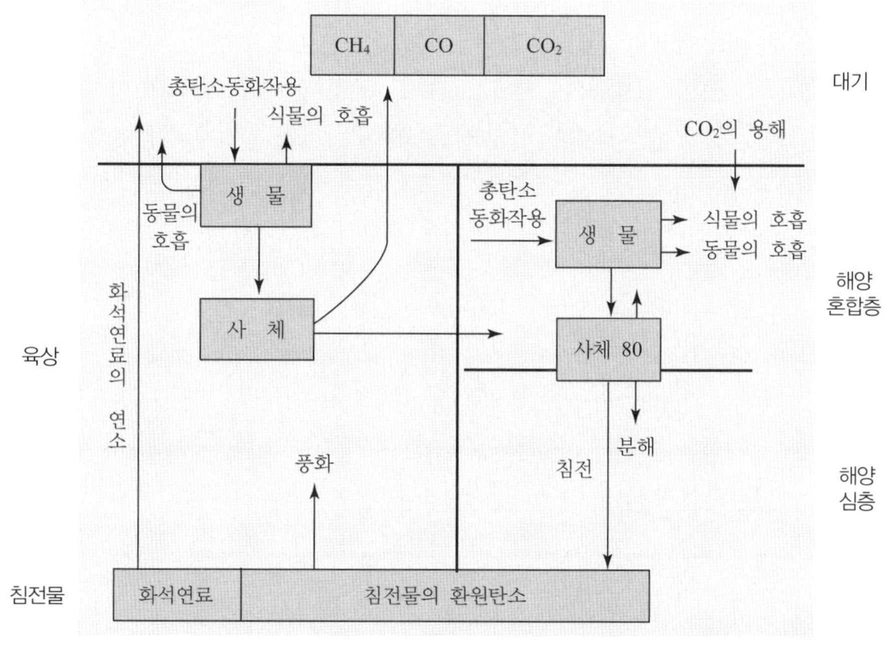

그림 6.3 탄소 순환 계통도

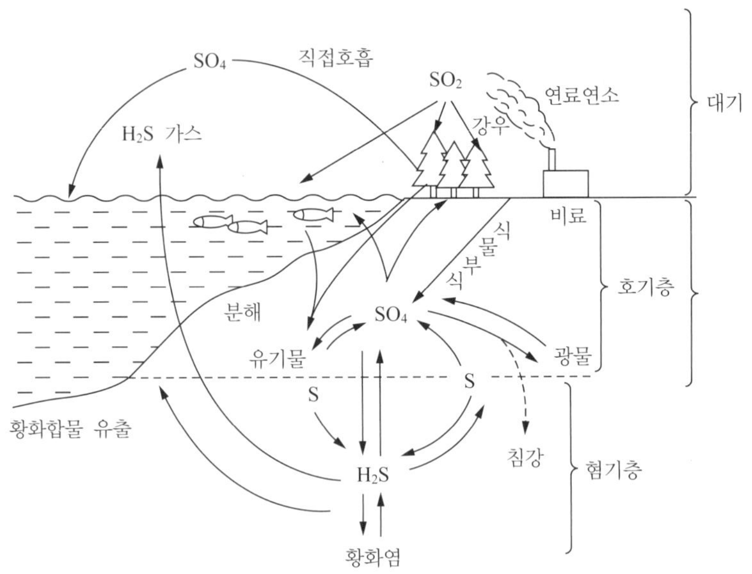

그림 6.4 황화합물의 순환

무기물의 순환 중 황과 인의 순환은 다음과 같다. 일반적으로 황은 바다에서 육지로 그리고 대기권을 통하여 순환한다(그림 6.4). 그러나 실제로 광화합물들의 순환이 실온에서 화학적으로 $S \rightarrow SO_4$, $SO_4 \rightarrow SO_2 \rightarrow H_2S$의 전환은 쉽지 않다. 이들은 토양 및 수중에서 각종 미생물에 의하여 이전되고 생물체에 이용된다. 인은 유전정보의 회로에 포함되는 DNA(핵산, Deoxyribonucleic Acid)와 RNA(핵산, Ribonucleic Acid) 분자의 기본요소이고 광화합물은 세포 에너지 조작장치의 기본이 된다. 인은 질소처럼 활발하게 생태계 속을 순환하지는 않으나, 인광, 분광석의 퇴적, 화석화된 동물의 퇴적 등으로 나타난다. 인은 풍화, 비에 의해서 대부분은 바다로 흘러가거나 인간의 활동에 이러한 과정이 촉진되면서 깊은 바다의 침전물 속에 퇴적될 것이다.

6.5 먹이연쇄

먹이연쇄는 먹이를 얻고자 상호 의존하는 동·식물의 총합으로 이루어진다. 즉, 식량에너지가 자연성 식물로부터 동물에게 차례로 먹히거나 분해되어 가는 현상이 생물권에서는 끊

임없이 일어나는데 이러한 단계적 에너지 이동현상을 「먹이의 연쇄현상」이라고 한다. 먹이연쇄는 여러 겹으로 복잡하게 얽혀져 있어 체계의 어느 한 종의 파괴는 바로 전 생태계의 불균형을 자초하게 되며 생태계의 안전성 유지를 곤란하게 한다.

먹이연쇄의 한 단계에서 다음 단계로 연속해서 전환해 가는 것은 생물에너지론의 견지에서 이 연속되는 단계를 영양단계(먹이수준, Trophic Level)라고 부른다. 생산자인 녹색식물이 제1단계를 구성하고 식물을 소비하는 자가 제2단계가 되며 육식동물이 제3단계가 된다. 때로는 4, 5단계 이상 계속될 때도 있다. 각 영양단계를 거칠 때마다 에너지는 약 80~90% 정도가 감소해 나가고 생물의 생물량(생체량, Biomass)도 줄어 영양단계를 하위에서 상위로 쌓아 올리면 피라미드형이 되는데 이를 엘톤의 「생태 피라미드」라고 한다.

먹이연쇄는 대체로 다음과 같이 두 가지 현상으로 분류된다. 첫째는 포획성 먹이연쇄로서 녹색식물이 초식동물(Herbivore)에 먹히고 이들은 더욱 강한 동물(육식동물, Carnivore)에게 먹히는 단계적 현상이며, 부패성 먹이연쇄는 유기물로부터 미생물, 그리고 단계적으로 식물, 초식동물, 육식동물의 사체와 분해가 연속적으로 분해자(Detrovies)에 의하여 이루어지는 현상이다. 먹이연쇄에서 에너지는 한쪽 방향으로만 흐르게 되는 것은 매우 중요한 사실이다. 따라서 먹이연쇄의 각 단계는 에너지면에서 바로 아래 단계의 생물에 전적으로 의존하고 있다.

인간은 초식동물 혹은 육식동물의 구실을 하지만 태양으로부터 식품에너지를 직접 합성할 수 없으므로 결국 인간은 식물로부터 필요로 하는 에너지를 얻고 있는 셈이다. 먹이연쇄에서 에너지는 한쪽 방향으로만 흐를 뿐만 아니라 각 단계를 거칠 때마다 이용 가능한 화학에너지는 감소하게 된다. 이것은 이미 지적한 바와 같이 단계에서 화학에너지의 일부가 쓸모없는 열에너지로 변하기 때문이다. 따라서 먹이연쇄는 한없이 길어질 수도 없으며, 생태계가 붕괴되지 않으려면 계속해서 외부로부터 에너지가 공급되어야 한다.

6.6 생태계의 변화

원래 삼림식생이 원시적 기후적으로 극상림으로서 잘 보존되려면 생태계로서의 조건이 구비되어야 한다. 인류의 역사와 더불어 식생이 파괴되기 시작하여 이제는 인간의 발이 닿지 않은 원시림은 거의 찾아볼 수조차 없게 되었다. 인간과 다른 생물간의 경쟁, 즉 이종간 경쟁은 항상 대량 서식처를 파괴하는 결과를 가져오며, 금세기 들어와서 더욱 심각해지고 있다. 세심한 관찰을 하지 않아도 인간활동이 생물권을 크게 변화시키고 있음을 쉽게 알 수 있다. 서식처의 상태가 크게 변하면 그곳에 살고 있던 생물은 살아가기 어렵게 된다. 인간활동에 의한 천연 서식처 파괴가 최근 부쩍 늘어감에 따라 여러 생물이 살 수 있는 장소가 점차 줄어들어서 위기에 놓인 종류가 해마다 증가하고 있다. 생태계를 변화시키는 주요한 항목에 대하여 알아보면 다음과 같은 것이 있다.

첫째는 오염에 의한 생태계의 변화이다. 수권 생태계의 변화원인이 되는 수질의 오염원은 하수, 분뇨, 공장폐수, 광산폐수, 석유폐수, 방사성폐수 등이다. 하수나 분뇨는 N과 P를 많이 함유하므로 부영양화의 원인이 된다. 부영양화는 자연적으로 발생하며 부영양화에 따른 특징적인 현상은 조류가 현저히 증가하는 점이며, 해양에서는 적조현상이 발생한다. 적조현상이 발생하는 곳에서는 어패류가 치사하게 되는데, 그것은 적조로 말미암아 산소의 결핍과 황화수소 등의 발생, 점액물에 의한 질식사, 박테리아에 의한 피해, 플랑크톤에 함유된 유독물질 등에 원인이 있는 것으로 보고되었다.

둘째는 대기오염에 의한 생태계의 변화에 대해서 알아보면 지구는 대기 속을 통과하여 온 태양의 단파방사를 흡수하여 따뜻해지고 이것이 반대로 우주공간을 향해서 장파방사(적외선)를 냄으로써 방열하는데 후자의 상당량이 대기에 흡수됨으로써 지구의 온도가 우주공간보다 높아진다. 대기오염이 우리에게 직접적으로 부딪치는 것은 대도시에서 보는 스모그(Smog) 현상이다. 이러한 스모그 현상은 사람의 기관이나 시력을 해치고 그밖에 갖가지 증상을 나타나게 한다. 대기오염으로 인한 자연생태의 변화는 여러 가지에 이른다. 지의류는 몸 전체로 가스 교환을 하므로 예민하게 반응한다(그림 6.5). 농작물에 살포된 살충제의 일부는 대기 속에서 떠다니게 되며, 물에 녹은 일부는 수증기로 증발되어 대기 중에 확산되고, 대기 속의 먼지에 부착되어 기류를 따라 전 지구에 퍼져 대기를 오염시킨다. 수계오염의 특징은 상상할 수 없을 만큼 빠른 속도로 환경 속으로 확산하고, 그것이 빠른 속도로 생물계에 농축된다. 즉 확산과 농축의 원리가 양립한다. 어류에서의 유기염소계 살충제의 농축은 먹이연쇄와 호흡 및 흡착을 통하여 일어난다. 한편 토양오염은 누출, 배출, 불법 투기나 폐기물 매립에 의해 토양이 직접적으로 오염되기도 하지만 수질이나 대기가 오염됨에 따라 간접적으로 오염되기도 한다. 이에 따라 토양 생태계에 변화가 초래된다(10장 토양오염 참조).

다음은 개발에 의한 생태계 변화로서 인류가 생태계를 변화시키는 수단은 대단위 평원 개발과 곡식을 심거나, 삼림을 벌채하거나 불을 피우거나, 댐의 건설, 건축물의 신축, 도로의 건설 등 인간의 활동에 의해서이다. 인간활동의 결과는 매우 다양하다. 대평원이 옥수수밭으로 변했을 때, 아마존의 밀림이 벌목으로 인해 파괴되었을 때, 안정되고 복잡한 사슬에 얽힌 생태계는 불안정하고 단순한 생태계로 변해버린다.

마지막으로 기후변화에 따른 생태계 변화이다. 이는 “6.7 기후변화와 생태”에서 논하였다.

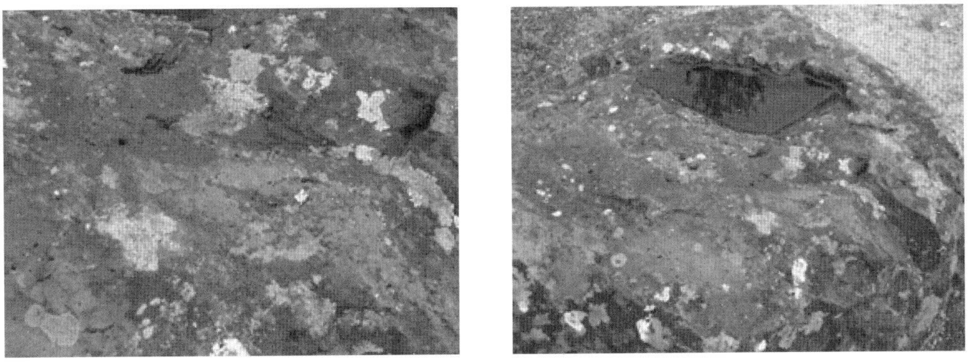

지의류는 진균류와 조류의 공생관계로 형성되었고, 척박한 환경에서 가장 먼저 정착하는 개척자 생물이다. 지의류는 아황산가스에 민감하므로 대기오염의 지표생물로 사용된다.

그림 6.5 바위 위에 자란 다양한 지의류

6.7 기후변화와 생태계

기후변화로 생태계가 영향을 받게 되는데 생태계를 구성하는 물리화학적 환경과 생물면에서 그 영향을 살펴보자. 기후온난화로 인한 환경요인에 변화가 온 예는 다음과 같다.

첫째, 온난화에 따른 해수의 열팽창 및 빙하/빙상(북극 및 남극 빙상)의 융해이다(그림 6.6). 그로 인해 지난 100년간 해수면은 0.17 m 상승하였다. 따라서 많은 사람들이 해수면 상승으로 인한 범람의 위기에 직면하게 되었다. 특히 인구가 조밀한 저지대 지역의 문제는 더욱 더 심각하다.

그림 6.6 연도별 북극 빙하지역의 위성사진

(출처 : NASA 제공)

둘째, 온난화로 인해 빙하와 눈이 녹아 강에 유입되는 수량의 증가와 더불어 유출(Run-off)시기가 빨라진다. 빙하가 녹음으로 인해서 인근 호수의 크기 및 수가 증가하고 동토층(Tundra)지역의 지반이 불안전해진다.

셋째, 강수량의 변화이다. 지난 100년간 데이터에 의하면 1970년 이후 일부 건조한 지역에서 가뭄의 증가하였고, 국지성 호우 등 기상이변이 속출하여 홍수 피해가 증가하였다.

넷째, 연안지역의 해수면 상승과 범람에 따른 염분 침투 및 산성화이다.

다섯째, 기후변화로 인한 온도, 습도, 자외선 강도의 변화가 오존 생성에 관련된 화학반응에 영향을 주어 대기 중의 오존 농도가 높은 날이 빈번하다는 것이다. 또한 기후변화에 의한 지표 온도 상승은 스모그 형성을 촉진시키고 이는 산성물질의 이동과 침강 및 축적에도 영향을 준다. 한편 한반도의 기온 상승이 지구평균보다 2배 정도 높음을 고려하면 기후변화에 따른 한반도 생태계영향도 비교적 클 것으로 여겨진다.

기후온난화로 인한 생태계의 영향을 육지와 해양생태계로 구분해서 살펴보자. 기후변화는 식물의 개화, 개엽 및 결실, 그리고 철새의 이동과 같은 계절적 활동주기에 변화를 줄 뿐만 아니라 먹이 사슬이나 공생관계에도 영향을 미친다. 온난화로 육지생태계에서는 개엽시기, 철새이동, 부화시기 등이 빨라지고, 식물과 동물의 서식지가 북상하고 있다. 예로서 유럽 및 북미에서는 개엽시기, 낙엽 시기, 곤충 출현 시기의 조기화 등도 관찰되었다. 한반도에서는 기온상승에 따라 사과 재배지의 북상은 기후변화에 따른 농산물재배지역의 변화의 대표적인 예이다. 알프스지역의 식물의 경우 서식지의 고도가 상승하였고, 스칸디나비아 산악지대에서 약 1세기(19세기 후반~20세기 후반) 동안에 주요 수종의 한계고도선이 100 m 이상 상승하였다고 한다. 영국은 개엽시기가 5~7일 정도 빨라졌고 서아프리카 초원지대 및 습지에 서식하는 동식물종의 서식지가 축소되었다고 한다. 그 외에도 지난 50년 동안 일본의 벚나무 개화시기가 5일 정도 빨라졌고 중국은 CO_2 배출량이 두 배로 증가한 후 식생대가 북쪽이나 서쪽으로 이동하였다고 한다.

한편 해양생태계에서는 북태평양 및 북대서양 지역에서 여름철 플랑크톤 밀집도가 각각 30%와 14% 감소하였다고 보고되었다. 해수면의 온도상승으로 인해 산호초에 공생하는 조류(Algae)가 절멸함에 따라 호주의 대보초 및 카리브해 산호초의 백화현상 및 고사가 보고되었다. 북극의 해양 생태계에서는 해빙의 감소에 따라 육식동물의 개체 수 및 서식처가 감소하였다. 우리나라의 해양생태계에서는 수온 상승에 따라 한류성 어종인 명태 생산량 감소한 반면 난류성 어종인 오징어 생산량이 증가하는 추세이다.

CHAPTER

07

대기 관리

7.1 대기오염의 배경

지구표면의 대기권은 일정한 공기의 조성을 가지고 있다(표 7.1).

「대기오염」이란 대기 중에 인위적으로 배출된 오염물질이 한 가지 또는 그 이상 존재하여 오염물질의 양, 농도 및 지속시간이 어떤 지역의 불특정 다수인에게 불쾌감을 일으키거나 해당 지역에 공중보건상 위해를 끼치고, 인간이나 동·식물의 활동에 해를 주어 생활과 재산을 향유할 정당한 권리를 방해받는 상태를 말한다.

최근에 대기오염의 문제는 일부 지역의 범위를 벗어나 전 지구적인 규모로 다루어지고 있으며, 산성비, 오존층파괴, 이산화탄소에 의한 지구온난화 현상 등의 광범위한 스케일의 문제들을 수반하게 되었다. 대기오염은 기류의 확산이라는 점을 고려할 때 다른 형태의 오염과는 달리 그 규모가 크고 바람에 의해 계속적인 피해를 가져올 수 있다. 더욱이 인근지역의 수질오염과 토양오염과도 밀접한 관계를 가지고 있으며, 그 지역의 지세, 입지조건, 미기상학적인 기류, 온도, 습도 등의 기상요소의 영향으로 오염물질이 그 지역의 주민들에게 상당한 영향을 미치는 경우도 있다.

표 7.1 공기의 정상성분

성 분	ppm(vol)	함유량(%)
질 소	780,900	78.03
산 소	209,400	20.95
아르곤	9,300	0.94
탄산가스	315	0.03
네 온	18	0.001
헬 륨	5.2	0.000524
메 탄	1.0~1.2	0.0002
크립톤	1.0	0.000114
질소산화물	0.5	0.00005
수 소	0.05	0.00005
제 논	0.08	0.0000087
유기물증기	0.02	–
수증기	–	–

7.2 대기오염의 현황

대기오염의 정도를 식별할 수 있는 일반적인 지표로서는 오염물의 농도를 직접적으로 물리화학적인 방법에 의해 측정하는 방법과 식물을 지표로서 이용하는 방법, 금속 표면의 부식 정도를 보는 표면오염측정방법 등의 몇 가지 방법을 들 수 있다. 우리나라에서는 대기의 일반적인 환경을 모니터링하기 위해 7가지 대기오염물질에 대한 환경기준이 설정되어 있다. 이들 7가지 대기오염물질은 아황산가스, 이산화질소, 오존, 미세먼지, 일산화탄소, 납, 벤젠이다.

주요 도시지역의 아황산가스 연간 농도는 2000년을 기준으로 서울 0.006 ppm, 부산 0.010 ppm, 대구 0.009 ppm, 인천 0.008 ppm, 광주 0.006 ppm, 울산 0.013 ppm의 수준이다.

연간 오염물의 일반적인 농도는 겨울철에 높은데, 이는 겨울철의 난방, 대기의 안정 등으로 인해 오염물의 농도가 높아지는 것으로 볼 수 있다. 이와 반대로 하절기에는 집중호우, 장마 등의 영향으로 비교적 대기는 청정하며 오염물의 농도는 낮다.

우리나라 대기오염 현황은 청정연료의 사용, 저황유공급 확대, 저공해자동차 보급 등 각종 대기오염 저감정책에 힘입어 아황산가스는 개선되는 추세이나, 자동차의 급속한 증가 및 산업활동의 증가에 따라 이산화질소 및 오존의 오염도는 비슷하거나 완만하게 증가하고 있다.

7.3 대기오염물질과 발생원

대기오염물질이란 대기의 일반적인 농도를 상회하여 환경에 미치는 영향이 크다고 할 때에 비로소 오염물질로서 간주할 수 있다. 따라서 그 초과된 농도를 알기 위해서는 환경에 대한 영향을 고려하여 환경기준을 설정하게 되었으며, 우리나라의 경우에는 7개의 항목(아황산가스, 일산화탄소, 이산화질소, 미세먼지, 오존, 납, 벤젠)을 지정하여 환경정책의 목표로서 환경기준의 달성을 도모하고 있다.

대기오염물질은 물질의 특성에 따라 입자상 물질과 가스상 물질로 분류한다. 가스상 물질은 연소·합성·분해 시 발생하거나 물리적 성질에 의해서 발생되는 기체상의 물질로서 황산화물, 질소산화물, 일산화탄소 및 오존 등을 말하며, 입자상 물질은 물질의 파쇄, 선별 등 기계적 처리 또는 연소·합성·분해 시에 발생하는 고체상 또는 액체상의 미세한 물질을 말한다.

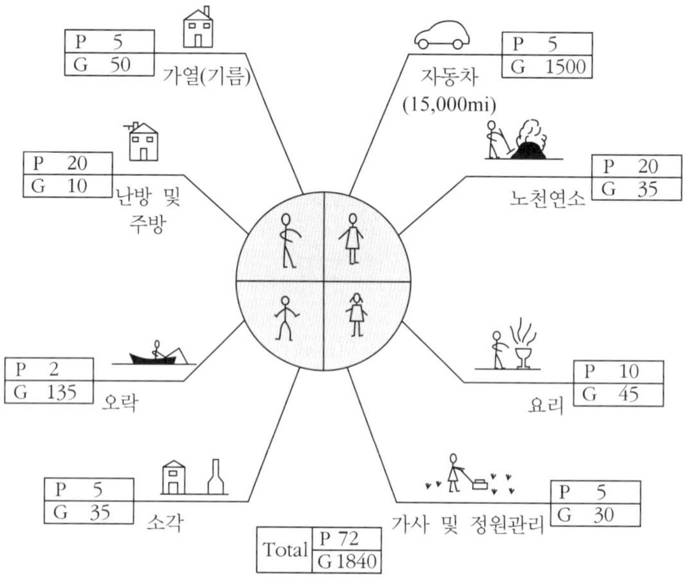

그림 7.1 대기오염물질과 배출원과 오염부하량(미국) (P : 입자상물질, G : 가스상물질)

표 7.2와 같이 대기오염물질의 발생형태를 분류할 수 있으며, 그 발생과정에 따라서 파쇄, 마모, 반응, 증발, 연소 등의 과정을 통한다.

대기오염물질의 발생원은 크게 발생경로로 볼 때 인위적 발생원(Anthropogenic Sources)과 자연발생원(Natural Sources)으로 구분할 수 있다. 일반적으로는 자연발생원에서 방출되

표 7.2 대기오염의 발생형태

발생형태	내 용
연 소	열 및 빛에너지의 발생, 소각, 탈취
증 발	치아치료용 금속류, 유류의 처리, 수송, 용제, 도장제
제조, 처리, 가공	금속정련, 배소, 소결, 도금, 반응, 건조, 건재가공, 폐기물처리
분체의 처리, 운반	광물류의 파쇄, 가공, 체분리, 계량, 포장, 수송, 건설공사
누출, 살포	가스공업, 화학공업에서 유해가스, 농약, 소독약의 살포
마 모	타이어, 금속, 플라스틱류의 마모
천 연	바람, 발효, 부패, 천연가스, 화분, 화산
사 고	화재, 폭발, 가스방출, 소화제살포
기 타	광화학반응

는 오염물의 부하가 더 크고, 대도시지역을 중심으로 한 공업지역, 주거지역, 상업지역 등에서 인위적 발생원이 문제시 된다. 인위적 발생원에는 그 발생위치에 따라 점오염원(예, 단일공장 굴뚝), 선오염원(예, 고속도로상의 자동차 배출), 면오염원(공장지대) 등으로 나눌 수 있다. 이들 배출원들은 단일의 방출을 하는 곳과 선, 면 등의 복합적인 위치에서 콤비나이트를 형성하여 오염물을 방출하는 등 그 위치는 다양하다. 대기오염 배출원 중에서 가장 부하량이 큰 것은 자동차, 공장, 발전소, 쓰레기소각, 난방 등이며, 공업지역에서는 철강공업, 석유화학공업, 시멘트공업, 산, 알칼리제조업, 금속공업, 도료공업, 비료공업, 세제, 비누공업, 비료공업 등이 주요한 발생원이라고 할 수 있다. 일반가정에서는 주거지역의 형태에 따라 난방이 다르므로 일률적으로 말할 수는 없으나 석탄과 유류를 이용한 열난방이 대부분이고, 최근에는 LPG, LNG 등의 보급으로 가스의 사용도 증가하고 있다. 따라서, 어떤 지역의 대기오염의 현황을 파악하기 위해서는 그 지역의 연료사용실태와 배출원의 종류, 발전소, 공장의 배출 등을 파악하는 것이 우선되어야 한다.

대도시지역의 대기오염은 자연적인 발생원에 의한 영향보다 인위적 발생원의 영향으로 대기의 성분이 일정 수준이상으로 초과하여 오염물질이 계속 대기 중으로 유입되고 정화하기 어려운 단계에 이르게 된다. 그 예로 출퇴근 시간의 교통체증으로 일정구간에서 도로소통이 어렵게 되고 장시간 동안 차량으로부터 차량 배기가스의 배출로 인해 평상시보다 오염물질의 농도는 급격히 증가하게 된다. 자동차에 의한 대기오염은 대도시지역에서 중요한 발생원으로 평가되고 있으며, 도시지역에서 시급히 규제되어야 할 인위적 오염원이라 할 수 있다.

1 황산화물

황산화물은 석유나 석탄의 연소에서 유래하는 오염물질이다. 우리나라에서는 대부분이 중동산의 원유를 사용하고 있으며, 원유 중에는 2～6%의 유황을 함유하고 있다. 이 원소상의 유황이 연소하여 아황산가스가 발생되며 아황산가스는 더욱더 산화되어서 삼산화황으로 변한다. 이 삼산화황과 수분이 반응하여 황산을 생성하며 이는 산성비의 원인이 되기도 한다. 이 외에도 황산화물은 황산의 제조나 황산을 사용하는 화학공장, 아황산가스를 목재나 직물의 표백제로서 사용하는 공장 등에서도 발생한다. 대기 중에서는 아황산가스가 입자상 물질 등의 표면에 수증기와 함께 응집해서 황산의 미스트를 형성하고 이 미스트입자가 40 μm 이상이 되면 빗물로 침강하게 된다. 황산화물에 의한 유해작용은 다음과 같은 것들을 들 수 있다.

① 호흡기점막을 자격하여, 기관지천식을 일으킨다.

② 식물의 대부분은 황산화물의 노출시에는 대단히 약하며, 심할 경우에는 고사한다. 밀, 면, 보리, 사과 등이 특히 민감한 식물이며, 저항성이 강한 것에는 감자, 양파, 옥수수, 단풍 등이 있으며, 이들 식물들을 역으로 이용해서 그 피해의 정도로서 대기오염의 상황을 감지할 수 있다.

③ 황산미스트를 형성하고 산성비로 강하하여 인체, 동물, 식물, 금속, 건물 등에 피해를 미친다.

황산화물은 석탄 등의 연료의 연소공정에서 나오는 것이 압도적으로 많기 때문에 그로 인한 오염을 줄이기 위한 대책으로는 연소 전의 대책과 연소 후의 대책으로 나눌 수 있다. 연소 전의 대책으로는 저유황 연료의 사용, 물리적·화학적 방법을 이용한 고유황연료의 탈황(연료 탈황), 미생물에 의한 탈황 등으로 연료에 함유되는 황의 함량을 줄이는 것이다. 연소 후의 대책으로는 연소 후 배기가스가 대기 중으로 방출되기 전에 충전탑, 세정 집진기, 석회석을 이용한 반응기 등을 사용하여 배출되는 황산화물을 제어하고 있다.

우리나라에서는 1999년 기준으로 95만 톤 정도를 배출하고 있으며, 난방, 산업, 수송, 발전 등의 발생원 순으로 배출량이 크다. 아황산가스는 현재 연간 평균치가 0.02 ppm을 초과할 수 없으며, 24시간 평균치는 0.05 ppm을 초과할 수 없고, 1시간 평균치도 0.15 ppm을 초과해서는 안 된다.

표 7.3 지구상의 연간 황화합물의 발생량

발 생 원	발생량(10^6 t)
석탄연소	102
석유연소	
가솔린, 경유	2
중유	20
정제	6
비철금속정련	16
공장에서 H_2S 발생(SO_2 환산)	3
인공발생에서의 전량	149
해면에서의 H_2S 발생(SO_2 환산)	32
육지에서의 H_2S 발생(SO_2 환산)	72
해염입자로서 방출된 SO_4^{2-} 중의 유황	44
자연발생에서의 SO_2 전량	148

표 7.4 대기오염물질 오염도(2000~2001년) (단위 : ppm)

오염물질	NO_2		O_3		CO	
환경기준	0.05/년		0.06/8시간		9/8시간	
도 시 별	2000	2001	2000	2001	2000	2001
서 울	0.035	0.037	0.07	0.015	1.0	0.9
부 산	0.024	0.030	0.022	0.025	0.9	0.7
대 구	0.029	0.030	0.019	0.019	0.9	0.8
인 천	0.024	0.027	0.019	0.019	0.8	07
광 주	0.020	0.026	0.017	0.019	0.6	0.7
대 전	0.023	0.025	0.020	0.021	1.2	1.0
울 산	0.020	0.022	0.021	0.020	0.8	(0.8)

(인용 : 환경부 환경연감)

2 질소산화물

대기 중에 있는 질소산화물은 일산화질소, 이산화질소가 그 대표적인 물질이며, 이외에도 무수질산, 무수아질산, 아산화질소 등의 물질도 존재한다. 그러나, 일산화질소와 이산화질소를 제외한 나머지의 물질은 그 양이 적으며, 독성도 적으므로 대기오염에서 문제가 되는 것은 일산화질소와 이산화질소이며, 이 두 물질을 합해 질소산화물이라고 칭한다. 질소산화물은 공기중에 다량으로 존재하는 질소가스가 1,500℃ 이상의 고온에서 연소할 때 생기기 때문에 오염방지를 위한 대책은 곤란하며, 연소의 기술향상 등에 제어대책을 강화하고 있다. 이외에도 질소산화물의 발생원으로서는 공장의 고열로나 질산의 제조, 사용시설 등의 고정발생원과 최근 증가일로에 있는 자동차가스 등의 이동발생원으로 구분할 수 있다. 또한 질소산화물은 실내에서도 문제가 되고 있으며, 담배연기, 석유, 가스스토브, 부엌의 가스레인지 등 연소를 동반하는 발생이 있으므로 주의를 할 필요가 있다. 질소산화물의 유해작용은 다음과 같다.

① 황산화물과 같이 호흡기 점막을 자극하고, 기관지염 등을 일으킨다. 질소산화물은 황산화물과 비교하여 상기도에서 침착되는 경우가 드물고 하기도에서 폐심부까지 침입할 수 있는 것으로 알려져 있다.

② 혈액 중의 헤모글로빈과 결합하여 헤모글로빈–산소의 결합을 저해하고 조직으로 산소의 공급을 방해하므로 빈혈을 일으킨다. 이 작용은 일산화탄소가 질소산화물에 비해 더욱 강하다.

③ 광화학 옥시던트의 발생원인이 된다.

④ 산성비의 원인이 되며 질산을 생성하여 인체, 금속, 건물, 동식물에 피해를 준다.

표 7.5 지구상의 인공발생원에 의한 연간 NO_x 발생량

발 생 원	발생량(10^6 t)
석탄	
화력발전소	12.2
공 업	13.7
주택, 상업	1.0
석유	
정 제	0.7
가솔린연소	7.5
등유연소	1.3
경유연소	3.6
중유연소	9.2
천연가스	
발전소	0.6
공 업	1.1
주택, 상업	0.4
진폐연소	0.5
목재연소	0.3
합 계	52.1

기체 질소는 지구대기의 약 79%를 차지하고 대기 중의 질소질량은 4×10^8 kg 정도이며 이는 지구계 내의 질소 원자 전질량의 약 18%이다. 나머지는 암석이나 퇴적물 내부에 갇혀 있고 질소순환의 관점에서는 이들은 비유동적이다.

동물실험을 통하여 NO_2가 NO보다 4배 정도 독성이 강하다는 것을 알게 되었다. 인간에 대한 NO_2 냄새의 역치(Threshold)는 1～3 ppm이다. 100 ppm 이상의 NO_2 농도는 대부분의 동물에 치명적이고 이때 사망원인의 90%는 폐수종에 의한 것이다.

대기 중에 유입되고 있는 인공적인 질소화합물의 90% 이상이 연료의 연소에 의한 것이다. 특히 연소온도가 높을수록 발생량이 많아지므로 연소조건의 개선으로 인해 상당량의 질소산화물의 발생을 줄일 수 있다. 질소산화물의 발생저감을 위해 현재 사용되고 있는 방법으로는 연소가스의 재순환, 2단 연소법 등의 방법과 촉매분해, 촉매환원, 흡수, 흡착 등이 있다.

이산화질소의 대기환경기준치는 연간 평균치가 0.03 ppm 이하이며, 24시간 평균치는 0.06 ppm, 1시간 평균치는 0.1 ppm 이하이다. 우리나라의 경우 질소산화물은 연간 110만 톤 가량 배출되고 있으며 수송, 산업, 발전, 난방의 순으로 크다. 따라서 이동발생원인 자동차로부터의 기여가 큰 것으로 볼 수 있다.

3 일산화탄소

일산화탄소는 연료의 불완전한 연소로 인해 발생하며, 대기중에서는 특히 가솔린 자동차에서 발생하는 자동차배기가스와 겨울철에 연탄가스가 문제시되고 있다. 대형의 디젤기관이나, 트럭에서는 일산화탄소가 발생하지 않으나 소형의 가솔린자동차가 일산화탄소 오염의 60~70%를 차지하고 있다. 일산화탄소 측정의 일례를 보면 아이들링상태에서의 검사에서 4.5%(45,000 ppm) 정도 보고된다.

일산화탄소는 인체 내에 흡수되면 혈액중의 헤모글로빈과 강하게 결합하여 COHb를 형성하여 조직으로의 산소의 운반을 저해한다. 따라서 중독현상이 심할 시에는 빈혈과 두통의 증세가 나타난다. 일산화탄소의 역학적인 저해에 대해 많은 연구가 있으나 폐포 내에서 생리학적으로 해리를 원활히 하기 위해서는 흡입공기 중 5 ppm 이하로 유지하는 것이 바람직하다. 또, 흡연, 난방 등의 일산화탄소에 의한 실내오염의 경우에도 흡입된 일산화탄소를 빨리 체외로 배출시키기 위해서는 환경대기중의 일산화탄소농도를 가급적 낮추지 않으면 안 된다.

예를 들면, 환경대기중의 평균 일산화탄소 농도가 20 ppm인 공기를 8시간 흡입해서 COHb 농도가 증가한 사람의 경우에 이를 회복하기 위해서는 1시간에 5 ppm 농도(CO) 이하의 공기가 적어도 8시간 이상 유지할 필요가 있다. 혈액중의 COHb 농도가 5% 이상의 경우에는 정신신경기능이 저하하며, 빈혈자, 순환기계통의 환자들의 사망이 두드러진다. 우리나라의 경우에 대기 환경기준치는 1시간 평균치로 25 ppm이며, 8시간 평균치가 9 ppm이다.

건물 내에서의 일산화탄소 발생은 주로 연소기구에 의한 불완전연소 때문이며, 개방형의 연소난방기구를 실내에서 사용하는 경우에는 불완전연소가 일어나지 않도록 충분히 산소를 공급할 수 있도록 외기의 공기를 공급하는 것이 중요하다. 일반적인 건물을 대상으로 하였을 경우에는 일산화탄소의 농도가 5~20 ppm 정도 유지되는 것이 좋고 10 ppm 이하를 유지하는 것이 바람직하다. 일반 대기에서는 1 ppm 이하로 측정되고 있으며, 도로변 등 교통밀집지역에서 조금 높게 나타난다.

표 7.6 일산화탄소의 농도와 중독증상과의 관계

CO농도(%)	접촉시간 및 중독증상
0.02	2, 3시간 내에 전두부에 가벼운 두통
0.04	1, 2시간 내에 전두통, 구토, 2~3시간 내에 후두통
0.08	45분 내 두통, 어지러움, 구토, 경련, 2시간 이내 실신
0.16	20분 내 두통, 어지러움, 구토, 2시간 이내 사망
0.32	5~10분 내 두통, 어지러움, 30분 이내 사망
0.64	1~2분 내 두통, 어지러움, 10~15분 이내 사망
1.28	1~3분 내에 사망

4 미세먼지

입자상 오염물질은 불완전 연소과정, 기계적 분쇄과정, 응축 및 고온 화학반응을 거쳐 생성되며, 물리화학적 특성만으로도 구별이 가능하다.

일반적으로 대기 중 먼지는 0.1～100 μm의 범위를 갖지만, 그 대부분은 0.1～10 μm의 크기를 갖는다. 직경이 10 μm 이하인 입자를 미세먼지(PM_{10})라고 하는데, 이는 몸속에 흡입되어 호흡기에 축적되면 건강에 나쁜 영향을 주기 때문에 대기오염의 지표로서 이용된다. 입자상 물질의 농도는 공기 m^3당 μg으로 나타내고, 보통 입자상 물질에 대한 대기질 기준은 중량에 기준을 두고 있다.

우리나라 미세먼지 오염도는 서울의 경우 1995년 78 $\mu g/m^3$, 1997년 68 $\mu g/m^3$, 1999년 66 $\mu g/m^3$, 2000년 65 $\mu g/m^3$으로 개선되는 경향이 없이 정체되는 것으로 나타나고 있다. 현재 미세먼지(PM_{10})의 대기환경기준치는 연간 평균치가 50 $\mu g/m^3$을 초과할 수 없고, 24시간 평균치는 100 $\mu g/m^3$을 초과해서는 안 된다.

한편 초미세먼지($PM_{2.5}$)는 2015년부터 새로운 기준이 설정되며, 대기환경기준치는 연간평균치가 25 $\mu g/m^3$을 초과할 수 없으며, 24시간 평균치는 50 $\mu g/m^3$을 초과해서는 안 된다.

대기 중의 입자상 물질은 건식침착과 습식침착의 두 가지 과정에 의해 지표로 침강하게 된다. 건식침착은 침강, 충돌, 확산의 메커니즘에 의해 약 20% 정도의 입자상 물질을 제거한다. 습식침착은 작은 입자상 물질이 응축핵이 되어 주위의 물방울이 응축해 구름이나 얼음을 형성하거나 1 μm 정도 이상의 입자가 비나 눈과 함께 침강하는 것이다. 산성비는 바로 이 습식침착의 일종이다.

인공배출원에서 입자상 물질의 제어를 위해 중력침강기, 사이클론 집진기, 습식 세정기, 전기 집진기, 여과 집진기 등을 사용하고 있다. 부유입자상 물질에 의한 유해작용은 다음과 같다.

① 입경이 10 μm 이하의 것은 콧구멍이나 인후부에 대부분이 부착하여, 가래나 콧물로 배출되지만, 호흡에 의해서 폐포에까지 달하는 미립자는 5 μm 이하의 것이 대부분이며, 그 중에서도 0.5～2 μm의 입자가 폐포에 침착하기 쉽고 유해하다. 입경이 2.5 μm 이하인 것은 폐 깊숙이 침투하며 혈액 중으로 녹아들어 전신으로 흡수될 수 있다. 이들은 가스상 물질과 유사하게 운동하며, 대기 중 장시간 체류하여 영향을 미치는 것으로 알려져 있다. 그 중에서도 유리규산을 포함하는 먼지는 폐포에 침착하여 규폐증의 원인이 되며, 석면과 같은 분진도 석면폐를 일으키기도 한다.

② 황산화물이나 질소산화물 등의 대기오염물질은 수증기와 결합하여 미스트를 형성하는 핵으로 작용하며, 아황산가스의 농도가 동일하여도 부유입자상 물질의 농도가 높을수록 인체에 대한 영향이 크다.

③ 부유입자상 물질 중에는 벤조(a)피렌이나 다이나이트로피렌(특히 디젤자동차 배기가스 중) 등의 발암성 물질을 포함하고 있으며, 폐암의 원인이 된다.

④ 공기 중에 부유해서 스모그의 원인이 되며, 시계를 나쁘게 하고 자외선을 차단한다.

표 7.7 입자상 오염물질의 분류

분 류	입자상 오염물질의 생성 및 특성
먼지(Dust)	입자의 크기가 비교적 큰 고체입자로서, 석탄, 재, 시멘트와 같이 물질의 운송 처리과정에서 방출되며, 톱밥, 모래흙과 같이 기계적 작동 및 분쇄에 의하여 방출되기도 한다. 입자의 크기는 1～100 μm 정도이다.
훈연(Fume)	금속 산화물과 같이 가스상 물질이 승화, 증류 및 화학반응 과정에서 응축될 때 주로 생성되는 고체입자이다. 한 예로서, 아연과 납산화물의 훈연은 고온에서 휘발된 금속의 산화와 응축과정에서 생성된다. 입자의 크기는 0.03～0.3 μm이다.
미스트(Mist)	증기의 응축 또는 화학반응에 의해 생성되는 액체입자이며, 주성분은 물로서 안개(fog)와 구별할 필요가 있다. 안개는 연무보다는 포괄적 개념을 가진다. 연무는 안개보다는 투명하며, 전형적 입자의 크기는 0.5～3.0 μm이다. 한 예로서, SO_3는 흡습성 가스로서 이 가스의 이슬점은 22℃이다. 22℃ 미만에서 이 가스는 물과 반응하여 황산미스트가 된다.
연기(Smoke)	불완전 연소로 생성되는 미세입자로서, 가스를 함유하며 주로 탄소성분과 연소물질로 구성되어 있다. 입자의 크기는 0.01 μm 이상이다.
스모그(Smog)	대기 중 광화학적 반응에 의해 생성된 가스의 응축과정에서 생성된다. 크기는 1 μm 보다 작으며, smoke와 fog의 합성어이다.
박무(Haze)	시야를 방해하는 입자상 물질로서, 수분, 오염물질 및 먼지 등으로 구성되어 있고, 크기는 1 μm보다 작다.
검댕(Soot)	탄소함유물질의 불완전 연소로 형성된 지름이 1 μm 이상이 되는 입자상 물질로서 탄소 입자의 응집체이다.

표 7.8 먼지의 종류와 크기

종 류	크 기(μm)
담배연기	0.01～1
석탄재	1～200
살충제입자	0.5～5
꽃가루	10～100
바이러스	0.002～0.05
박테리아	0.2～100
연소입자	0.01～0.1
미세금속입자	0.001～1
큰 금속입자	1～100

5 2차 대기오염물질(Secondary Air Pollutants)

대기 중에 배출된 1차 대기오염물질은 오염물 상호간의 반응이나 태양광선의 광산화과정, 광화학과정, 확산과정 등을 거쳐 2차 오염물질로 전환된다. 일반적으로 2차의 대기오염물질로는 오존, 알데하이드, PAN(Peroxy Acetyl Nitrate), 아크롤레인($CH_2=CHCHO$) 등이 대표적이다. 도시대기 중 광화학 옥시던트의 주요성분은 오존이며, 이것이 90%를 차지하고, PAN은 수 %이다. 따라서, 광화학 옥시던트의 유해작용은 다음과 같다.

① 눈이나, 후두부의 점막조직을 자격한다. 이 때문에 눈물이 나오며, 목이 아프게 된다. 증상이 심하게 되면 호흡곤란이 되거나 실신하게 되는 경우도 있다.
② 화초, 수목에 대해 피해를 가져온다.
③ 고무를 노화시키며, 자동차의 고무타이어 등이 피해를 받는다.

우리나라의 경우 환경기준에는 오존의 기준이 설정되어 있으며, 8시간 평균치가 0.06 ppm 이하이고, 1시간 평균치가 0.1 ppm 이하이다. 광화학 스모그의 주원인이 되는 것은 오존이며, 0.5~1 ppm의 농도로 1~2시간 노출시에는 기도저항의 증가, 폐활량의 저하를 가져온다. 사람에 대한 영향은 장기폭로 하에서 0.2 ppm 이하에서는 그 영향이 인정되지 않으며, 0.3 ppm에서는 인후부의 자극, 0.5 ppm 1일 3시간, 12주 실험에서는 폐환기기능의 저하를 보고하고 있다.

(1) 광화학 스모그의 발생

광화학 스모그는 그 생성과정이 복잡하고 주로 자동차 배기가스의 배출이 많은 대도시를 중심으로 발생하기 쉽다. 일반적인 광화학 스모그가 발생하기 위해서는 원인물질이 되는 질소산화물과 탄화수소, 자외선 등이 수반되며 NO_x 산화물이 중요한 사이클로 알려져 있다. 그 반응 과정은 다음과 같다.

$$NO_2 + h\nu(\text{자외선}) \rightarrow NO + O$$

$$O + O_2 \rightarrow O_3$$

$$O_3 + NO \rightarrow NO_2 + O_2$$

이 반응에서는 우선 대기 중에 배출된 이산화질소가 자외선을 받아 광학적으로 일산화질소와 산소원자로 해리되고 반응성이 강한 산소원자를 발생시킨다. 이 산소원자는 대기 중에 풍부한 산소분자와 쉽게 반응하여 오존을 생성하게 된다. 이외에도 탄화수소의 자유기를 가진 화합물들은 자유기를 형성하여 공기 중의 다른 물질들과 반응하여 복잡한 화합물을 만들게 된다.

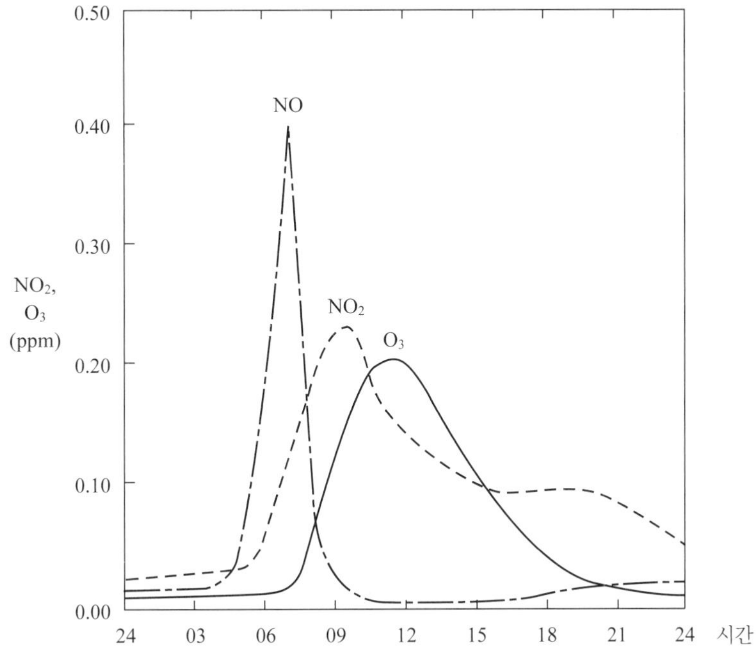

그림 7.2 광화학 스모그 발생물질의 시간적 일변화

이와 같이 생성된 화합물들이 대기의 가시도를 떨어뜨리고 눈을 아프게 자극하는 등 대도시를 중심으로 엷은 색깔을 지닌 안개와 같은 현상을 일으키게 된다. 이것을 광화학 스모그라고 부른다. 오존은 광화학 스모그 중 가장 농도가 높은 편이며 그림 7.2와 같이 오전 중에 NO의 농도와 같이 서서히 증가하다가 상당량이 NO와 반응하여 오후에는 NO_2가 서서히 증가하게 된다.

6 최근 문제시되는 대기오염물질

(1) 다이옥신

다이옥신은 유기화합물의 일종으로 폴리염화다이벤조다이옥신의 약칭이다. 베트남전쟁에서 살포된 고엽제에 불순물로 다이옥신이 포함된 것으로 국제적인 문제가 된 물질이었다. 다이옥신은 400℃ 이상의 고열에도 분해되지 않고 잘 견디며, 물에 녹지 않고 처리하기가 어렵다. 인체에 오염되면 신장, 간장, 폐 등을 해치며, 임산부에 오염되면 기형아의 출산원인이 된다. 도시주변에서는 쓰레기의 소각 시에 불완전연소의 결과로 소각로 내에서 화학반응을 통해 생성되는 것으로 알려져 있다.

다염화 다이옥신(PCDD, Poly Chloro Dibenzo Para Dioxin)의 독성은 결합하고 있는 염소의 수와 위치에 따라 다르다. 특히 염소가 2,3,7,8번 위치에 결합하고 있는 2,3,7,8-TCDD는 인류가 합성한 사상 최강의 독성물질로 알려져 있다. 이는 유기염소계 농약인 Endrin의 100~200배, DDT의 1만 배 정도로 독성이 강하다. PCDF는 그림에서 보듯이 다이옥신의 전단계로서 염소고리에 산소 하나가 결합되어 있는 형태이다.

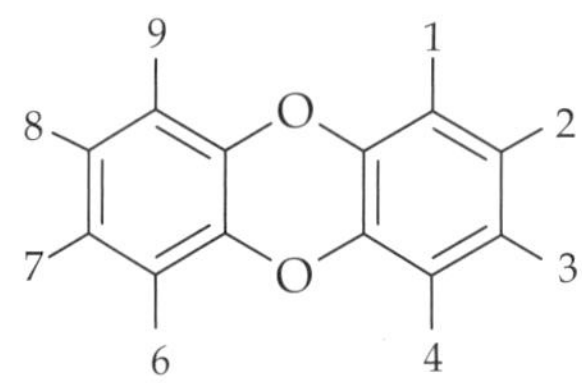

PCDD구조도

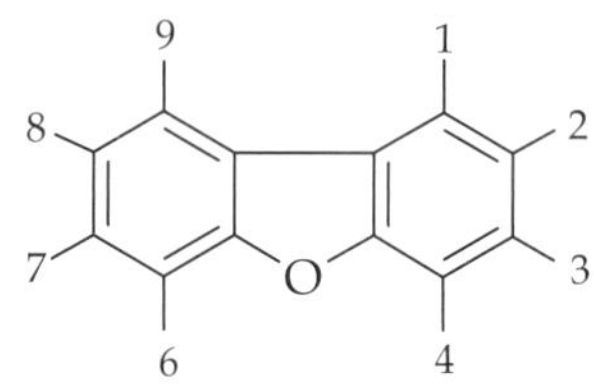

PCDF구조도

(2) 수은

수은은 소각이 문제가 되는 세계주요 도시에서 무기수은의 형태로 검출이 되고 있으며, 가정에서 쓰레기로 버려진 건전지의 수은이 다이옥신과 더불어 공해문제로 등장하였다. 이미 수질오염으로서 미나마타병으로 알려진 원인물질인 수은은 저온에서 액체의 형태로 존재하는 금속으로 증발하기 쉬우며 대기 중으로 확산된다. 건전지에는 수은함유량이 가장 많은 수은건전지를 비롯하여 알칼리전지, 수은이 적은 망간전지의 3종류가 있으며, 이들 수은량을 대략 평균하면 단일크기(100 g 기준)중에 3.5 mg이 들어있다. 이들 수은전지를 포함하는 건전지의 대부분은 지금까지 불연성 소각물과 같이 매립으로 처리를 했으나 매립장 내에서 용출되어 인근의 토양, 하천을 오염시킬 수 있다. WHO의 지도기준으로는 15 $\mu g/m^3$이며, 일단 배출된 무기수은은 자연계의 미생물이나 태양광선, 화학물질 등의 관련으로 유해한 유기수은으로 변화하는 것으로 알려져 지하수오염 등의 문제를 안고 있다.

(3) 벤조(a)피렌 및 다이나이트로피렌

벤조(a)피렌은 자동차의 배기가스, 타르공장의 배연, 담배연기 등에 존재하는 발암성의 물질이다. 대기 중에는 측정된 자료가 거의 없기 때문에 비교 검토하기가 상당히 어렵다. 다이나이트로피렌은 자동차의 배기가스 가운데 특히 디젤자동차에서 배출된다. 그 농도는 자동차 배출입자(흑연) 1 g 중에 10~30 mg 정도이다. 다이나이트로피렌은 4개의 벤젠고리로 되어 있는 방향족탄화수소에 NO_2가 2개 붙은 유기화합물이다. 이 물질은 다른 유기화합물 중에서도 가장 변이원성이 강하며 벤조(a)피렌의 1,000배 이상으로 보고하고 있다.

(4) 포름알데하이드

포름알데하이드는 새 건축자재나 단열재 등에서 배출되며, 자동차 배기가스, 가구, 옷감 등에서 배출되기도 한다. 이 가스는 눈을 자극하며 코, 후두의 점막에 강한 자극작용을 가지고 있다. 접작체 등에 포함되어 실내 내장재, 가구 등의 제작에 사용되며 실내 인테리어 등 실내 건축시에 방출되는 것으로 알려져 있다.

포름알데하이드는 독성을 유발하는 물질로서 인체의 피부, 호흡계, 위, 간에 심한 통증과 염증을 일으키고 2～10 ppm의 농도에 폭로될 경우 두통, 현기증, 구토 등을 일으킨다. 3.5～15 ppm의 농도에 장기간 폭로되면 코와 구강에 암을 유발하는 물질로 알려져 있다. 포름알데하이드는 40% 수용액의 포르말린으로 제조되어 살균 방부제로 사용되고 있다.

(5) 석면

석면은 건축자재, 단열재, 자동차의 브레이크라이닝 등에서 배출되며, 대기 중으로 비산하여 확산된다. 석면을 고농도로 흡입하면 석면폐의 원인이 되며, 인체에 흡입된 후에 그 유의성이 보이기까지는 상당히 시간이 걸리는 물질로 알려져 있다. 폐조직 등에 부착이 되면 조직의 활성을 떨어뜨리며 기능을 저하시켜 종양 등을 유발하는 경우도 있다. 특히 석면가공공장의 흡연자에게는 폐암발생률이 높은 것으로 알려져 있다.

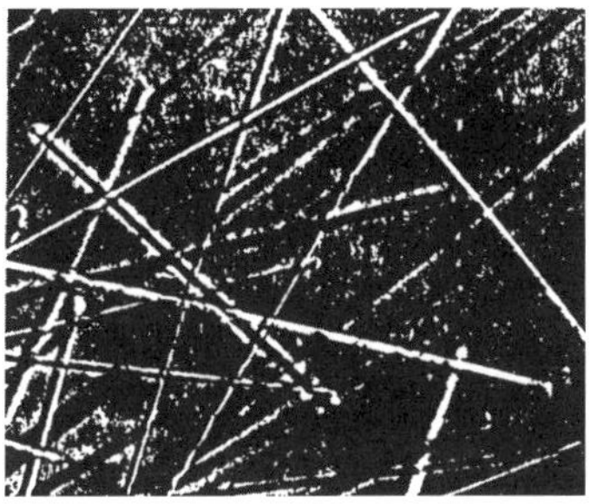

그림 7.3 인간의 폐 속에 침착된 석면입자들

석면은 건축자재 등 내장재로 사용되며 화재발생시 불연성으로 안전하므로 방화용 자재에 포함되어 있다. 우리나라의 경우, 석면슬래트 지붕 등에 많이 사용되어 왔으며, 철거시 문제가 발생하므로 전문업체에 의뢰하여 철거하여야 한다.

(6) 프레온가스

프레온가스는 오존층의 파괴물질로서 금세기에 주목을 받기 시작한 물질이다. 에어로졸 분사제, 전자제품, 발포스티롤, 금속제품의 세정제 등에 사용되며 화학적으로는 극히 안정한 물질이다. 프레온가스가 대기 중에 일단 방출되면 쉽게 분해되지 않고 성층권에 도달하여 강한 자외선을 받아 염소분자를 발생하는데, 오존과 반응하여 오존을 파괴한다. 염소분자는 산소원자와 결합하여 일산화염소를 형성하고 일산화염소 중의 산소는 유리산소로서 분리되어 산소분자가 된다. 이때 남은 염소는 다시 오존과 결합하여 연속적으로 오존을 파괴해간다. 1개의 염소원자로 10만개의 오존분자가 단시간에 파괴된다. 이 물질의 정식명칭은 클로로플루오로카본류이며(약칭 CFC), 업계에서는 플론 또는 프레온가스로 알려져 있다.

듀퐁사에서 이 물질을 합성하여 프레온이라는 상표명으로 판매하기 시작해 프레온이라는 이름으로 불리게 됐는데 이것은 불연성이고 독성이 없으며 열적, 화학적으로 안정해 꿈의 물질로 불렸으나 오존층을 파괴하는 물질로 판명되어 몬트리올 의정서에 의해 국제적으로 이들의 생산과 사용이 규제되기 시작했다. 우리나라도 몬트리올 의정서 가입국이 되어 사용량을 제한받고 있으며 지금 한창 대체물질의 개발에 총력을 기울이고 있다.

7 실내공기오염

최근 실내공기는 점차적으로 악화일로에 있으며 지역, 장소에 따라 금연구역, 흡연구역의 설정 등으로 흡연에 대한 문제가 심각한 실정이다. 일반적인 사무실에서의 오염물질로는 분진, 탄산가스, 일산화탄소, 아황산가스, 질산화물, 황화수소, 포름알데하이드 등 및 고분자물질 등을 들 수 있다. 이들 물질들을 크게 나누면 입자상 물질과 가스상 물질로서 구분할 수 있으며, 그 중에서도 발암성물질인 벤조(a)피렌이나, 기타 다환방향족 화합물, 니코틴 등의 알칼로이드, 유기산, 중금속 등은 대단히 많이 포함되어 있다. 담배 1개를 흡연하면 평균 10 mg 전후의 입상물이 발생하는 것으로 알려져 있다. 일반적으로 사무실내에서 분진의 60～70%가 담배연기이며, 흡연자가 많은 휴게실에는 대부분이 담배 연기가 차지함을 보고하고 있다. 표 7.9는 담배연기 중에 포함되어 있는 유해물질의 농도를 나타내고 있다.

담배연기의 인체에 대한 영향은 흡연자가 비흡연자에 비교하여 볼 때 다음의 영향들이 우려된다. ① 사망률은 남녀 모두 22%로 높고, ② 폐암에 의한 사망률이 높으며, ③ 기관지염, 폐기종 등 호흡기계통의 질환이 많다. ④ 심장경변 등의 심장질환을 일으킬 위험성과 그로 인한 사망률이 높다. ⑤ 뇌졸중 등의 뇌혈관질환에 의한 사망률이 높다. ⑥ 위·십이지장 등의 소화기 종양이 약 2배로 걸리기 쉽다.

간접흡연(Passive Smoking)에 의한 영향으로는 자신의 의지에 의한 것이 아닌 담배연기에 폭로를 의미하며 WHO에서는 “Involuntary Exposure to Smoke”로 표현하고 있다. 세계보건기구(WHO) 제31회 총회에서는 1978년에서 1983년에 걸친 활동에서 흡연에 대한 효과적인 대책을 추진하는 역할을 담당하기 위하여 가맹국에 4항목을 권고하였다. 제3항목에는 「담배

표 7.9 담배연기 중의 가스상 물질

종류	CO (%)	CO_2 (%)	NO (ppm)	NO_2 (ppm)	SO_2 (ppm)	H_2S (ppm)	HCN (ppm)	CH_3CHO (ppm)	$HCHO$ (ppm)
농도	1.4～2.5	5.0～9.0	80～199	45～111	2	1	63～87	60～80	72

연기에 의해 오염되지 않는 대기를 소유할 수 있는 비흡연자의 권리를 지킬 것」으로 서술되고 있다.

8 자동차 배출가스오염

자동차의 내연기관에서는 가솔린이 분사되면서 연소를 일으키고 이때 발생하는 폭발에너지를 운동에너지로 전환시킨다. 이 내연기관에서는 연소와 동시에 연료의 연소로 인한 각종 배출가스를 발생하게 되고, 이 배출가스에는 불완전연소인 가스상 물질과 탄소가 중심이 된 입자상 물질을 배출하게 된다. 연료의 연소에서 완전연소가 이루어지면 발생되는 오염물의 양은 적지만, 불완전연소나 미연소가 발생하게 되면 백색, 또는 검은색의 배출가스를 배출하게 된다. 가스상의 물질에는 우선 불완전연소로 인한 일산화탄소가 발생하고, 고온연소로 인한 질소산화물, 연료 중에 포함된 황성분의 연소로 인한 황산화물, 연료 중 앤티노킹제로서 사에틸납 등이 포함되고 있다. 최근에는 무연휘발유의 사용으로 납 오염문제는 거의 해결되었으며, 납이 더 이상 자동차 배출가스에 포함되지 않는다.

이들 배출가스의 1차 물질들이 대기 중으로 배출되게 되면 희석되고, 강한 자외선의 영향으로 오존(O_3)이나 이산화질소(NO_2), 포름알데하이드(HCHO)와 같은 2차 오염물질을 생성하여 광화학 스모그의 원인이 된다.

자동차 배출가스의 배출원은 엔진의 배기관, 크랭크실, 연료공급 계통 세 가지로 구분되며, 이들 오염물질 가운데 CO, NO_x, Pb는 세 곳에서 전부 발생하며 탄화수소는 전체의 55% 정도 발생한다. 자동차 배출가스는 차종이나 차의 주행상황에 따라 크게 다르며 따라서 배출가스의 규제도 주행상황에 따라서 규정할 필요가 있다.

우리나라의 대기환경보전법에서는 승용차, 소형화물차, 중량자동차 등에 대한 측정방법은 D-6모드, CVS-75모드, D-13에 의해 측정하고 있으며, 소형이륜자동차는 정지가동에 의해 측정하고 있다. 또한 배출가스의 규제를 위해 제작차 배출허용기준과 운행차 배출허용기준을 각각 두어 제작회사로 하여금 제작차에 대하여 제작차 배출허용기준에 적합하게 배출되어야 하는 최소보증기간을 둔다. 현재 수출용 자동차는 Euro-5 기준에 적합하게 생산되고 있으며, 배출가스 저감을 위한 촉매장치 DPF(디젤자동차 입자상 제거장치) 등이 적용되어 엄격히 관리되고 있다. 운행차 배출허용기준은 자동차를 운행하는 자가 운행 시에 배출기준을 초과하였을 시에 받게 되는 규제조치로서 위반 시에는 개선명령과 사용정지 명령을 받게 되어 있다.

7.4 대기오염의 방지대책

대기오염의 발생은 자연적으로 발생하는 것과 인위적인 발생과정으로 구별된다. 인위적으로 환경 중에 대기오염물질을 발생시키는 과정으로는 표 7.2에 나타난 과정들을 거치지만 대체로 요약하면 다음의 과정으로 발생한다.

① 화석연료를 주로 한 연소과정에 의한 것
② 금속의 정련이나 용융에 의한 것과 연소에 의한 것
③ 화학공장에서의 화학반응이나 분쇄 등의 기계적인 파쇄에 의한 것
④ 저장, 운반중의 사고에 누출, 휘산 등의 것
⑤ 공장 내의 유기용매 등의 취급에 의한 발생
⑥ 도시 소각로의 쓰레기의 연소에 의한 것
⑦ 원자력발전소 등의 핵시설에 의한 방사능의 누출

1 대기오염물질의 측정 및 분석

대기오염발생과정을 토대로 방지대책을 세우기 위해서는 오염의 정도를 인지할 방법이나 과학적인 데이터의 취득 등이 중요한 과제이다. 이를 위해서는 각종 대기오염물질의 분류, 측정방법, 제어방법 등이 각각 확립되어야 하는데, 다음의 측정방법에 대해 설명하기로 한다. 현재 각 측정방법에 의한 대기오염물질은 http://www.airkorea.or.kr에서 전국적 측정자료를 제공하고 있다.

(1) 가스상의 대기오염물질

기체상의 대기오염물질은 흡수, 흡착 등의 방법에 의해 포집제(화학약품, 흡착제, 용액)에 포집되며 대상오염물의 종류에 따라 알맞은 포집제를 선택하여야 한다. 반응성의 가스 등은 산, 알칼리 등에 의한 포집을 하며, 중금속이나 미량의 유기화학물질 등은 포집 후에 농축의 방법을 통해 미량분석을 실시한다. 일반적 대기질 측정은 자동측정장치를 이용하며, 1시간 단위로 측정하여 24시간 평균치로 누적하여 측정한다.

(2) 입자상 물질

10 μm 이하의 미세먼지는 PM_{10}으로 불리며 여과지에 의한 포집으로 중량, 물리화학적인 분석과정을 거친다. $PM_{2.5}$는 초미세먼지로 불리며, $PM_{2.5}$ 전용샘플러에 의해 포집되어 농도가 측정된다. 이들 PM_{10}, $PM_{2.5}$는 대도시 지역에 자동측정장치가 측정되고 있으며, 24시간 연속 감시할 수 있는 기능을 가지고 있다. 광학현미경을 사용하는 경우도 있는데, 생물학적인 견지, 의학적인 견지에서의 오염을 평가하는데 유용한 수단으로 이용된다.

2 대기오염 방지기술

대기오염을 효과적으로 방지하기 위해서는 우선 그 발생경로부터 거슬러 고찰할 필요성이 있다. 배출이 없으면 오염물질을 처리할 필요성이 없으므로 배출과정에서의 발생을 줄이는 것이 대기오염제어의 첫걸음이다. 따라서, 오염의 발생을 줄이기 위해서는 원료물질 자체의 대체가 필요하다. 예를 들면, 석유 등의 유류를 사용하는 시설들에 LPG, LNG 등의 연료를 대체한다거나, 오염의 발생이 적은 원료의 선택 등이 이에 속한다.

그 다음의 과정으로는 일단 발생된 오염물질을 작업장 내에서 어떻게 모아서 처리장치로 유도하는가의 문제가 생긴다. 이를 위해서는 국소배기장치의 이용, 환기시설, 공기정화조시설의 설치가 매우 필요하다. 국내에서는 대부분의 제조업시설들이 공해방지에 낙후하고 작업장 내에서의 직업병 등의 발생에 대한 대처가 미비한 곳이 많은데, 유해물질을 다루는 작업시엔 이들 유해오염물질을 국소배기하여 대기오염 방지시설을 통하여 정화한 뒤 대기 중으로 법적인 규제 기준치에 부합한 배출을 하여야 한다. 이때 대기오염물질을 굴뚝을 통해 배출할 때는 가능한 자연의 충분한 확산능력을 충분히 이용하는 것이 바람직하다. 즉, 기상상태를 고려하여 대기중으로 오염물질을 배출하여도 피해지점에 크게 영향을 주지 않는 조건을 택하여야 한다.

만약 피해지점의 오염물질의 농도가 크게 나타난다면 보다 적절한 제어가 필요하며 이를 위해서는 상시 모니터링이 요구된다. 대기오염의 제어를 위한 몇 가지 절차를 요약하면 다음과 같이 서술할 수 있다.

① 원료물질의 대체
② 프로세스의 개선
③ 국소배기장치의 이용
④ 대기오염 정화장치의 가동
⑤ 자연의 확산능력을 이용한 처리
⑥ 피해지점의 모니터링, 조사
⑦ 대체에너지의 개발

이상의 7가지 점들을 고려할 때 대기오염은 그 발생과정부터의 제어가 중요하며 일단 발생한 오염물질은 인위적으로 처리가능한 범위까지 처리한 후에, 자연의 정화능력을 이용하여 처리를 하여야 한다. 피해지점의 모니터링은 실제 환경의 피해의 관점에 보아 가장 중요시 다루어져야 하며, 이를 정확히 평가하기 위해서는 측정기술의 향상과 종합적인 대책이 절실하다.

7.5 대기오염물질 기준

1 대기환경기준

대기환경기준은 국가나 지역 지방자치단체에서 대기질 향상을 유지하고자 정하는 기준이다. 이 기준치를 설정하기 위해서는 과학적인 검토가 필요하며, 사람의 건강, 동식물의 영향, 재산 및 사회적인 영향, 기상학적 조건 등에 관하여 면밀한 영향 평가가 필요하다. 이 중 사람에게 미치는 영향을 판단하기 위해서는 대기오염물질의 농도, 확산, 피해지역 등에 대한 구체적인 과학적 입증자료가 수반되어야 한다. 환경기준은 행정 목표상의 기준이며, 국가나 지자체가 이를 달성하기 위해 노력하는 기준으로 법적 구속력을 가지지는 않지만 목표치로서 기준달성을 위한 행정이나 방지기술계획 등을 수립하여야 한다.

따라서, 환경기준의 설정은 인간생활의 질적인 향상을 목표로 두기 때문에 사회전반에 미치는 사회, 경제적인 영향, 건강학적 영향, 문화재 보전 등의 폭넓은 사고에서 접근되어야 한다. 각 나라별로 이 기준은 다르며 대다수의 국가들이 각국의 사정을 고려하여 결정하며 환경오염에 관한 자연과학적 및 사회학적 인자들을 고려하여 정책적인 관점에서 이 기준을 설정한다.

2 배출허용기준

대기오염물질 배출허용기준은 해당지역의 대기질 기준을 달성하기 위하여 국가나 지자체 대기오염물질 배출허용기준은 해당지역의 대기질 기준을 달성하기 위하여 국가나 지자체가 모든 배출원으로부터 배출량을 규제할 수 있도록 하는 법적인 강제 수단이다. 대기환경기준이 행정 목표상의 기준 달성이라는 행정적 기준이라고 하면 배출허용기준은 개개의 오염원

표 7.10 우리나라의 대기환경기준(환경정책기본법 제2조 관련)

항 목	기 준		측정방법
아황산가스 (SO_2)	연간평균치 24시간평균치 1시간평균치	0.02 ppm 이하 0.05 ppm 이하 0.15 ppm 이하	자외선형광법 (Pulse U.V. Fluorescence Method)
일산화탄소 (CO)	8시간평균치 1시간평균치	9 ppm 이하 25 ppm 이하	비분산적외선분석법 (Non-dispersive Infrared Method)
이산화질소 (NO_2)	연간평균치 24시간평균치 1시간평균치	0.03 ppm 이하 0.06 ppm 이하 0.10 ppm 이하	화학발광법 (Chemiluminescent Method)
미세먼지 (PM_{10})	연간평균치 24시간평균치	50 $\mu g/m^3$ 이하 100 $\mu g/m^3$ 이하	베타선흡수법 (β-Ray Absorption Method)
미세먼지 ($PM_{2.5}$)	연간평균치 24시간평균치	25 $\mu g/m^3$ 이하 50 $\mu g/m^3$ 이하	중량법 또는 이에 준하는 자동측정법
오존 (O_3)	8시간평균치 1시간평균치	0.06 ppm 이하 0.1 ppm 이하	자외선광도법 (U.V Photometric Method)
납 (Pb)	연간평균치	0.5 $\mu g/m^3$ 이하	원자흡광광도법 (Atomic Absorption Spectrophotometry)
벤젠	연간평균치	5 $\mu g/m^3$ 이하	가스크로마토그래프법 (Gas Chromatography)

비고 : 1. 1시간 평균치는 999천분위수(千分位數)의 값이 그 기준을 초과하여서는 아니 되고, 8시간 및 24시간 평균치는 99백분위수의 값이 그 기준을 초과하여서는 아니 된다.
2. 미세먼지는 입자의 크기가 10μm 이하인 먼지를 말한다.

에 대한 규제기준으로서 배출시설이 배출할 수 있는 최대 허용치 또는 기준이라고 할 수 있다. 이 기준은 위반 시에는 해당업체에 대해 영업정지, 가동정지, 폐쇄 등의 법적인 명령을 할 수 있으며 형사처벌 및 벌금 등을 부과할 수 있다. 대기오염방지의 면에서 이 기준이 엄격할수록 바람직하지만 현실적으로는 배출업체의 기술적 수준, 경제적, 사회적 여건을 고려하여 정해지게 된다. 외국의 경우는 배출허용기준은 지역별로 차이가 있으며, 이는 해당지역의 지형적 특성, 사회경제적 측면 등이 고려되어 전문가 그룹이 참여한 기준설정위원회 등을 거쳐 최종 심의되는 것이 일반적이다. 우리나라의 경우는 황산화물 등 27개의 대기오염물질에 대하여 배출허용기준이 설정되어 있다. 지역환경의 특수성을 고려하여 해당지역에 보다 엄격한 대기 배출허용기준을 설정할 수 있으며, 특별대책지역에서 대기오염 방지를 위해 필요하다고 인정될 경우에는 다른 지역보다 더 엄격한 배출허용기준을 설정할 수 있다.

표 7.11 대기오염물질의 배출허용기준(2015.1.1부터 적용)

대기오염물질	배출시설	배출허용기준
암모니아 (ppm)	1) 화학비료 및 질소화합물 제조시설	20 이하
	2) 무기안료 · 염료 · 유연제 · 착색제 제조시설	20 이하
	3) 폐수 · 폐기물 · 폐가스 소각처리시설(소각보일러를 포함한다) 및 고형연료제품 사용시설	30(12) 이하
	4) 시멘트 제조시설 중 소성시설	30(13) 이하
	5) 그 밖의 배출시설	50 이하
일산화탄소 (ppm)	1) 폐수·폐기물·폐가스 소각처리시설(소각보일러를 포함한다)	
	가) 소각용량이 시간당 2톤(의료폐기물 처리시설은 시간당 200kg) 이상인 시설	50(12) 이하
	나) 소각용량 시간당 2톤 미만인 시설	200(12) 이하
	2) 석유 정제품 제조시설 중 중질유분해시설의 일산화탄소 소각보일러	200(12) 이하
	3) 고형연료제품 제조 · 사용시설 및 관련시설	
	가) 고형연료제품 사용량이 시간당 2톤 이상인 시설	50(12) 이하
	나) 고형연료제품 사용량이 시간당 200킬로그램 이상 2톤 미만인 시설	200(12) 이하
	다) 일반 고형연료제품(SRF) 제조시설 중 건조 · 가열시설	300(15) 이하
	라) 바이오매스 및 목재펠릿 사용시설	200(12) 이하
	4) 화장로시설	
	가) 2009년 12월 31일 이전에 설치한 시설	200(12) 이하
	나) 2010년 1월 1일 이후에 설치한 시설	80(12) 이하
염화수소 (ppm)	1) 기초무기화합물 제조시설 중 염산 제조시설(염산, 염화수소 회수시설을 포함한다) 및 저장시설	6 이하
	2) 기초무기화합물 제조시설 중 폐염산 정제시설(염산 및 염화수소 회수시설을 포함한다) 및 저장시설	15 이하
	3) 1차 금속제조시설, 금속가공제품 · 기계 · 기기 · 운송장비 · 가구 제조시설의 표면처리시설 중 탈지시설, 산 · 알칼리 처리시설	3 이하
	4) 폐수 · 폐기물 · 폐가스 소각처리시설(소각보일러를 포함한다)	
	가) 소각용량이 시간당 2톤(의료폐기물 처리시설은 시간당 200 kg) 이상인 시설	15(12) 이하
	나) 소각용량 시간당 2톤 미만인 시설	20(12) 이하
	5) 유리 및 유리제품 제조시설 중 용융·용해시설	2(13) 이하
	6) 시멘트 · 석회 · 플라스터 및 그 제품 제조시설, 기타 비금속광물제품 제조시설 중 소성시설(예열시설을 포함한다), 용융 · 용해시설, 건조시설	12(13) 이하
	7) 반도체 및 기타 전자부품 제조시설 중 증착(蒸着)시설, 식각(蝕刻)시설 및 표면처리시설	5 이하
	8) 고형연료제품 사용시설	
	가) 고형연료제품 사용량이 시간당 2톤 이상인 시설	15(12) 이하
	나) 고형연료제품 사용량이 시간당 200킬로그램 이상 2톤 미만인 시설	20(12) 이하
	9) 화장로시설	20(12) 이하
	10) 그 밖의 배출시설	6 이하

황산화물 (SO_2로서) (ppm)	1) 일반보일러	
	가) 액체연료 사용시설	
	(1) 증발량이 시간당 40톤 이상이거나 열량이 시간당 24,760,000킬로칼로리 이상인 시설	
	(가) 2004년 12월 31일 이전 설치시설	
	① 0.3% 이하 저황유 사용지역	180(4) 이하
	② 그 밖의 지역	270(4) 이하
	(나) 2005년 1월 1일 이후 설치시설	100(4) 이하
	(다) 2015년 1월 1일 이후 설치시설	50(4)
	(2) 증발량이 시간당 10톤 이상 40톤 미만인 시설, 열량이시간당 6,190,000킬로칼로리 이상 24,760,000킬로칼로리 미만인 시설	
	(가) 2014년 12월 31일 이전 설치시설	
	① 0.3% 이하 저황유 사용지역	180(4) 이하
	② 0.5% 이하 저황유 사용지역	270(4) 이하
	③ 그 밖의 지역	540(4) 이하
	(나) 2015년 1월 1일 이후 설치시설	70(4) 이하
	(3) 증발량이 시간당 10톤 미만이거나 열량이 시간당 6,190,000킬로칼로리 미만인 시설	
	(가) 0.3% 이하 저황유 사용지역	180(4) 이하
	(나) 0.5% 이하 저황유 사용지역	270(4) 이하
	(다) 그 밖의 지역	540(4) 이하
	나) 고체연료 사용시설(액체연료 혼합시설을 포함한다)	
	(1) 2001년 6월 30일 이전 설치시설	180(6) 이하
	(2) 2001년 7월 1일 이후 설치시설	150(6) 이하
	(3) 2015년 1월 1일 이후 설치시설	70(6) 이하
	다) 기체연료사용시설	
	(1) 2014년 12월 31일 이전 설치시설	100(4) 이하
	(2) 2015년 1월 1일 이후 설치시설	50(4) 이하
	라) 바이오가스 사용시설	180(4) 이하
	2) 발전시설	
	가) 액체연료 사용시설	
	(1) 발전용 내연기관	
	(가) 설비용량 100MW 이상	
	① 1996년 6월 30일 이전 설치시설	30(15) 이하
	② 1996년 7월 1일 이후 설치시설	25(15) 이하
	③ 2015년 1월 1일 이후 설치시설	20(15) 이하
	(나) 설비용량 100MW 미만	
	① 1996년 6월 30일 이전 설치시설	60(15) 이하
	② 1996년 7월 1일 이후 설치시설	25(15) 이하
	③ 2015년 1월 1일 이후 설치시설	20(15) 이하

황산화물 (SO_2로서) (ppm)	(2) 그 밖의 발전시설	
	(가) 설비용량 100MW 이상	
	① 1996년 6월 30일 이전 설치시설	80(4) 이하
	② 1996년 7월 1일 이후 설치시설	70(4) 이하
	③ 2015년 1월 1일 이후 설치시설	50(4) 이하
	(나) 설비용량 100MW 미만	
	① 1996년 6월 30일 이전 설치시설	180(4) 이하
	② 1996년 7월 1일 이후 설치시설	70(4) 이하
	③ 2015년 1월 1일 이후 설치시설	50(4) 이하
	나) 고체연료 사용시설(액체연료 혼합시설을 포함한다)	
	(1) 설비용량 100MW 이상	
	(가) 1996년 6월 30일 이전 설치시설	100(6) 이하
	(나) 2014년 12월 31일 이전 설치시설	80(6) 이하
	(다) 2015년 1월 1일 이후 설치시설	50(6) 이하
	(2) 설비용량 100MW 미만	
	(가) 1996년 6월 30일 이전 설치시설	130(6) 이하
	(나) 2014년 12월 31일 이전 설치시설	80(6) 이하
	(다) 2015년 1월 1일 이후 설치시설	50(6) 이하
	다) 국내생산 무연탄 사용시설	
	(1) 1996년 6월 30일 이전 설치시설	
	(가) 설비용량 100MW 이상	100(6) 이하
	(나) 설비용량 100MW 미만	150(6) 이하
	(2) 2014년 12월 31일 이전 설치시설	80(6) 이하
	(3) 2015년 1월 1일 이후 설치시설	50(6) 이하
	라) 국내에서 생산되는 석유코크스 사용시설	
	(1) 2014년 12월 31일 이전 설치시설	210(6) 이하
	(2) 2015년 1월 1일 이후 설치시설	50(6) 이하
	마) 기체연료 사용시설	
	(1) 2014년 12월 31일 이전 설치시설	
	(가) 발전용 내연기관(가스터빈을 포함한다)	35(15) 이하
	(나) 열병합 발전시설 중 카본블랙 제조시설의 폐가스 재이용시설	300(6) 이하
	(다) 그 밖의 발전시설	100(4) 이하
	(2) 2015년 1월 1일 이후 설치시설	
	(가) 발전용 내연기관(가스터빈을 포함한다)	20(15) 이하
	(나) 열병합 발전시설 중 카본블랙 제조시설의 폐가스 재이용시설	180(6) 이하
	(다) 그 밖의 발전시설	100(4) 이하
	바) 바이오가스 사용시설	180(4) 이하
	3) 1차 금속제조시설, 금속가공제품·기계·기기·운송장비·가구 제조시설의 용융·용해로 또는 열처리시설	

황산화물 (SO_2로서) (ppm)	가) 배소로(焙燒爐), 용광로(鎔鑛爐) 및 용선로(鎔銑爐)의 연소가스시설	
	(1) 2007년 1월 31일 이전 설치시설	200 이하
	(2) 2007년 2월 1일 이후 설치시설	130 이하
	(3) 2015년 1월 1일 이후 설치시설	65 이하
	나) 소결로(燒結爐)의 연소시설	
	(1) 2007년 1월 31일 이전 설치시설	200(15) 이하
	(2) 2007년 2월 1일 이후 설치시설	130(15) 이하
	(3) 2015년 1월 1일 이후 설치시설	65(15) 이하
	4) 기초무기화합물 제조시설 중 황산제조시설	250(8) 이하
	5) 화학비료 및 질소화합물 제조시설 중 혼합시설, 반응시설, 정제시설 및 농축시설	120 이하
	6) 석유정제품 제조시설	
	가) 황 회수시설	
	(1) 2014년 12월 31일 이전 설치시설	240(4) 이하
	(2) 2015년 1월 1일 이후 설치시설	150(4) 이하
	나) 가열시설	
	(1) 0.3% 이하 저황유 사용지역	180(4) 이하
	(2) 그 밖의 지역	180(4) 이하
	다) 중질유 분해시설의 일산화탄소 소각보일러 중 건식 황산회수시설	
	(1) 2014년 12월 31일 이전 설치시설	360(12) 이하
	(2) 2015년 1월 1일 이후 설치시설	50(12) 이하
	라) 중질유 분해시설의 일산화탄소 소각보일러 중 습식탈황시설	
	(1) 2014년 12월 31일 이전 설치시설	50(12) 이하
	(2) 2015년 1월 1일 이후 설치시설	50(12) 이하
	7) 기초유기화합물 제조시설 중 가열시설	380(4) 이하
	8) 석탄가스화 연료 제조시설	
	가) 건조시설 및 분쇄시설	
	(1) 2014년 12월 31일 이전 설치시설	120(8) 이하
	(2) 2015년 1월 1일 이후 설치시설	50(8) 이하
	나) 연소시설	120(7) 이하
	다) 황 회수시설	
	(1) 2014년 12월 31일 이전 설치시설	240(4) 이하
	(2) 2015년 1월 1일 이후 설치시설	150(4) 이하
	라) 황산 제조시설	
	(1) 2014년 12월 31일 이전 설치시설	250(8) 이하
	(2) 2015년 1월 1일 이후 설치시설	120(8) 이하
	9) 코크스 제조시설 중 연소시설	120(7) 이하
	10) 폐수·폐기물·폐가스 소각처리시설(소각보일러를 포함한다)	

황산화물 (SO_2로서) (ppm)	가) 소각용량이 시간당 2톤(의료폐기물 처리시설은 200킬로그램) 이상인 시설	30(12) 이하
	나) 소각용량이 시간당 200킬로그램 이상 2톤(의료폐기물 처리시설은 200킬로그램) 미만인 시설	40(12) 이하
	다) 소각용량이 시간당 200킬로그램 미만인 시설	50(12) 이하
	11) 시멘트·석회·플라스터 및 그 제품 제조시설 중 시멘트 소성시설(예열시설을 포함한다), 용융·용해시설, 건조시설	
	가) 2007년 1월 31일 이전 설치시설	
	(1) 크링커 생산량이 연 200,000톤 이상인 시설	30(13) 이하
	(2) 크링커 생산량이 연 200,000톤 미만인 시설	150(13) 이하
	나) 2007년 2월 1일 이후 설치시설	
	(1) 크링커 생산량이 연 200,000톤 이상인 시설	20(13) 이하
	(2) 크링커 생산량이 연 200,000톤 미만인 시설	50(13) 이하
	다) 2015년 1월 1일 이후 설치시설	
	(1) 크링커 생산량이 연 200,000톤 이상인 시설	10(13) 이하
	(2) 크링커 생산량이 연 200,000톤 미만인 시설	20(13) 이하
	12) 유리 및 유리제품 제조시설(재생용 원료가공시설을 포함한다) 중 용융·용해로	
	가) 2014년 12월 31일 이전 설치시설	
	(1) 「수도권 대기환경개선에 관한 특별법」에 따른 대기관리권역, 대기환경규제지역, 대기보전 특별대책지역	250(13) 이하
	(2) 그 밖의 지역	300(13) 이하
	나) 2015년 1월 1일 이후 설치시설	
	(1) 「수도권 대기환경개선에 관한 특별법」에 따른 대기관리권역, 대기환경규제지역, 대기보전 특별대책지역	200(13) 이하
	(2) 그 밖의 지역	200(13) 이하
	13) 고형연료제품 제조 사용시설 및 관련시설	
	가) 고형연료제품 사용량이 시간당 2톤 이상인 시설	30(12) 이하
	나) 고형연료제품 사용량이 시간당 200킬로그램 이상 2톤 미만인 시설	40(12) 이하
	다) 일반 고형연료제품(SRF) 제조시설 중 건조·가열시설	100(15) 이하
	14) 화장로시설	
	가) 2009년 12월 31일 이전에 설치한 시설	70(12) 이하
	나) 2010년 1월 1일 이후에 설치한 시설	30(12) 이하
	15) 그 밖의 배출시설	400 이하
질소산화물 (NO_2로서) (ppm)	1) 일반보일러	
	가) 액체연료(경질유는 제외한다) 사용시설	
	(1) 증발량이 시간당 40톤 이상이거나 열량이 시간당 24,760,000킬로칼로리 이상인 시설	
	(가) 2001년 6월 30일 이전 설치시설	130(4) 이하
	(나) 2001년 7월 1일 이후 설치시설	70(4) 이하
	(다) 2015년 1월 1일 이후 설치시설	50(4) 이하

	(2) 증발량이 시간당 10톤 이상 40톤 미만인 시설, 열량이시간당 6,190,000킬로칼로리 이상 24,760,000킬로칼로리 미만인 시설	
	(가) 2007년 1월 31일 이전 설치시설	180(4) 이하
	(나) 2007년 2월 1일 이후 설치시설	100(4) 이하
	(다) 2015년 1월 1일 이후 설치시설	70(4) 이하
	(3) 증발량이 시간당 10톤 미만이거나 열량이 시간당 6,190,000킬로칼로리 미만인 시설	
	(가) 2007년 1월 31일 이전 설치시설	180(4) 이하
	(나) 2007년 2월 1일 이후 설치시설	180(4) 이하
	(다) 2015년 1월 1일 이후 설치시설	70(4) 이하
	나) 고체연료 사용시설	
	(1) 2007년 1월 31일 이전 설치시설	120(6) 이하
	(2) 2007년 2월 1일 이후 설치시설	70(6) 이하
	다) 국내에서 생산되는 석유코크스 사용시설	
	(1) 2014년 12월 31일 이전 설치시설	120(6) 이하
	(2) 2015년 1월 1일 이후 설치시설	70(6) 이하
	라) 기체연료 사용시설	
	(1) 증발량이 시간당 40톤 이상이거나 열량이 시간당 24,760,000킬로칼로리 이상인 시설	
질소산화물 (NO_2로서) (ppm)	(가) 2014년 12월 31일 이전 설치시설 (나) 2015년 1월 1일 이후 설치시설	150(4) 이하 40(4) 이하
	(2) 증발량이 시간당 10톤 이상 40톤 미만인 시설, 열량이 시간당 6,190,000킬로칼로리 이상 24,760,000킬로칼로리 미만인 시설	
	(가) 2014년 12월 31일 이전 설치시설	150(4) 이하
	(나) 2015년 1월 1일 이후 설치시설	60(4) 이하
	(3) 증발량이 시간당 10톤 미만이거나 열량이 시간당 6,190,000킬로칼로리 미만인 시설	
	(가) 2014년 12월 31일 이전 설치시설	150(4) 이하
	(나) 2015년 1월 1일 이후 설치시설	60(4) 이하
	마) 바이오가스 사용시설	160(4) 이하
	바) 그 밖의 배출시설	
	(1) 2014년 12월 31일 이전 설치시설	250 이하
	(2) 2015년 1월 1일 이후 설치시설	60 이하
	2) 발전시설	
	가) 액체연료 사용시설	
	(1) 발전용 내연기관	
	(가) 가스터빈	
	① 2001년 6월 30일 이전 설치시설	80(15) 이하
	② 2001년 7월 1일 이후 설치시설	70(15) 이하
	③ 2015년 1월 1일 이후 설치시설	50(15) 이하

질소산화물 (NO_2로서) (ppm)	(나) 디젤기관	
	① 2001년 6월 30일 이전 설치시설	530(15) 이하
	② 2001년 7월 1일 이후 설치시설	270(15) 이하
	③ 2015년 1월 1일 이후 설치시설	90(15) 이하
	(2) 그 밖의 발전시설	
	(가) 설비용량 100MW 이상	
	① 2001년 6월 30일 이전 설치시설	90(4) 이하
	② 2001년 7월 1일 이후 설치시설	70(4) 이하
	③ 2015년 1월 1일 이후 설치시설	50(4) 이하
	(나) 설비용량 100MW 미만	
	① 2001년 6월 30일 이전 설치시설	140(4) 이하
	② 2001년 7월 1일 이후 설치시설	70(4) 이하
	③ 2015년 1월 1일 이후 설치시설	50(4) 이하
	나) 고체연료 사용시설	
	(1) 1996년 6월 30일 이전 설치시설	140(6) 이하
	(2) 1996년 7월 1일 이후 설치시설	70(6) 이하
	(3) 2015년 1월 1일 이후 설치시설	50(6) 이하
	다) 기체연료 사용시설	
	(1) 발전용 내연기관(가스터빈을 포함한다)	
	(가) 2001년 6월 30일 이전 설치시설	80(15) 이하
	(나) 2001년 7월 1일 이후 설치시설	50(15) 이하
	(다) 2015년 1월 1일 이후 설치시설	20(15) 이하
	(2) 열병합 발전시설 중 카본블랙 제조시설의 폐가스 재이용시설	
	(가) 2001년 6월 30일 이전 설치시설	220(6) 이하
	(나) 2001년 7월 1일 이후 설치시설	220(6) 이하
	(다) 2015년 1월 1일 이후 설치시설	180(6) 이하
	(3) 매립가스와 바이오가스를 사용하지 않는 린번엔진 발전용 내연기관	
	(가) 2001년 6월 30일 이전 설치시설	80(15)
	(나) 2001년 7월 1일 이후 설치시설	50(15)
	(4) 매립가스와 바이오가스를 사용하는 린번엔진 발전용 내연기관	95(15)
	(5) 바이오가스 사용시설	160(4)
	(6) 그 밖의 발전시설	
	(가) 2001년 6월 30일 이후 설치시설	60(4) 이하
	(나) 2001년 7월 1일 이후 설치시설	50(4) 이하
	(다) 2015년 1월 1일 이후 설치시설	25(4) 이하
	3) 폐수·폐기물·폐가스 소각처리시설	
	가) 소각용량이 시간당 2톤(의료폐기물 처리시설은 200킬로그램) 이상인 시설	70(12) 이하
	나) 소각용량이 시간당 2톤(의료폐기물 처리시설은 200킬로그램) 미만인	90(12) 이하

질소산화물 (NO_2로서) (ppm)	시설	
	4) 1차금속 제조시설, 금속가공제품 제조시설의 용융·용해로 또는 열처리 시설	
	가) 배소로	
	(1) 2007년 1월 31일 이전 설치시설	120 이하
	(2) 2007년 2월 1일 이후 설치시설	120 이하
	(3) 2015년 1월 1일 이후 설치시설	80 이하
	나) 용선로의 연소가스시설	
	(1) 2007년 1월 31일 이전 설치시설	100 이하
	(2) 2007년 2월 1일 이후 설치시설	100 이하
	(3) 2015년 1월 1일 이후 설치시설	80 이하
	다) 소결로	
	(1) 2007년 1월 31일 이전 설치시설	200(15) 이하
	(2) 2007년 2월 1일 이후 설치시설	120(15) 이하
	(3) 2015년 1월 1일 이후 설치시설	80(15) 이하
	라) 가열로, 열처리로, 소둔로(燒鈍爐), 건조로, 열풍로	
	(1) 2007년 1월 31일 이전 설치시설	200(11) 이하
	(2) 2007년 2월 1일 이후 설치시설	150(11) 이하
	(3) 2015년 1월 1일 이후 설치시설	80(11) 이하
	5) 석유 정제품 제조시설 및 기초유기화합물 제조시설	
	가) 가열시설	
	(1) 액체연료 사용시설	
	(가) 증발량이 시간당 50톤 이상인 시설	
	① 2001년 6월 30일 이전 설치시설	180(4) 이하
	② 2001년 7월 1일 이후 설치시설	70(4) 이하
	(나) 증발량이 시간당 50톤 미만인 시설	180(4) 이하
	(2) 기체연료 사용시설	
	(가) 증발량이 시간당 50톤 이상인 시설	
	① 2001년 6월 30일 이전 설치시설	150(4) 이하
	② 2001년 7월 1일 이후 설치시설	100(4) 이하
	(나) 증발량이 시간당 50톤 미만인 시설	150(4) 이하
	나) 중질유분해시설의 일산화탄소 소각보일러	150(12) 이하
	6) 유리·유리제품 제조시설(재생용 원료가공시설을 포함한다) 중 용융·용해 시설	
	가) 개별배출 용량이 일 10톤 이상인 시설	
	(1) 2014년 12월 31일 이전 설치시설	230(13) 이하
	(2) 2015년 1월 1일 이후 설치시설	180(13) 이하
	나) 개별배출 용량이 일 10톤 미만인 시설	
	(1) 2014년 12월 31일 이전 설치시설	330(13) 이하

질소산화물 (NO_2로서) (ppm)	(2) 2015년 1월 1일 이후 설치시설	180(13) 이하
	다) 순산소를 사용하는 유리섬유 생산시설	
	(1) 2014년 12월 31일 이전 설치시설	260 이하
	(2) 2015년 1월 1일 이후 설치시설	180 이하
	7) 시멘트·석회·플라스터 및 그 제품 제조시설 중 소성시설(예열시설을 포함한다), 용융·용해시설, 건조시설	
	가) 2007년 1월 31일 이전 설치시설	330(13) 이하
	나) 2007년 2월 1일 이후 설치시설	250(13) 이하
	다) 2015년 1월 1일 이후 설치시설	100(13) 이하
	8) 석탄가스화 연료 제조시설	
	가) 건조시설 및 분쇄시설	200(8) 이하
	나) 연소시설	150(7) 이하
	다) 황 회수시설	200(4) 이하
	라) 황산 제조시설	180(8) 이하
	9) 코크스제조시설 및 관련제품 저장시설 중 연소시설	
	가) 2006년 12월 31일 이전 설치시설	250(7) 이하
	나) 2007년 1월 1일 이후 설치시설	150(7) 이하
	10) 고형연료제품 제조·사용시설 및 관련시설	
	가) 고형연료제품 사용량이 시간당 2톤 이상인 시설	70(12) 이하
	나) 고형연료제품 사용량이 시간당 200킬로그램 이상 2톤 미만인 시설	80(12) 이하
	다) 생활폐기물 고형연료제품(RDF) 제조시설 중 건조·가열시설	100(15) 이하
	라) 바이오매스 및 목재펠릿 제조시설 중 건조·가열시설	100 이하
	마) 바이오매스 및 목재펠릿 사용시설	150(12) 이하
	11) 화장로시설	
	가) 2009년 12월 31일 이전에 설치한 시설	100(12) 이하
	나) 2010년 1월 1일 이후에 설치한 시설	70(12) 이하
	12) 그 밖의 배출시설	200 이하
이황화탄소 (ppm)	모든 배출시설	30 이하
포름알데히드 (ppm)	모든 배출시설	10 이하
황화수소 (ppm)	1) 폐수·폐기물·폐가스 소각처리시설(소각보일러를 포함한다)	
	가) 소각용량이 시간당 200킬로그램 이상인 시설	2(12) 이하
	나) 소각용량이 시간당 200킬로그램 미만인 시설	10(12) 이하
	2) 시멘트제조시설 중 소성시설	2(13) 이하
	3) 석유 정제품 제조시설 및 기초유기화합물 제조시설 중 가열시설, 탈황시설 및 폐가스소각시설	6(4) 이하
	4) 펄프·종이 및 종이제품 제조시설	5 이하
	5) 고형연료제품 사용시설	

	가) 고형연료제품 사용량이 시간당 2톤 이상인 시설	2(12) 이하
	나) 고형연료제품 사용량이 시간당 200킬로그램 이상 2톤 미만인 시설	10(12) 이하
	6) 석탄가스화 연료 제조시설	
	가) 황 회수시설	6(4) 이하
	나) 황산 제조시설	6(8) 이하
	7) 그 밖의 배출시설	10 이하
불소화합물 (F로서) (ppm)	1) 도자기·요업제품 제조시설의 소성시설(예열시설을 포함한다), 용융·용해 시설	5(13) 이하
	2) 기초무기화합물 제조시설과 화학비료 및 질소화합물 제조시설의 습식 인산 제조시설, 복합비료 제조시설, 과인산암모늄 제조시설, 인광석·형석의 용융·용해시설 및 소성시설, 불소화합물 제조시설	3 이하
	3) 폐수·폐기물·폐가스 소각처리시설(소각보일러를 포함한다)	
	가) 소각용량이 시간당 200킬로그램 이상인 시설 나) 소각용량이 시간당 200킬로그램 미만인 시설	2(12) 이하 3(12) 이하
	4) 시멘트제조시설 중 소성시설	2(13) 이하
	5) 반도체 및 기타 전자부품 제조시설 중 표면처리시설(증착시설, 식각시설을 포함한다)	
	가) 2014년 12월 31일 이전 설치시설	5 이하
	나) 2015년 1월 1일 이후 설치시설	3 이하
	6) 1차금속 제조시설, 금속가공제품 제조시설의 표면처리시설 중 탈지시설, 산·알칼리처리시설, 화성처리시설, 건조시설, 불산처리시설, 무기산 저장시설	3 이하
	7) 고형연료제품 사용시설	
	가) 고형연료제품 사용량이 시간당 2톤 이상인 시설	2(12) 이하
	나) 고형연료제품 사용량이 시간당 200킬로그램 이상 2톤 미만인 시설	3(12) 이하
	8) 그 밖의 배출시설	3 이하
시안화수소 (ppm)	1) 아크릴로니트릴 제조시설의 폐가스 소각시설	10 이하
	2) 그 밖의 배출시설	5 이하
브롬화합물 (ppm)	모든 배출시설	3 이하
벤젠 (ppm)	모든 배출시설(내부부상 지붕형 또는 외부부상 지붕형 저장시설은 제외한다)	10 이하
페놀화합물 (C_6H_5OH) (ppm)	모든 배출시설	5 이하
수은화합물 (Hg로서) (mg/Sm^3)	1) 폐수·폐기물·폐가스 소각처리시설(소각보일러를 포함한다) 및 고형연료제품 사용시설	0.08(12) 이하
	2) 발전시설(고체연료 사용시설)	0.05(6) 이하
	3) 1차금속 제조시설 중 소결로	0.05(15) 이하
	4) 시멘트·석회·플라스터 및 그 제품 제조시설 중 시멘트 소성시설	0.08(13) 이하
	5) 그 밖의 배출시설	2 이하
비소화합물	1) 폐수·폐기물·폐가스 소각처리시설(소각보일러를 포함한다) 및 고형연료	0.25(12) 이하

(As로서) (ppm)	제품 사용시설 2) 시멘트제조시설 중 소성시설 3) 그 밖의 배출시설	 0.25(13) 이하 2 이하
염화비닐 (ppm)	이염화에틸렌·염화비닐 및 PVC 제조시설 중 중합반응시설 가) 1996년 6월 30일 이전 설치시설 (1) 현탁중합반응시설 (2) 괴상중합반응시설 (3) 유화중합반응시설 (4) 공중합반응시설 (5) 그 밖의 배출시설 나) 1996년 7월 1일 이후 설치시설 (1) 현탁중합반응시설 (2) 괴상중합반응시설 (3) 유화중합반응시설 (4) 공중합반응시설 (5) 그 밖의 배출시설	 50 이하 80 이하 150 이하 180 이하 10 이하 10 이하 30 이하 100 이하 180 이하 10 이하
탄화수소 (THC로서) (ppm)	1) 연속식 도장시설(건조시설과 분무·분체·침지도장시설을 포함한다) 2) 비연속식 도장시설(건조시설과 분무·분체·침지도장시설을 포함한다) 3) 인쇄 및 각종 기록매체 제조(복제)시설 4) 시멘트 제조시설 중 소성시설(예열시설을 포함하며, 폐기물을 연료로 사용하는 시설만 해당한다)	40 이하 200 이하 200 이하 60(13) 이하
디클로로메탄 (ppm)	모든 배출시설	50 이하

CHAPTER 08

수질 관리

8.1 수질오염의 의의

수질오염은 생태계에 직·간접적으로 영향을 미칠 때에만 오염으로서의 그 의미가 있다. 넓은 의미에서 수질오염은 수역환경 중 또는 그 근처에서 서식하는 인간을 포함한 모든 생물 성장에 악영향을 미친다고 할 수 있다. 즉, 해로운 오염물질이 유입되어 본래의 수질을 변화시킴으로써 물의 이용가치를 떨어뜨리고 생물에 피해를 주는 현상이라고 할 수 있다.

수질오염이란 인구의 급격한 증가와 더불어 도시가 형성되고, 많은 공장이 건설됨으로써 가정·도시·공장 폐수 및 농약, 비점오염원 등이 지하수, 하천수 및 해양으로 직접 흘러 들어가서 물의 자정작용 능력이 없어지는 것을 말한다. 수질오염은 건강장애를 일으킬 뿐 아니라 경제성장을 저해하고 오락 생활 등을 방해한다.

그림 8.1 수생태계 오염

세계적으로 하천오염에 의하여 해마다 수백만 마리의 물고기가 죽어가며, 방사능물질, 중성세제, 농약 그 밖의 산업폐수로 배출되는 각종 화학물질이 하천을 오염시키고 있다. 때로는 오수가 하수구를 통하여 직접 하천으로 유입하기도 하고, 지하수 등을 오염시키기도 한다. 또한 인구증가, 생활수준의 향상 및 산업의 발달 등으로 용수량은 해마다 급격하게 증가될 것이 예상된다. 수자원량은 제한되어 있으므로 한번 사용한 물을 다시 정화하여 사용하는 수밖에 없다. 물이 없으면 생명체는 절대 생존할 수 없다. 지구상의 수자원 분포는 바다가 약 97.2% 이며 육지는 2.8%이다. 또한, 우리나라의 수자원은 무한정 있는 것이 아니다.

8.2 수질오염의 역사

수질오염에 대한 인류의 관심을 역사적으로 살펴보면 고대 로마시대로부터 찾아 볼 수 있다. 그 당시에 벌써 하수처리시설이 설치되어 오늘날까지 그 유적이 남아 있다. 그러나 물의 실제적인 위생관리는 19세기 산업혁명 이후부터라고 할 수 있다. 산업혁명은 생활수준의 향상을 가져왔으나 그 당시의 도시 위생시설은 거의 미비하였고, 도시빈민굴의 형성, 질병의 이환율과 사망률을 증가시키는 결과를 초래하였다. 이후 영국 등 선진국들은 이에 대처하여 위생시설 및 행정적 조치를 취하기 시작하였다. 영국은 조직적으로 하수도를 정비하였으며 위생적인 하수처리장을 설치한 최초의 나라이다. 런던시는 1889년 하수를 처음으로 침전처리 하였고, 1935년에는 생물학적 처리를 하기에 이르렀다.

그림 8.2 하수도 정비(Bazalgette's London sewers)

또한 1865～1867년 영국 하천오염방지 왕실위원회(River Pollution Prevention Royal Commission)는 여러 연구기관에 수질보호 제도에 대하여 연구 조사케 하여 그 결과로 1876년에는 하천오염 방지법(River Pollution Prevention Act)이 공포되었고, 1930년에는 '하수도 조례(條例)', 1936년에는 '공장 폐수 조례'가 공포되었다. 1958년 영국은 도시 건축 구역 내의 하천이 물의 일반적 사용에 지장이 없도록 청정하게 유지되어야 할 것을 법률로 규정하였다.

한편 미국에서의 수질오염 관리는 1886년 Massachusetts주에서 '내면수질 보호법(The Act to Protect the Purity of Inland Water)'을 통과시킴으로써 시작되었다. 또 미연방 정부는 1948년 '연방 수질오염방지법(Federal Water Pollution Control Act)'을 제정하여 수질오염방지의 책임과 권한이 주(州)정부에 있음을 규정하였다. 이 수질오염에 관한 연방 정부의 행정은 공중보건성에 담당하였으나 근해에는 그 중요성에 비추어 내무성에서 취급하여 연방수질오염관리청(FWPCA)이 주관하였다. 또한 1971년 이래 환경오염 관리를 보다 효율적으로 하기 위하여 대통령 자문기관으로 EPA를 두고 환경오염 감시와 연구를 하고 있다.

일본의 경우는 메이지 유신 이래 급격한 산업의 발달로 인해 많은 공해병이 발생하였다. 따라서 일본은 복합적 공해 현상에 대처하기 위하여 1950년대 이래 각종 공해 방지법을 제정하였으며, 1967년에는 종합적인 공해 대책기본법을 공포하고 1971년에는 환경보전 전담기구로 환경청을 발족시키기에 이르렀다.

우리나라에서는 1963년 11월 공해방지법이 법률 제1436호로 공포된 이후 수질오염 문제가 크게 주목을 받기 시작하였다. 이 법에서는 화학적·물리학적·생물학적 요인에 의하여 하천을 오염시키는 산업폐수 및 생활하수 등에서 오는 보건위생상의 위해를 규제하고 있다. 이러한 공해현상을 일으키는 업소는 법에 의하여 정부가 시설개선과 조업정지 명령을 내릴 수 있을 뿐 아니라 공장이나 사업장을 설치할 때는 작업내용을 관계기관(도, 시, 구청)에 보고하고 검사 받도록 되어 있었다.

더욱이 1977년 7월 1일 공포된 환경보전법으로 환경오염이 현저하거나 심각할 우려가 있는 지역은 환경오염 방지를 위한 특별대책 지역으로 지정하고 특별 종합대책을 강구하도록 하며 오염물질을 배출하는 사업자에게 국가 또는 지방자치단체가 실시하는 환경오염 방지사업에 필요한 비용의 전부 또는 일부를 부담하도록 하고 있다. 현재는 다양화, 복잡화 되어가는 환경문제를 보다 세부적으로 다루기 위해 그 동안의 여러 차례의 개정을 거쳐 환경문제 주요법안들 중 '수질 환경 보전법'으로 규정하고 있다.

8.3 수질오염의 지표

수질오염은 수질과 오염물 사이의 생물학적, 물리학적, 화학적 작용, 복합작용에 의한 것이므로 어떤 단일 관측으로 전체적인 오염도를 표시하기는 곤란하다. 그래서 하천 유량과 유속, 오염 혼입시의 혼란과 희석과 확산의 상태, 그리고 하천의 자정작용 등에 따라 오염현상의 정도가 다르다. 호수의 경우는 오염물의 확산이 늦고 수온의 변화가 느려 오염현상이 서서히 일어나는 반면 그 피해는 오래 지속되는 것이 보통이다. 해안은 간만조의 차, 지리적인 조건에 의하여 그 오염현상을 달리한다. 따라서 수질오염 현상은 물리적, 화학적, 생물학적 제반요인을 종합 판단하여 표시하고 있다. 일반적으로 오염현상을 측정하는 항목은 다음과 같다.

① 생물화학적 산소요구량(Biochemical Oxygen Demand, BOD)
② 화학적 산소요구량(Chemical Oxygen Demand, COD)
③ 용존산소(Dissolved Oxygen, DO)
④ 수소이온농도(pH)
⑤ 부유물질(Suspended Solid, SS)
⑥ 대장균군
⑦ 생물상의 변화
⑧ 질산화

(1) 생물화학적 산소요구량

생물화학적 산소요구량(Biochemical Oxygen Demand, BOD)이란 수중의 오염원이 될 수 있는 물질이 미생물에 의해 산화되어 주로 무기성의 산화물과 가스체가 되기 위해 소비하는 산소량을 ppm으로 표시이다. 충분한 산소가 존재하면 유기물의 호기성 생물학적 분해는 유기물이 모두 소비될 때까지 진행될 것이며, 이때 세 가지의 다소 두드러진 활동이 일어난다. 하수에 있는 유기탄소의 산화만 고려한다면 최종 BOD는 산화, 합성, 내생호흡의 세 반응이 완결되는데 필요한 산소의 양이다. 이 산소 요구량은 최종 탄소성 또는 1단계 BOD로 알려져 있고 보통 UBOD로 표시된다. BOD의 개념은 하천의 오염에서 출발한 것이다. BOD의 값이 높으면 그 수중에는 유기성 물질이 많다는 것을 의미하고, 이것이 호수, 하천, 늪, 해수 등에 방류되었을 때에는 호기성 세균들이 수중의 용존산소를 소비하여 피해의 원인이 된다.

(2) 화학적 산소요구량

수중의 유기물을 화학적 산화제를 이용하여 산화, 분해할 때 소비하는 산화제의 양을 산소의 양으로 환산한 값을 화학적 산소요구량(Chemical Oxygen Demand, COD)이라 한다. 이는 BOD를 좌우하는 인자에 장해를 주는 독성물질이 수중에 함유된 경우 그 측정에 응용된다. 그러므로 BOD와 COD는 반드시 비례적인 관계가 있는 것이 아니다. COD는 수중의 총 산화성 물질을 측정하는 것이므로 그 측정에는 강력한 산화제($K_2Cr_2O_7$ 및 $KMnO_4$ 등)가 사용된다. 일반적인 방법으로는 유기물 및 무기물 전부를 완전 산화하기는 쉬운 일이 아니다. 산화제 중 $KMnO_4$는 유기물의 약 60% 정도를 분해하고, $K_2Cr_2O_7$는 약 80%～100%를 분해한다. 그러므로 조건에 따라서 현저히 다른 COD치를 나타내므로 측정조건을 반드시 명시하는 것이 원칙이다.

(3) 용존산소

용존산소(Dissolved Oxygen, DO)는 수중에 용해되어 있는 산소를 말한다. 용존산소의 양은 기체의 용해도, 기체의 대기 중 분압, 온도, 물의 불순물 농도(염도, 부유 고형물 등)에 따라 달라진다. 산소를 소모하는 생화학반응은 온도가 증가하면 빨라지므로 여름에 용존산소의 농도가 더욱 문제가 된다. 여름에는 대개 강물의 유량이 작아서 이용할 수 있는 산소의 전체 양 역시 작아지므로 문제가 더 커진다. 그리고 오염된 수중에서는 유기물을 호기성 세균이 분해하는데 소비되는 산소량이 많으므로 산소의 함량이 적고, 물이 깨끗할수록 그 온도에서의 포화량에 가깝게 함유된다. 일반적으로 조류나 어족 등 수중생물이 생존하는데 필요한 용존산소량은 5 ppm 이상이 되어야 한다.

(4) pH

수소이온 농도는 자연수와 수의 중요한 수질 항목이다.

수소이온 농도의 일반적인 표현방법은 pH로 하는데, 이는 수소이온 농도의 상용대수의 음수로 정의된다. 그리고 $pH = -\log_{10}[H^+]$로 표현한다. 물에는 여러 가지 염류, 유리탄산, 드물게는 광산, 유기산 등을 여러 가지 비율로 함유하고 있으므로 그 비율에 따라 중성, 산성 또는 알칼리성을 나타내는데 pH 7이 중성, pH 7 이상은 알칼리성, pH 7 이하는 산성으로 수소지수라고도 한다. 수산화이온 농도의 상용대수의 음수를 pOH라 하는데 25℃일 때의 pH와 pOH의 관계는 $pH + pOH = 14$로 나타낼 수 있다.

(5) 부유물질(Suspended Solid, SS)

하수의 물리적 특성 중에서 가장 중요한 것은 총 고형물 함량인데, 이것은 부상물질, 침전성 물질, 콜로이드 물질, 용액 내 물질로 이루어져있다. 부유물질은 오염물질에서는 무기성인 것과 유기성인 것이 있다. 대체로 유기성 부유물질은 BOD를 높이는 원인이 되어 부패를 일으키며, 메탄가스, 황화수소 가스 등의 발생 원인이 된다. 또한 총 부유 물질은 수질의 탁도에도 관계가 있으며, 제2차 오염의 주원인이 된다. 이 측정은 일정량의 검수를 여과하여 남은 물질을 증발 건조하여 산출한다.

(6) 대장균군(Coliform Group Bacteria)

대장균은 보통 인체의 장관 내에서 유래하는 것으로 이의 검출은 인체의 분뇨 오염을 나타내며, 이는 또한 병원성 세균 오염의 지표로서 사용된다. 물론 대장균 자체가 위험한 것은 아니지만 대장균군에 오염된 물은 소화기계 병원균 등의 존재를 의심할 수 있게 한다.

(7) 생물상의 변화

유기물이나 오염물 등이 하천 등에 많이 유입되어 오염되면 용존산소의 소모 현상이 일어난다. 이때 수중의 호기성 세균 및 호기성 생물들은 그 생존에 위협을 받게 되어 점차로 감소하고 반면에 혐기성 생물들이 증가한다. 따라서 수질오염으로 인한 생물상의 변화양상은 하천의 자정효과를 측정하는데 있어서 좋은 지표가 되기도 한다. 또한 오염된 수역의 하상퇴적물의 생물상 변화 역시 중요한 지표가 된다. 그리고 세균의 수도 중요한데, 대체로 오염에 의한 세균(대장균군)은 물의 흐름이 계속 될수록 감소한다. 어류의 분포 또한 하천오염 정도에 따라 다르게 나타난다.

(8) 질산화(Nitrification)

단백질함유 오수가 배출되면 자연에서 가수분해되어 아미노산으로 되고 질산화균인 Nitrosomonas 및 Nitrobacter에 의해 암모니아성질소(NH_3-N)가 아질산성질소(NO_2-N)로 산화되고, 아질산성질소가 다시 질산성질소(NO_3-N)로 산화되는 두 단계의 생물학적 과정을 질산화과정이라고 한다. 질산화과정은 분뇨나 하수의 단백질 함유오수가 하천에 유입 시 오염 후 경과 시간, 오염지점, 오염진행상태, 오염시기 등을 알 수 있는 지표로 이용된다. NH_3-N이 물속에서 검출되었다면 최근에 오염되었음을 나타내고, NO_3-N의 검출은 질소화합물의 최종 분해산물로서 오염된 시기가 오래되었음을 나타낸다.

8.4 수질오염의 발생

수질오염과 그 생태학적 분야에 관련된 여러 가지 문제가 수세기에 걸쳐 사람들의 관심을 모아왔다. 하나는 인간의 장 기관에서 발생한 병원균과 원생동물에 따른 장티푸스, 홍역, 콜레라 그 외의 위장계통의 병이 유행하였던 것이고, 또 하나는 19세기 후반에 학문으로서 공중위생 미생물학이 진보한 것이다. 공중위생공학은 그 문제를 해결하기 위한 기술적인 학문이었고, 그 발달은 공중위생학의 발달과 병행하여 왔다. 최근에는 소화기계 및 호흡기계의 바이러스가 원인인 병과 같이 소아마비와 전염성간염도 물을 통하여 전염되는 것으로 알려져 있다.

수질오염에서 “수질오염”이라는 용어와 “수질”이라는 용어는 구별되어야 한다. 수질이라는 내용은 표 8.1에서 나타난 바와 같이 보다 더 넓은 의미의 내용을 포함하며, 물의 일반적인 성질을 포함하는 광범위한 의미를 가진다고 할 수 있다.

예를 들면, 화력발전소, 공장 등에서 냉각수를 사용하는 경우, 인근 수역에서는 수온이 상승하여 그곳에 생존하는 생물상에 변화가 일어난다. 또 어패류 등에 중대한 영향을 주는 적조현상은 적조플랑크톤과 그 분비물이 문제가 된다. 이 경우는 화학적인 수질보다는 물리적, 생물학적인 측면이 더 중요시 된다. 즉, 물의 투명도나 냄새, 적조발생지역 주변의 생물 등의 생태 등은 자연경관에도 영향을 주며, 수질을 구성하는 총체로서 반영되고 있다. 따라서 수질오염은 단순히 화학적인 요인 하나만으로 결정되는 것이 아니라 물리적, 화학적, 생물학적인 요인이 복합적으로 구성되어 있음을 알 수 있다.

표 8.1 수질의 내용

수질의 내용	판정내용
물리적 수질	수온, 현탁물(점토 등)
화학적 수질	용존화학물질
생물적 수질	미생물, 어패류

1 하천의 오염

하천의 특성은 여러 가지로 나뉠 수 있으며 그 대표적인 것이 물질의 수송이다. 물질수송의 특성에는 용해류, 부유류, 유동류가 있으며, 용해류는 가용성의 물질을 운반하기 때문에 화학적 운반이라고도 한다. 부유류와 유동류는 눈에 보이는 점토나 자갈 등을 운반하므로 앞의 화학적 운반에 대해 물리적 운반이라고 한다. 이때 부유류는 가는 점토(입경 0.01 mm 이하) 또는 실트(입경 0.1～0.01 mm) 등으로 거의 대부분이 하상에 침전하지 않고 유하한다. 유동류는 자갈과 같이 보다 큰 물질을 하상에서 난류를 일으키면서 이동시키는 운반형식이다. 일반적인 하상의 흐름에 있어서 운반되는 것은 용해성 물질과 부유물질이다.

표 8.2에서는 세계 각 지역의 하천 중 현탁물질의 농도를 나타내고 있다. 리오그랜드와 황하강에서 현탁물질의 농도가 높은 것은 이 유역의 하천에서 광석, 석탄 등의 채굴로 용해성 물질과 부유물질이 많이 강물에 유입한 것으로 보인다.

지금까지는 하천의 오염과는 직접적으로 관련이 적은 하천의 물질수송에 대한 점을 언급하였다. 다음은 하천의 생물학적인 관점에서 오염을 살펴보도록 한다. 하천에 하수나 공장폐수가 유입한 경우에, 하천이 유하함에 따라 어떻게 변화하며, 하천중의 생물상이 어떻게 변화하는가를 고찰하여 보자.

표 8.2 세계 각 지역의 하천 중 현탁물질의 농도

하 천	현탁물질(ppm)
리오그랜드	3,440
황 하	2,690
양자강	2,050
포 우	1,110
미시시피	667
나일강	499
도나우	330

이 전형적인 변화는 하이네스(Hynes)의 연구를 토대로 한 내용이다. 그림 8.3에 나타나 있듯이 하천의 어떤 지점에서 오수가 유입된 경우에 BOD(생물화학적 산소요구량), 염류, 부유물질 등은 희석, 확산, 특히 미생물에 의해 분해과정을 통하여 그 농도는 점점 낮아진다. 이때 호기성미생물(산소의 도움으로 대사과정을 이루는 미생물)은 수중의 DO(용존산소)를 소비하므로 일시적으로 DO는 감소하지만 미생물의 활동저하와 대기 중의 산소가 유입됨에 따라 DO는 회복되어 간다. 한편 하수나 공장폐수의 유입에 따라 생물상 변화를 나타내는데, 원생동물은 일시적으로 증가하나 먹이가 되는 박테리아가 감소함에 따라 차츰 줄어들게 된다. 하수균이 증가하나 먹이가 줄어들면서 동시에 조류의 클라드폴라 등과 사상성조류 등이 증식하지만 최후에는 그 수도 감소한다.

이와 같이 하천에 오염물질이 유입되었을 경우에는 그림 8.3의 과정과 같이 유하과정에서 점차적으로 오염물질이 분해되고 하천의 원래의 안정한 상태로 되돌아가게 된다. 이와 같은 작용을 「하천의 자정작용」이라고 한다. 우리나라와 같이 하천의 길이가 짧은 곳이 많은 지

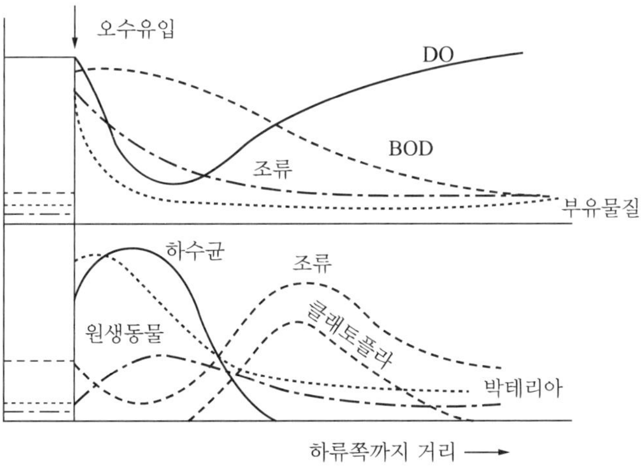

그림 8.3 오염물질이 하천에 유입된 때의 수질과 생물상의 변화(Hynes, 1971)

역에서는 수원에서 하구까지 유하시간이 1일 이내 또는 수일 이내로 짧다. 즉, 하천 중에 유입된 오염물질이 생물학적, 화학적으로 반응하는 시간이 짧게 되어 분해되지 않고 그대로 인근연안이나 해역으로 유입되는 경우가 대부분이다.

2 호소의 오염

호소나 연못 등은 수질의 이화학적인 성상에 있어서는 크게 차이가 없다. 단, 이들이 생성된 과정에서 천연적인 것은 호소이고, 인공적인 경우는 연못으로 분류한다. 호수의 천이과정은 그림 8.4와 같으며 부영양화 등의 몇 가지 과정을 거쳐 최종적으로는 습지로 변해버린다.

이때 부영양화 'Eutrophic'이라는 단어는 희랍어에서 기원하는 바 'eu'는 well, 'trophic'는 to feed, 이리하여 'Eutrophication'은 먹이가 풍부하게 되는 과정을 말한다. 부영양화 문제를 이해하기 위해서는 수영, 보트놀이, 그리고 낚시를 하기에 좋은 수성과 같이 깨끗한 물을 가진 호수를 먼저 생각해 보는 것이 좋다. 수정과 같이 깨끗한 호수의 물은 식물성 플랑크톤의 성장이 영양물질 부족으로 제약을 받기 때문에 맑게 보이는 것이다. 즉, 자연적 상황에서는 영양물질이 토지생태계에 의하여 거의 공급되고, 토양입자와 더불어 호수에 유입된 영양물질은 소량이며 호수나 강의 입구 근처에서 침전되는 경향이다.

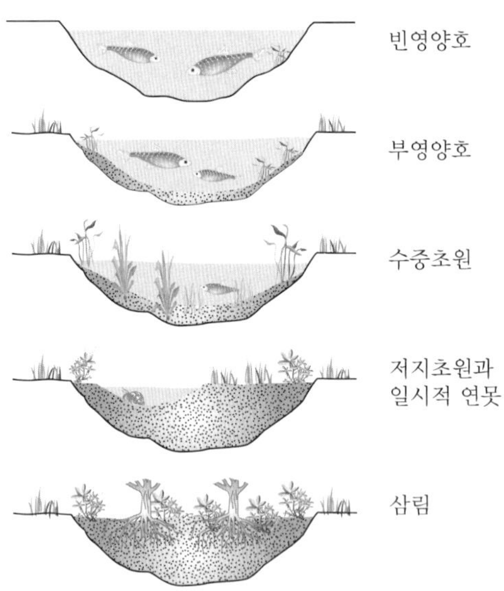

그림 8.4 호수의 천이과정

그러나 하수처리시설에서 방류되는 영양물질은 대부분이 물속에 유리상태로 있으므로 호수입구에서 흙과 함께 침전되기보다는 호수에 있는 물과 쉽게 혼합되어 식물성 플랑크톤의 성장과 번식은 매우 신속하게 진행되어 수일 안으로 맑은 물이 검푸른 색의 물로 변한다. 이렇게 갑작스럽게 대량의 식물성 플랑크톤이 나타나는 것을 「조화현상(Algal Bloom)」이라 부른다.

조화현상은 새로운 현상은 아니다. 맑은 호수라 하더라도 봄철에 얼음이 녹으면서 찬물은 밑으로 가라앉고 바닥물은 표면으로 올라올 때 침전물로부터 영양물질을 위로 이동시키는 전도현상이 일어난다. 이와 비슷한 전도현상이 가을에도 일어나 표면수가 식어지면서 가라앉아 영양물질이 다량 함유된 바닥수가 표면으로 올라올 때 침전물로부터 영양물질을 위로 이동시키는 전도현상이 일어난다. 이러한 경우의 조화현상은 단기간 동안 일어나는 반면 폐수가 유입되어 조화현상의 기간이나 강도가 매우 증대하여 장기간에 걸쳐 부영양화를 일으키게 된다. 부영양화가 일어난 호수에서는 수영이나 보트놀이 등의 만족을 손상시켜 관광용으로서의 호수의 가치를 떨어뜨리며, 만일 호수물이 상수원으로 쓰이는 경우 조류의 증식이 여과지를 밀폐하여 여과비용을 초과시키고, 물에 악취를 유발하게 된다. 수역에 영양물질이 다량 유입되면 부영양화 현상이 일어나는 것은 명백하다.

많은 지역에서 영양물질의 주요 발생원은 농경지나 정원에 뿌린 비료성분의 유출이다. 또한 가축사육장에서 나오는 배수도 상당한 영양물질을 함유하고 있으며, 개인별 부숙시스템을 가진 주택개발지의 배수에서도 마찬가지이다. 이러한 종류의 발생원 중 어느 것이 주 오염인자이냐 하는 것은 상황에 따라 다르므로 오염 사례별로 각각 검토 연구하여 주 오염인자가 무엇인지를 결정하여야 한다.

3 지하수오염

지하수는 지표수가 지층을 통과하면서 생성되는 것으로 주요 성분은 토양과 암석성분에 따라 다르지만, 늪지의 지하수는 식물분해에 따른 유기산의 생성으로 약산성을 띠고 있고, 석회암, 백운석층은 칼슘 및 마그네슘이 많은 경수의 성질을 가지고 있다.

지표수 오염으로 인한 지하수의 오염은 대부분 토양층을 통과하면서 여과 및 생물, 화학적 분해에 의하여 제거되는 것이 보통이나, 지하수면이 높거나 투과성이 낮은 토양, 암반이 지표면 가까이 있는 경우, 심한 자갈 토양에서는 여과가 되지 않아 지하수 오염의 가능성이 높다. 지하수 오염의 주요 원인으로는 농경지의 비료, 분뇨, 광산폐기물, 매립, 지하수개발 후 방치된 폐공, 광산개발 후 방치된 폐광 등이 있다.

지하수 오염의 심각성으로는 첫째, 일단 오염된 지하수는 지하 암반 깊숙한 곳에 축적하고, 지하 깊은 곳은 산소가 없어 미생물에 의한 자연적인 분해가 어렵다. 둘째, 지하수 오염의 정도를 추정하거나 인위적으로 정화시키기 어렵고, 정화시킨다 하더라도 비용이 많이 든다. 셋째, 유속이 매우 낮은 지하수(1.5 m/yr)의 경우 오염물질이 바다로 씻겨 내려가는데 오랜 시간이 걸릴 수 있다.

국내 지하수에서 질산성질소(NO_3-N)가 검출되어 이를 음용한 어린 아이에게 유아청색증이 발병되었다는 보고가 있다. 이는 생후 6개월 미만의 젖먹이 유아에게 발병한다고 하여 '유아청색증'이라 하며 일명 'Blue Baby'라고 불리기도 하는 이 병은 1945년 미국의 컴리(Comly)에 의해 유아에서의 발병이 처음 보고되었는데, 다량의 질산이 함유되어 있는 식수로 인해 발생한 질병으로 푸른 아기라는 뜻에서 블루베이비라는 이름이 붙여졌다.

질산성질소는 체내 혈액에서 헤모글로빈과 결합하여 산소운반을 방해하며, 이 때문에 호흡으로 얻어진 산소가 신체 각 부분으로 전달되지 못하여 몸이 푸른색으로 변하게 된다. 블루베이비 증상이 나타나면 성장발육이 저해되고 빈혈 등으로 인해 심할 경우 사망한다.

1953년부터 1960년 사이에는 체코에서 태어난 수백 명의 어린이가 푸른색으로 변해간다는 보고가 이어지고, 특히 산모는 건강한데도 갓 태어난 아기가 푸른색을 띠는 사례가 많아지게 되었다. 즉 이러한 증상은 체내 헤모글로빈이 충분한 어른에게는 발생 빈도가 낮지만 신체활동에 비해 산소운반 헤모글로빈의 양이 부족한 어린이에게는 체내에 유입되는 질산의 양이 적더라도 쉽게 나타났다는 것이다. 특히 산모의 혈액을 통해서 산소를 공급받아야 하는 태아의 경우 매우 적은 질산성질소에도 영향을 크게 받는다.

4 해역의 오염

오늘날 세계 연안지역에서 오염문제로 등장하고 있는 것은 호소와 동일한 부영양화현상이다. 해안지역에서는 주로 "적조"에 의한 부영양화가 발생하며 어업에 의한 피해가 가장 크다. 도시근교에 있는 해안지역에서는 오수와 함께 질소나 인 등을 함유한 다량의 영양염류들이 해역에 흘러들어 식물성플랑크톤, 동물성플랑크톤의 이상증식을 일으키며, 「적조현상」을 초래한다.

우리나라의 경우, 동해안은 조석간만의 차가 적고 해안선이 단조롭고 수심이 깊어 외해와 내해간의 해수의 교류가 원활하여 적조 등이 발생할 가능성이 적다. 그러나 남해안과 서해안은 해안선이 복잡하고 조석간만의 차가 비교적 큰 반면 수심이 얕으며 담수와 해수의 교류가 충분하지 못하다. 따라서 마산만, 진해만, 진동만 등에서는 거의 매년 적조가 발생하고 있으며, 인근의 충무지역의 북신만 등에서도 출현빈도가 높게 나타나고 있다. 표 8.3은 매년 우리나라연안에서 발생하는 적조발생지점을 나타내고 있다.

▌표 8.3 우리나라의 연도별 적조발생현황

구분 \ 연도	1995	1996	1997	1998	1999	2000	2001	2002	2003	2004	2005	2006
최초발생일	8.29	9.5	8.25	8.30	8.10	8.22	8.14	8.2	8.13	8.5	7.19	8.7
소멸일	10.23	10.3	9.22	10.2	10.3	9.20	9.24	9.27	10.13	9.3	9.14	8.29 10.30
지속기간	54일	28일	29일	34일	56일	29일	42일	57일	62일	30일	58일	36일
발생범위	완도 - 삼척	완도 - 기장	완도 - 울진	완도 - 거제	완도 - 울진	고흥 - 부산	완도 - 강릉	완도 - 울진	진도 - 강릉	완도 - 거제	완도 - 거제	완도 - 통영
수산피해	764 억원	21 억원	15 억원	1.6 억원	3.2 억원	2.6 억원	84 억원	49 억원	215 억원	1.2 억원	10.6 억원	0.7 억원

자료 : 국립수산과학원
* 2006년은 10월 18일 남해, 통영에서 재 발생되어 10월 30일 소멸되었음.

해양오염 중에 특색이 있는 것은 「유류에 의한 오염」이다. 산업화의 과정에서 피할 수 없이 발생하는 원유의 사용, 해양수송, 사고 등에 의해 해상으로 유출되는 유류는 해상오염의 주요한 발생원이라고 할 수 있다. 지난 몇 해 동안 유조선 사고에 의한 파선으로 적재원유 118,000톤의 대부분을 유출시킨 Torrey Canyon선의 좌초사건이 1967년에 일어났던 것은 잘 알려진 사실이다. 1969년에도 미국의 Santa Barbara수로에서 10,000톤의 기름이 바다로 들어갔다. 이들 사건들로 인해 해양으로 들어가는 원유의 양은 유류 총생산량의 10% 정도이다.

유조선의 정상적인 운항을 위해서는 연간 805,000톤의 원유가 해양으로 유입된다. 이와 같이 많은 양의 원유가 유출되는 것은 원유의 수송을 마치고 다시 재 선적을 위해 항해할 때 유조선의 안전항해를 위하여 바닥의 무게중심을 유지하기 위해 해수로서 채우게 되고(Ballast) 선적 시에 이를 해양으로 배출하게 된다. 이와 같은 행위는 대부분의 나라에서 비합법적으로 되고 있으며, 법률로서 제재하기도 어렵다. 또 다른 해양의 오염으로서는 원유의 해저개발이다. 새로운 원유가 해저에서 발견되고 새로운 시추기술로서 시추공이 뚫려지고 깊은 해저에서 생산이 활발해질 것이다. 우발적인 사고로 인한 해양유출도 유류에 의한 해양오염의 일례이다.

우발적 사고에 의한 유출량은 약 2% 정도가 되며, 이 양은 무시할 수 없다. 이와 같은 유출은 무작위적인 것이 아니고 어떤 일정한 해역의 해로를 따라서 바다로 유입된다. 따라서 좁은 지역의 해역에 일시적으로 오염이 집중된다.

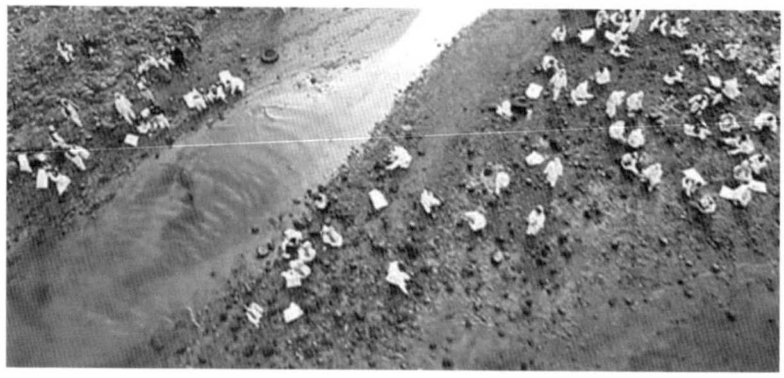

▮ 그림 8.5 여수 기름유출 사건

▮ 표 8.4 연도별 해양오염사고 발생현황 및 원인별·사고규모별 현황

구 분	1997년	1998년	1999년	2000년	2001년	2002년	2003년	2004년	2005년	2006년
건수(건)	379	470	463	438	455	385	297	343	355	285
유출량(kL)	3,411	1,050	387	583	668	410	1,458	1,462	410	365

구 분		총 계	해양사고	고 의	파 손	파 손	기 타
2005년	건수	355	121	172	16	30	16
	유출량(kL)	410.3	343.5	62.1	0.6	1.7	2.4
2006년	건수	285	73	117	14	74	7
	유출량(kL)	364.7	128.2	11.7	1.2	223.4	0.2

구 분		총 계	1 kL	1 kL 이상 10 kL 미만	10 kL 이상 30 kL 미만	30 kL 이상 100 kL 미만	100 kL 이상 1,000 kL 미만	1,000 kL 이상
2005년	건수	355	327	12	12	4	-	-
	유출량(kL)	410.3	21.2	29.4	182.2	177.5	-	-
2006년	건수	285	271	9	2	2	1	-
	유출량(kL)	364.7	19.1	40.4	29.9	75.3	200.0	-

자료 : 해양경찰백서

8.5 수질오염의 현황

지구상에 존재하는 물의 총량은 약 14억 km^3으로, 이 중에 지하수를 제외하면 사람이 사용할 수 있는 담수호의 물 또는 하천수는 약 9만 km^3에 불과하여, 이는 전 세계 물 총량의 2.5%정도 밖에 안 되는 담수 중에서도 약 0.26%에 불과하다. 우리나라는 연간 강수량이 약 1,277 mm이며 수자원의 총량은 1,297억 m^3이다. 이 량은 연평균 수자원의 부존량이라고 볼 수 있으며, 4대강 유역별로는 한강이 340억 m^3, 낙동강이 260억 m^3, 금강이 120억 m^3, 영산강이 35억 m^3, 기타유역이 415억 m^3로 추산되고 있다. 그림 8.7은 수자원의 이용현황을 나타내고 있다. 그림 8.7에서도 알 수 있듯이 연간 우리나라에서 이용 가능한 수자원은 하천의 유출량을 제외하면 337억 m^3으로 전체의 27%에 불과하다.

1인당 이용 가능한 수자원량은 국토면적에 떨어지는 연간 강수량 중 증발산 등의 손실을 제외한 유출량을 인구수로 나눈 값으로, 국가별 기본적인 수자원 여건을 판단할 수 있는 일반적으로 통용되는 지표로 UNEP, ESCAP, PAI 등 유엔 산하 기관 등에서도 공식적으로 인용되고 있다. 우리나라는 1,453 m^3으로 세계 153개 국가 중 129위로 PAI 기준의 물 스트레

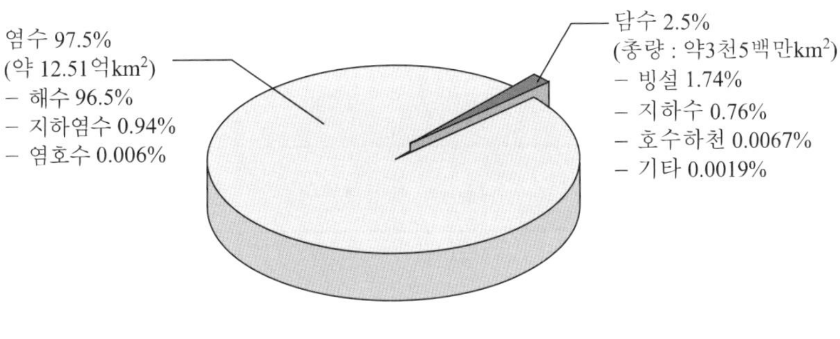

구분	부피(백만km^2)	비율(%)	비고
총량	1,386	100	
염수	1,351	97.5	지하염수, 염수호수 포함
담수	35	2.5	민물 중 상대적인 비율(%)
빙설(빙하, 만년설, 영구동토) 지하수 호수하천 등	24 11 0.1	1.76 0.76 0.0086	(69.55) (30.06) (0.39)

그림 8.6 지구의 물 부존량

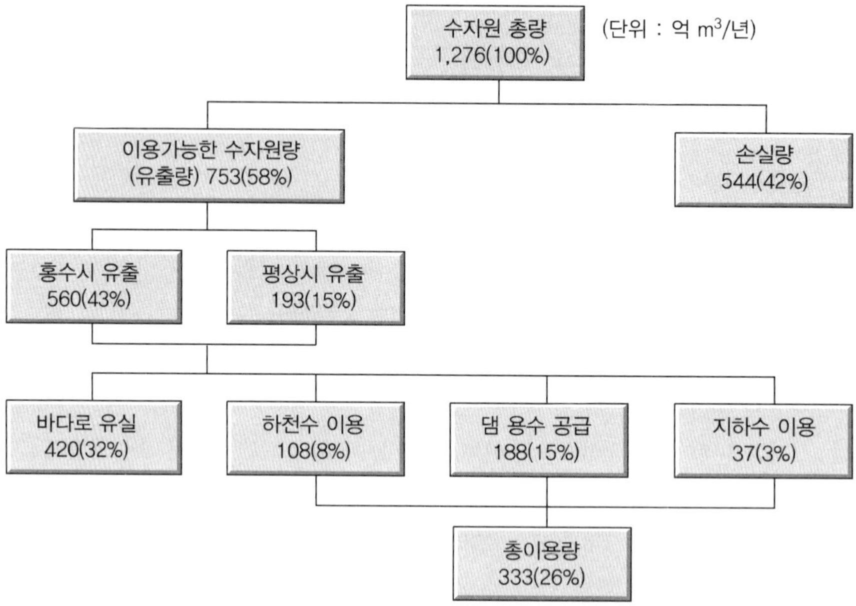

그림 8.7 우리나라의 수자원이용현황

자료 : 국토교통부, 2010, 수자원장기종합계획 2011～2020

표 8.5 주요 국가별 강수량 및 1인당 강수량

구분	한국	일본	미국	영국	중국	캐나다	세계 평균
연평균강수량 (mm/년)	1,277	1,690	715	1,220	627	537	807
1인당강수량 (m^3/년)	2,629	4,993	22,741	4,907	4,530	164,595	16,427

주) 1인당 강수량(m^3/년) = 연평균강수량 × 국토면적 / 인구수

출처 : 1. 수자원장기종합계획(2011～2020) (국토해양부, 2011), 한국은 2007년 기준 자료

2. 기타 외국자료는 "일본의 수자원(2009. 8)"에서 인용

스국(1,700 m^3 이하, 국민들이 알기 쉽게 물 부족국으로 표현)으로 분류되어 있다. 이는 강수량은 풍부하나 좁은 국토에 많은 인구가 살고 있어 수자원 여건이 아주 열악하다는 것을 의미한다. 특히 우리나라의 경우 계절별 강수량의 편차가 심하여 홍수기에 이용하지 못하고 바다로 흘러가는 물이 많아 실제로는 더 열악한 실정이라고 할 수 있다.

표 8.6 수자원 용도별 이용 현황 (단위 : 억m^3/년)

구분	총계		생활용수		공업용수		농업용수		유지용수	
	수량	비율	수량	비율	수량	비율	수량	비율	수량	비율
1965	51.2	100	2.3	4.5	4.1	8	44.8	87.5	-	-
1980	153	100	19	12	7	5	102	67	25	16
1990	249	100	42	17	24	10	147	59	36	14
1994	301	100	62	21	26	8	149	50	64	21
1998	331	100	73	22	29	9	158	48	71	21
2003	337	100	76	23	26	8	160	47	75	22
2007	333	100	75	23	21	6	159	48	78	23

출처 : 국토해양부 수자원정책과 [수자원장기종합계획. 2011. 12월 기준]

표 8.7 4대강 유역의 수질오염도(BOD 농도)

구 분	'90	'91	'92	'93	'95	'96	'97	'98	'99	'00	'02	'03	'04	'05	'06
영산강	6.7	5.6	5.6	4.5	7.0	5.6	7.2	5.9	6.8	6.5	6.2	4.8	6.1	5.3	4.8
낙동강	3.0	4.0	3.3	3.4	5.1	4.8	4.2	3.0	2.8	2.7	3.0	2.1	2.6	2.6	2.7
금 강	3.1	3.0	3.2	3.1	4.3	3.7	3.4	2.4	2.6	2.7	3.7	2.1	3.2	2.9	3.4
한 강	1.0	1.1	1.1	1.2	1.3	1.4	1.5	1.5	1.5	1.4	1.3	1.3	1.3	1.1	1.2

4대 강 유역의 수질오염도는 그림 8.8과 같으며, BOD를 지표로 표시하고 있다. 1993~1995년 기간 동안은 30년 주기의 가뭄이 나타난 시기로 수량이 수질에 절대적인 영향을 미친다는 것을 보여주고 있다. 1997년 이후에는 전반적으로 수질이 회복세로 돌아서고 있는 것을 볼 수 있다.

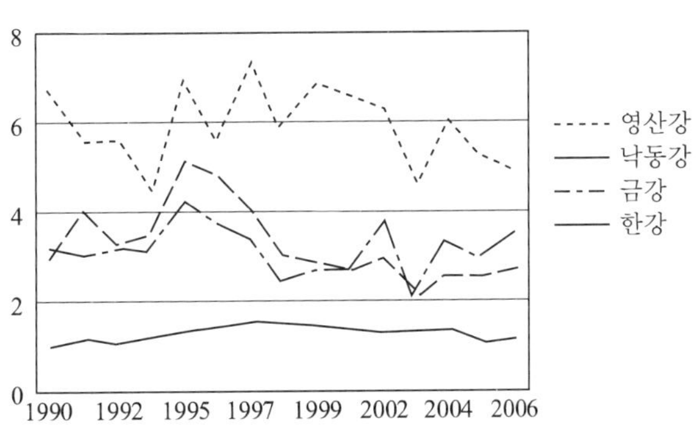

그림 8.8 4대 강의 연도별 BOD 농도변화

8.6 수질오염의 발생원

수질오염의 발생원은 앞서 설명한 바와 같이 그 발생과정에 따라 크게 하천, 호소, 해양으로 구분하여 생각할 수 있다. 일반적으로 하천은 호소 또는 해양과 서로 연결되어 있으므로 상류에서의 오염 시 문제가 크다. 또한 해양에서는 인근 하천이 접속되어 있을 경우, 연안의 오염이 발생될 수 있다. 이외에도 해역에서는 직접적으로 기름 등의 오염물질이 해양에 유입되어 오염이 발생하는 경우가 있으며, 광범위한 지역에까지 확산될 수 있다. 수질오염의 범위를 요약하면 다음과 같이 서술할 수 있다.

① 상수도 오염
② 하천의 오염
③ 호소의 오염
④ 지하수 오염
⑤ 해양 오염
⑥ 농약 등에 의한 농업용수 오염

그림 8.9 해양의 오염

하천이나 호소는 그 대부분이 상수원으로서 사용되는 것이 많으므로 일상생활과 밀접한 관계를 가진다고 할 수 있다. 대표적인 예로 과거의 수질오염에서도 나타났듯이 수인성전염병을 보면 하천이나 호소가 상수원으로서 중요한 역할을 하고 있음을 말해준다. 특히, 최근에 수질오염에서는 병원성세균보다는 인체에 유해한 중금속이나 유해화학물질에 대한 관심이 높아져 상수원에 대한 보호와 안전한 식수원의 확보가 절실하게 되었다. 현재 식수로서 사용하고 있는 곳은 4대 강을 중심으로 주요하천, 간이상수도, 지하수 등이 있으나, 보다 안전하고 깨끗한 식수를 원하는 세대가 늘어남에 따라 생수나 약수를 원하는 가정이 늘고 있다.

다음은 수질오염에 직접적으로 영향을 주는 주요 오염원에 대하여 살펴보기로 한다.

1 생활하수

생활하수는 가정, 상업지역, 공공시설에서 일상적인 과정 및 도시생활과정에서 배출되며, 사람이 주된 오염원이다. 도시의 생활하수는 인구가 대단위로 집중되어 있는 지역에서 불가피하게 발생하며, 산업 활동에서 발생하는 폐수와는 달리 대체적으로 지역에 따른 구분이 없어 그 성상은 유사하다고 하겠다. 생활하수는 생활계 잡수와 분뇨, 합성세제로 구분할 수 있다. 분뇨의 배출량은 1일 평균 1인당 1.2 L 정도이며 그 1/10 정도가 고형분이다. 분뇨의 표준적인 성상은 표 8.8과 같으며 BOD성분에는 초산을 중심으로 한 유기산이 많고, 질소성분으로는 질소와 그것이 분해한 암모니아를 함유하고 있다.

표 8.8 분뇨의 성상

수질항목	범 위	평 균
pH	7～9	
BOD(ppm)	8,000～15,000	13,500
COD(ppm)	3,000～5,000	4,000
부유물질(ppm)		21,000
증발잔류물(ppm)	25,000～35,000	30,000
유기물		60%
무기물		40%
총질소(ppm)	5,000～6,000	5,500
염소이온(ppm)	4,500～6,000	5,500
일반세균수(1 mL/중)	108～1,010	
대장균군수(1 mL/중)	106～107	
협잡물	(수분 55～70%)	0.3～1.0%

생활계 잡수는 부엌, 세면, 목욕, 청소 등에 사용한 배수로서 식품찌꺼기, 땀, 때, 세제, 먼지 등으로 오염되어 있다. 평균 1일 배수량은 1인 200～300 L 정도이며 이는 생활수준과 밀접한 관계가 있다. 생활계 배수는 가정 외에도 학교, 병원, 사무소, 음식점, 여관 등의 사업용 생활계 배수도 있다.

생활계 배수의 오염물 부하량은 1인 1일당 배출되는 오염물질의 양으로서 표 8.9과 같다. 이것을 오염물의 원단위라고 한다. 또 오염 부하량은 배수량과 배수되는 오염물의 농도와의 곱으로 표현한다. 국내의 점오염원에서 발생하는 오수·폐수의 BOD 부하량은 하루 6,696 ton에 이르며, 이중 생활하수 부하량은 53%인 3,516 ton, 산업폐수 부하량은 39%인 2,629 ton, 축산폐수는 8%인 551 ton을 차지하고 있다.

표 8.9 생활계 오염부하량 원단위 (단위 : g/인/day)

구 분		BOD	T－N	T－P
시가화	가 정	50	10.5	1.2
	영 업	26	8.0	0.7
비시가화	가 정	49	13.2	1.5
	영 업	26	8.0	0.7

자료 : 국가수자원관리종합정보시스템

2 산업폐수

공장폐수는 공장의 종류, 특성, 규모 또는 경기(景氣) 등에 따라 상당한 차이가 있으며, 같은 업종이라도 공정의 차에 따라서도 크게 달라질 수 있다. 따라서 폐수량을 산정하기 위해서는 개개의 공장에 대해 실태조사를 실시하고 여기에 공장의 신설이나 장래의 확장계획 등을 고려하여야 한다. 또한, 그 오염부하량을 산출하는 데 있어서는 원칙적으로 실측된 자료를 근거로 하여야 하지만, 업종별 연간 출하액당 평균 1일 배출량에 평균오수농도를 곱해서 구한 오염물의 원단위를 평가 자료로 사용할 수 있다. 공장폐수는 업종별에 따라 그 성상이 다양하며 폐수의 처리에도 곤란을 겪고 있는 실정이다. 폐수의 종류를 크게 나누어 다음의 몇 가지로 분류할 수 있다.

① 유기성으로 비교적 농도가 높은 폐수 : 식품제조업, 화학공업(동식물 유지제조, 의약품제조, 접착제제조 등), 펄프제지제조업
② 유기성으로 비교적 농도가 낮은 폐수 : 식품제조업, 섬유공업, 펄프제지가공제조업, 화학공업, 석유·석탄제품제조업, 세탁업
③ 무기성의 일반폐수 : 화학공업(비료, 무기공업), 요업, 제철업(제강, 금속표면처리)
④ 무기성으로 유해물질을 포함한 폐수 : 비철금속제조업, 금속제품제조업, 요업제품제조업

공장폐수에 대하여는 제조공정부터 상세하게 검토하여 용수와 폐수의 수량 수지, 오염물의 물질 수지 등을 명백히 밝혀 둘 필요가 있다. 이하 아래에서는 각 공장폐수의 특징을 설명한다.

그림 8.10 공장 폐수(이와테현의 한 도금공장)

① 철강업 : 대량의 물을 사용하는 용수 산업이며, 코크스로 가스의 냉각용수에는 시안, 페놀, 암모니아 등을 포함한다. 고로가스나 집진용 배수에는 다량의 부유물을 함유하며, 산세척공정에서는 산성 폐수로서 철, 염산, 황산, 초산 등을 포함한다.

② 도금업 : 도금업에는 탈지, 산세척, 도금, 중화, 세정의 공정이 있으며, 시안, 크로뮴, 아연, 동, 카드뮴, 불소, 산, 알칼리 등을 함유한다.

③ 석유정제업 : 기름을 함유한 폐수, 유분, 황화물, 암모니아 페놀 등을 포함한다.

④ 석유화학공업 : 제품의 종류에 따라 폐수의 수질은 크게 변하지만 고농도 BOD, COD, SS의 폐수에서 저농도에 이르기까지 변화한다.

⑤ 펄프제지공업 : 펄프제지공업은 용수용의 공업이며 다량의 COD와 SS를 포함한다. 증발분해, 정선, 표백, 초지의 공정을 거친다. 특히 증발분해 과정에서는 목재 중에 있는 셀룰로오스 외에 리그닌, 헤미셀룰로오스 등의 물질이 폐액 중에 포함된다. 대부분은 증발농축이나 약품회수 등의 공정에 의해 처리되지만 고농도의 폐수가 발생한다.

⑥ 염색공업 : 각종 천연의 섬유나 합성섬유에 대한 염료, 조제, 매염제, 처리제, 가공제 등을 폐수 중에 포함하며 일반적으로 BOD 200～500 ppm, COD 50～400 ppm, SS 50～400 ppm의 폐수이다.

⑦ 주정공업 : 곡물세척, 침척, 여과, 세정 등의 공정에서 높은 BOD를 가지는 폐수를 발생하며, 발효하여 알코올을 얻을 경우 알코올증류폐액에는 유기물 45,000～60,000 ppm, BOD, COD 10,000～30,000을 포함하는 대단히 높은 농도의 폐수를 발생한다.

⑧ 제약공업 : 항생물질제조폐수에는 고농도의 BOD와 COD를 포함하며 농약 및 합성약품의 제조에는 무기염류를 포함하고 유독성이 있다.

⑨ 농업, 축산, 수산폐수 : 농업폐수는 농지에 들어간 비료, 농약의 유출이 문제가 된다. 관개용 배수에서는 질소나 인을 함유한 영양염류의 유출이 인근의 하천과 해역에 부영양화, 적조 등을 일으킬 수 있다. 축산폐수는 집단으로 사육하고 있는 소, 돼지, 닭 등이 배출원이나 닭은 배출수가 없으므로 소나 돼지 등이 대상이 된다. BOD로 환산하여 소 1두는 사람 14.5인분의 배출량에 상응한다.

⑩ 광산폐수 : 광산에서 선광, 채광 중 발생하는 것으로 산성폐수, 중금속을 포함한 유해한 폐수가 문제가 된다.

⑪ 실험실폐수 : 실험실에서 발생하는 폐수는 그 양이 소량인 것이 특징이나 여러 종류의 유해물질을 포함하고 있으며, 그 중에는 생물학적으로 유해한 세균이나 방사성물질을 함유할 위험성이 있다. 따라서 다른 종류의 폐수와는 달리 그 수거, 처리에 게을리 해서는 안 되며 통상적으로 약품에 의한 응집처리를 한다.

표 8.10 공장 및 광산폐수 중에 포함되어 있는 유해물질

유해물질	배출원
카드뮴 및 그 화합물	도금공장, 광산폐수, 아연광산
납 및 그 화합물	전지공장, 납광산, 도금공장, 페인트공장
크로뮴 및 그 화합물	도금공장, 제혁공장, 보일러배수
비소 및 그 화합물	무기약품공장, 유리공장, 염료공장, 페인트공장
수은 및 그 화합물	구리광산, 제혁공장, 농약
유기인화합물	화학공장, 온도계제조, 농약
시안화합물	농약
산성 및 알칼리폐수	도금공장, 화학공장, 농약
BOD	금속공업, 광산
SS	종이펄프공장, 식품공장, 제혁공장
노르말헥산추출물	종이펄프공장, 석탄광산, 식품공장
페 놀	제유소, 섬유공장, 기계공장, 유지공장
동 및 그 화합물	도금공장, 비철광산, 비철금속제련소
아연 그 화합물	도금공장, 화학공업, 비철금속제련소
망간 및 그 화합물	도금공장, 건전지공장, 철강공업

8.7 수질오염의 방지대책

수질오염은 하천, 호소 해양에 이르기까지 그 영역이 광범위하며, 인간의 생활과 밀접한 관계를 가지고 있다. 물의 순환이라는 관점에서 볼 때, 수중에 오염물질이 유입된다는 것은 다음의 순환과정에 영향을 주고 그 사이클 내에서 계속 오염물질이 축적되어 갈 수 있다는 것을 의미한다.

오늘날에 와서는 수질오염이 상수의 안전한 취득과 공업용수 등의 확보라는 과제를 안고 있으며, 이들 모두 양호한 수질적인 면과 수량적인 면을 모두 충족하여야 한다. 수량이 풍부하다고 해서 결코 환경 중에 고농도의 오염물질을 방류하여 희석의 효과를 기대해서는 안되며, 가능한 한 오염물질이 수중에 유입되지 않도록 그 방지대책을 강구해야 할 것이다. 이를 위해서는 수질의 상시적인 측정과 하천과 호소, 해양의 오염상황을 정확한 지표를 통해 관찰하여야 한다. 현재로서는 오염이 진행되고 있거나 이미 오염된 지역은 더 이상 오염이 가중되지 않도록 오염물질의 유입을 줄여야 하며, 생물학적, 물리화학적 방법을 이용한 인공적인 오수처리방법을 이용하여 시설의 설치와 운전 등을 통하여 그 부하를 감소시켜 가야한다. 수질오염의 방지를 위한 다음의 몇 가지 대책을 살펴보기로 한다.

1 수질기준의 설정

수질오염의 방지를 위해서는 우선 어떤 오염지역이 어느 정도로 오염되어 있는가를 수치적인 정도로서 확인하여야 한다. 수질오염에서는 이러한 지표로서 BOD(생물화학적 산소요구량), COD(화학적 산소요구량), SS(부유물질) 등이 일반적으로 이용되며, 오염이 다양화되고 가중됨에 따라 그 측정항목도 다양하게 측정하여야 된다. 예를 들면 수질에서도 그 기준이 가장 엄격하다고 볼 수 있는 먹는물 수질기준에는 우리나라의 경우 61개 항목을 설정하고 있다(표 8.11 참조).

표 8.11 먹는물 수질기준

항 목	기 준
1. 미생물에 관한 기준(6)	가. 일반세균은 1 mL 중 100 CFU(Colony Forming Unit)를 넘지 아니할 것. 다만, 샘물의 경우에는 저온일반세균은 20 CFU/mL, 중온일반세균은 5 CFU/mL를 넘지 아니하여야 하며, 먹는샘물 및 먹는해양심층수의 경우에는 병에 넣은 후 4℃를 유지한 상태에서 12시간 이내에 검사하여 저온일반세균은 100 CFU/ mL, 중온일반세균은 20 CFU/mL를 넘지 아니할 것 나. 총 대장균군은 100 mL(샘물·먹는샘물 및 먹는해양심층수의 경우에는 250 mL)에서 검출되지 아니할 것. 다만, 제4조 제1항 제1호 나목 및 다목에 따라 매월 또는 매 분기 실시하는 총 대장균군의 수질검사 시료(試料) 수가 20개 이상인 정수시설의 경우에는 검출된 시료 수가 5퍼센트를 초과하지 아니하여야 한다. 다. 대장균·분원성 대장균군은 100 mL에서 검출되지 아니할 것. 다만, 샘물·먹는샘물 및 먹는해양심층수의 경우에는 적용하지 아니한다. 라. 분원성 연쇄상구균·녹농균·살모넬라 및 쉬겔라는 250 mL에서 검출되지 아니할 것(샘물·먹는샘물 및 먹는해양심층수의 경우에만 적용한다)
1. 미생물에 관한 기준(6)	마. 아황산환원혐기성포자형성균은 50 mL에서 검출되지 아니할 것(샘물·먹는샘물 및 먹는해양심층수의 경우에만 적용한다)

	바. 여시니아균은 2 L에서 검출되지 아니할 것(먹는물공동시설의 경우에만 적용한다)
2. 건강상 유해영향 무기물질에 관한 기준(13)	가. 납은 0.01 mg/L를 넘지 아니할 것 나. 불소는 1.5 mg/L(샘물 및 먹는샘물의 경우에는 2.0 mg/L)를 넘지 아니할 것 다. 비소는 0.01 mg/L(샘물의 경우에는 0.05 mg/L)를 넘지 아니할 것 라. 셀레늄은 0.01 mg/L를 넘지 아니할 것 마. 수은은 0.001 mg/L를 넘지 아니할 것 바. 시안은 0.01 mg/L를 넘지 아니할 것 사. 크로뮴은 0.05 mg/L를 넘지 아니할 것 아. 암모니아성 질소는 0.5 mg/L를 넘지 아니할 것 자. 질산성 질소는 10 mg/L를 넘지 아니할 것 차. 카드뮴은 0.005 mg/L를 넘지 아니할 것 카. 보론은 1.0 mg/L를 넘지 아니할 것 타. 브롬산염은 0.01 mg/L를 넘지 아니할 것(먹는해양심층수의 경우에만 적용한다) 파. 스트론튬은 4 mg/L를 넘지 아니할 것(먹는해양심층수의 경우에만 적용한다)
3. 건강상 유해영향 유기물질에 관한 기준(17)	가. 페놀은 0.005 mg/L를 넘지 아니할 것 나. 다이아시논은 0.02 mg/L를 넘지 아니할 것 다. 파라티온은 0.06 mg/L를 넘지 아니할 것 라. 페니트로티온은 0.04 mg/L를 넘지 아니할 것 마. 카바릴은 0.07 mg/L를 넘지 아니할 것 바. 1,1,1-트라이클로로에탄은 0.1 mg/L를 넘지 아니할 것 사. 테트라클로로에틸렌은 0.01 mg/L를 넘지 아니할 것 아. 트라이클로로에틸렌은 0.03 mg/L를 넘지 아니할 것 자. 다이클로로메탄은 0.02 mg/L를 넘지 아니할 것 차. 벤젠은 0.01 mg/L를 넘지 아니할 것 카. 톨루엔은 0.7 mg/L를 넘지 아니할 것 타. 에틸벤젠은 0.3 mg/L를 넘지 아니할 것 파. 자일렌은 0.5 mg/L를 넘지 아니할 것 하. 1,1-다이클로로에틸렌은 0.03 mg/L를 넘지 아니할 것 거. 사염화탄소는 0.002 mg/L를 넘지 아니할 것 너. 1,2-다이브로모-3-클로로프로판은 0.003 mg/L를 넘지 아니할 것 더. 1,4-다이옥산은 0.05 mg/L를 넘지 아니할 것
4. 소독제 및 소독부산물질에 관한 기준(샘물·먹는샘물 및 먹는해양심층수 및 먹는물 공동시설의 물 의 경우에는 적용하지 아니한다)(10)	가. 잔류염소(유리잔류염소를 말한다)는 4.0 mg/L를 넘지 아니할 것 나. 총트라이할로메탄은 0.1 mg/L를 넘지 아니할 것 다. 클로로폼은 0.08 mg/L를 넘지 아니할 것 라. 브로모다이클로로메탄은 0.03 mg/L를 넘지 아니할 것 마. 다이브로모클로로메탄은 0.1 mg/L를 넘지 아니할 것 바. 클로랄하이드레이트는 0.03 mg/L를 넘지 아니할 것 사. 다이브로모아세토나이트릴은 0.1 mg/L를 넘지 아니할 것 아. 다이클로로아세토나이트릴은 0.09 mg/L를 넘지 아니할 것 자. 트라이클로로아세토나이트릴은 0.004 mg/L를 넘지 아니할 것 차. 할로아세틱에시드(다이클로로아세틱에시드와 트라이클로로아세틱에시드의 합으로 한다)는 0.1 mg/L를 넘지 아니할 것

5. 심미적 영향물질에 관한 기준(15)	가. 경도(硬度)는 300 mg/L(먹는샘물의 경우 500 mg/L, 먹는해양심층수의 경우 1,200 mg/L)를 넘지 아니할 것. 다만, 샘물의 경우에는 적용하지 아니한다. 나. 과망간산칼륨 소비량은 10 mg/L를 넘지 아니할 것 다. 냄새와 맛은 소독으로 인한 냄새와 맛 이외의 냄새와 맛이 있어서는 아니될 것 라. 동은 1 mg/L를 넘지 아니할 것 마. 색도는 5도를 넘지 아니할 것 바. 세제(음이온 계면활성제)는 0.5 mg/L를 넘지 아니할 것. 다만, 샘물·먹는샘물 및 먹는해양심층수의 경우에는 검출되지 아니하여야 한다. 사. 수소이온농도는 pH 5.8 이상 pH 8.5 이하이어야 할 것 아. 아연은 3 mg/L를 넘지 아니할 것 자. 염소이온은 250 mg/L를 넘지 아니할 것 차. 증발잔류물은 500 mg/L를 넘지 아니할 것. 다만, 샘물의 경우에는 적용하지 아니하며, 먹는샘물 및 먹는해양심층수의 경우에는 미네랄 등 무해성분을 제외한 증발잔류물이 500 mg/L를 넘지 아니하여야 한다. 카. 철은 0.3 mg/L를 넘지 아니할 것. 다만, 샘물의 경우에는 적용하지 아니한다. 타. 망간은 0.3 mg/L(수돗물의 경우 0.05 mg/L)를 넘지 아니할 것. 다만, 샘물의 경우에는 적용하지 아니한다. 파. 탁도는 1 NTU(Nephelometric Turbidity Unit)를 넘지 아니할 것. 다만, 수돗물의 경우에는 0.5 NTU를 넘지 아니하여야 한다. 하. 황산이온은 200 mg/L를 넘지 아니할 것 거. 알루미늄은 0.2 mg/L를 넘지 아니할 것

우리나라의 경우에는 다음의 몇 가지 수질기준들이 수질 및 수생태계 보전에 관한 법률상에 정해져 있다(부록편 환경기준 참조). 이들 수질오염에 대한 기준에는 전국에 총괄적으로 적용되며 행정적이고 지도적인 목적으로 설정된 수질환경기준과 각종 사업장, 공장 등에 대하여 위반 시에 법률적인 규제기준이 되는 폐수배출허용기준, 분뇨, 하·폐수 등의 종말처리장에서 방류되는 방류수에 적용되는 방류수 수질기준, 음료수에 적용되는 먹는물 수질기준 등이 설정되어 있다. 이러한 기준들은 제각기 목적에 따른 각 용도에서의 기준치가 설정되어 각 지역의 하천, 호소, 해양 등의 수계를 보호하고, 인간과 생태에 대한 영향이 가능한 한 적도록 하는 것이 수질기준의 설정목적이 된다.

수질의 기준설정에 있어서는 물리, 화학, 생물학적 등의 요소를 충분히 고려해야 하며, 지역에 따라 수질, 수량, 지역적인 특성 등이 다르므로 허용량의 설정에 있어 이들 특성을 감안하여야 한다. 따라서 전 지역에 보편적이고 타당한 기준치를 적용하기란 어렵고, 원칙적으로 타 지역에서도 보편적이고 타당성이 있는 기준치를 비교하여 검토한 결과 설정하는 것이 일반적이다.

2 수질관리

수질관리를 위해서는 상수도, 하수도, 하천, 호소, 해양에 대한 종합적인 대책이 마련되어야 한다. 수질관리를 위한 몇 가지 방법을 소개하면 다음과 같다.

(1) 발생원에 대한 대책은 수질관리에 첫걸음이라 할 수 있다. 공장폐수의 성상은 업종과 규모에 따라 크게 변한다. 또 공장의 생산이 일정하지 않고 1일 변동, 월 변동 등이 심한 경우에는 이에 상응하여 폐수발생량과 수질이 변동한다. 공장폐수의 처리를 생각할 때 우선 폐수로서 배출되기 전에 오염물의 양을 적극 감소시킬 필요가 있다. 이러한 방법에 의해 오염물질의 양이 감소된 예는 많다.

폐수발생량의 감소를 위해서는 다음의 단계를 취할 수 있다.

① 오염물질의 종류를 발생원별로 분류한다.

② 전체발생량을 감소시키기 위해서는 용수의 사용을 줄인다.

③ 생산공정의 변경에 의해 발생량과 농도가 대폭 감소하는 경우가 있다.

배출농도의 감소를 위해서는 폐수중의 포함되어 있는 원료, 제품, 부산물, 폐기물 중 일부를 회수할 수 있다. 따라서 이를 위해서는 다음의 조치들이 필요하게 된다.

① 오염발생이 적은 원료를 사용한다.

② 제조공정을 변경한다.

③ 설비를 개선하고 제품의 질을 향상시킨다.

④ 폐수 중에 포함되어 있는 부산물을 회수하여 재이용한다.

예를 들면 펄프폐액에서 약품을 회수하거나 크로뮴, 도금폐수에서 크로뮴을 회수하는 것 등이 그 예이다.

(2) 폐수처리 방법을 적극 이용한다. 방지시설이 설치되지 않은 공장에서는 폐수처리시설을 설치하고 정상적으로 가동시킨다. 이미 가동되고 있는 시설이라도 폐수처리의 효율을 높일 수 있도록 노력한다.

(3) 폐수발생원에 대한 규제를 강화한다. 폐수의 배출수 총량을 감소시키는 것은 수질오염 방지대책에서 중요한 사항이며, 따라서, 발생폐수에 대한 배출허용기준을 적용하여 감시·감독하여야 한다.

(4) 수질환경기준과 폐수배출허용기준이 잘 준수되고 있는가를 감시하기 위해서는 시, 도 및 관할관청, 사업자에 의한 수질오염감시체제가 정비되어야 한다.

(5) 수질오염이 인간의 활동이나 산업활동에 의한 결과로서 수계에 영향을 미친다는 것은 명확하다. 따라서 새로운 지역개발과정이나 제품의 생산이 수질환경에 어떠한 영향을 미치는가를 사전에 예측하고 충분한 대책을 세워야 한다. 이를 위해서는 환경영향평가

제도를 도입하여 실시하고, 그 영향에 대해 검토하여야 한다.

(6) 환경보호의 관점에서 이미 세워진 산업입지계획이나 토지개발계획 등이 재조정되어야 한다. 이는 개발의 과정에서 생기는 허용량과 오차가 생길 수 있으며, 이 결과로 발생하는 피해를 최소한 줄여야 하며, 환경이 수용할 수 있는 허용량 내에서 산업입지 및 토지개발을 검토하지 않으면 안 된다.

(7) 수역의 정화대책으로서, 큰 하천의 정화용수를 소규모의 오염하천에 유입시킴으로 정화능력을 높인다. 또, 하상에 침적된 퇴적슬러지를 준설하는 것도 도움이 된다.

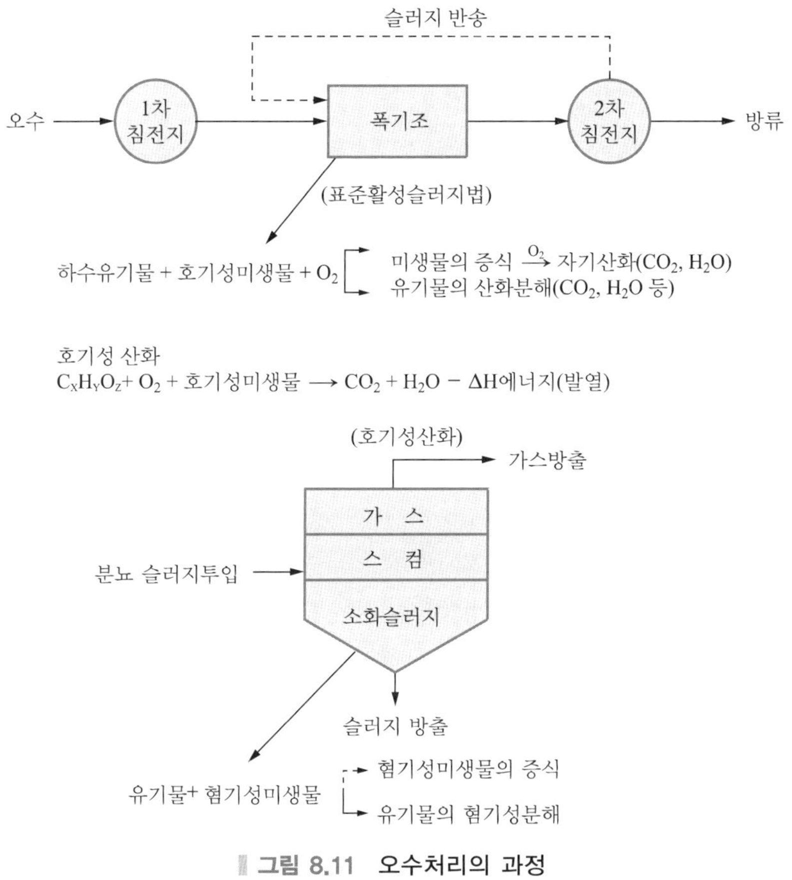

그림 8.11 오수처리의 과정

3 수질오염 방지기술의 개발

수질오염의 방지를 위해서는 수질오염물질 유입을 줄이거나, 자연의 충분한 자정작용을 이용할 수 있다. 그러나 어떤 지역에서 이러한 자연의 정화능력을 초월한 경우 효과적인 인위적 처리방법이 필요하게 된다. 그 처리공정에는 물리적 처리, 화학적 처리, 생물학적 처리가 있으며 3차 처리인 고차 처리가 적용되는 경우도 있다.

「물리적 처리」는 생물학적, 화학적 처리에 앞서서 처리되므로 1차 처리라고도 불린다. 이는 폐수의 성상변화에 대한 기대는 할 수 없으나, 협잡물처리, 여과, 중력침강 등을 통하여 2차 처리에 대한 부하를 감소하며 고형물질을 제거하는 처리방법이다. 물리적 처리는 침전지, 침사지, 스크린, 원심분리기 등의 기계적인 장치를 이용하여 부유물, 수중고형물 등을 분리하여 내는 방법이다.

「화학적 처리」는 산, 알칼리폐수의 중화, 응집, 흡착, 이온교환 등의 과정을 포함한다. 이 과정은 물리적인 처리공정에 비해 처리비용이 많이 들며, 그 처리에 있어서도 화학적인 지식을 필요로 한다. 일반적으로는 소규모의 처리에 잘 적용되며, 유해물질 등은 응집, 흡착 등의 방법이 유효하게 적용된다. 화학적인 처리에서는 물속에 용해되어 있는 콜로이드입자의 성질을 이해하는 것이 중요하며, 용해물은 염화물 등을 투입할 때 입자간 상호 충돌, 부착, 응집 등의 작용을 거쳐 큰 입자가 되어 침전이 용이하게 된다.

「생물학적 처리」는 미생물의 산화분해능력을 이용한 것으로 크게 호기성 처리과정과 혐기성 처리과정으로 구분된다. 호기성 처리과정은 유기물이 미생물에 의해 섭취되고 일부는 산화분해되어 CO_2와 물이 되고, 나머지는 미생물의 증식에 이용되는 과정이다. 전자는 발열반응이며 후자는 흡열반응이다. 이 과정에서 산소의 공급은 필수적이며 수중의 미생물에 산소를 공급하는 과정은 중요하다. 혐기성 처리과정은 수중의 용존산소가 없는 경우에도 혐기성 미생물에 의하여 유기물질이 분해되는 과정이다. 이 과정에서는 메탄, 황화수소, 암모니아 등의 가스가 발생하며 이 가스들을 연료로서 이용할 수 있는 이점이 있다.

「고도 처리」는 2차 처리에서 유기물질이 90% 이상의 효율로 처리된 후 고도의 수질을 얻기 위해 3차적으로 처리하는 과정이다. 이 과정은 활성탄 흡착법, 역삼투압법, 전기투석, 이온교환 등의 과정을 통하여 대단히 양호한 수질을 얻을 수 있다. 일반적으로 처리비용은 1, 2차 처리와 비교하여 비싸며, 처리비용의 저감에 대한 연구가 필요하다.

수질오염 방지기술로서 하수처리와 산업폐수 유입에 대한 폐수관리 및 처리에 관해 소개하면 다음과 같다.

(1) 하수 처리

하수 처리시설들은 설계는 다양하지만 기본원리는 전처리, 1차 처리와 2차 처리 등으로 표준화되어 있다. 전처리는 조대물질과 부유고형물을 제거하고, 제1차 및 제2차 처리는 콜로이드상 물질을 처리한다. 그러나 대부분의 경우 용존물질은 이들 3단계에서 처리되지 아니한다.

1) 전처리

폐수가 처리시설에 유입되면 약 1인치 간격의 틀을 가진 봉스크린을 통과한다. 그때 걸레조각, 나무조각, 플라스틱조각 등이 봉스크린에서 걸러진다. 이러한 물질의 양은 통상 많지 않아서 폐수 내 함유 물질의 종류에 기록되지 않는 경우가 허다하다. 그러나 만일 이것이 제거되지 아니하면 후처리과정의 파이프나 펌프를 막아서 피해를 줄 수 있다. 봉스크린에 걸린 물질들은 손으로 또는 기계로 제거되며 소각로에 보내 태워진다. 현대적 처리시설의 경우 스크린에 부착된 기계가 있어서 이러한 물질을 잘게 분쇄하여 스크린을 통과하도록 해주는 것도 있다. 부유고형물은 전처리의 후반에서 제거된다. 봉스크린을 지난 폐수는 침사지에 들어가며 유속과 환류가 매우 느린 상태에서 부유고형물들은 밑에 가라앉게 된다. 가라앉은 물질들은 기계적 또는 수동으로 제거되어 매립장으로 보내진다. 전처리는 폐수로부터 악성물질의 어느 것도 제거하지 못한다. 이름 그대로 처리가 시작되기 전에 장비보호와 효율적인 운행을 방해할 수 있는 불활성 물질의 증대를 예방하는 일을 담당한다.

2) 1차 처리

그림 8.12 1차 침전지(경남 진주시)

침사지를 통과하면 폐수는 대형 슬러지 침전탱크 혹은 제1차 침전조에 들어간다. 여기에서 물의 속도는 거의 정지상태에 이르러 콜로이드상 물질 중 조밀한 입자들은 밑에 가라앉고 그리스나 오일은 위로 뜬다. 콜로이드상 물질이 쉽게 엉켜서 침전이 쉽게 되도록 화학약품이 첨가되기도 한다. 침전된 콜로이드상 물질은 기계적으로 하부에서 제거된다. 한편 유성물질은 상부에서 제거된다. 이들 물질은 1차 슬러지라 부른다. 1차 슬러지의 처리방법은 후에 기술할 것이다. 제1차 처리에서 콜로이드상 물질의 30∼50%가 처리된다. 바꾸어 말하면 1차 처리 후 폐수는 아직도 50∼70%의 콜로이드상 물질을 함유하고 있으며 일부 슬러지와 함께 빠져나간 것을 제외한 거의 대부분의 용존물질을 함유하고 있다.

3) 2차 처리

2차 처리는 여기서 콜로이드상 물질을 분해하기 위하여 미생물이 참여하므로 생물학적 처리라 부른다. 여러 단계의 미생물먹이자의 영양단계를 거치는 동안 콜로이드상 물질의 대부분이 탄산가스, 물과 광물영양물질로 산화된다. 2차 처리의 원리는 폐수내 콜로이드상 물질을 먹이로 하는 생물체의 성장에 가장 적합하도록 환경조건을 만들어 주는 것이다. 이렇게 하는 방법으로는 주로 살수여상법과 활성슬러지법이 이용된다.

「살수여상법」에서는 1차 처리된 폐수가 주먹크기의 돌들이 가득찬 매개층을 통과하도록 조금씩 골고루 살포하여 자연하천과 비슷한 환경을 조성해 준다. 물은 돌 위에 조금씩 떨어져서 공기와 잘 혼합된다. 공기와 잘 혼합된 유기물질이 풍부한 물은 돌에 달라붙은 여러 단계의 생물체의 좋은 먹이가 된다. 유기물질을 소화시키는 첫 생물은 박테리아이고, 먹이연쇄는 원생동물류, 윤충류와 작은 생물류까지 계속 된다. 영양수준에서 생물체의 호흡을 통하여 유기물질의 85～90%는 분해되어 탄산가스, 물 그리고 무기영양물질로 된다. 탄산가스는 대기 중으로 방출되며, 암모니아이온, 질산이온, 인산이온, 알카리이온 등은 물속에 남아있게 된다.

때때로 여재로부터 떨어져 나온 생물체와 생물체의 사체 덩이는 살수여상의 2차 침전조에서 물질을 침전시켜 원슬러지와 함께 처리한다.

「활성슬러지법」에서는 1차 처리 후 폐수는 길고 상대적으로 좁은 폭기조에 유입되며 폭기조는 공기 또는 순수 산소가 밑바닥(산기관)으로부터 계속 뿜어 나오게 되어 있다. 이 시설은 생물체의 성장에 가장 이상적인 먹이와 산소가 풍부한 환경을 만들 수 있는 또 다른 시설이다.

생물체의 집합체 즉 활성슬러지는 폐수가 유입될 때에 첨가되며 폐수가 폭기조를 통과함에 따라 활성슬러지가 폐수의 유기물을 제거하고 나면 그 폐수는 여전히 여러 미생물체를 함유하고 있다. 그리고 폭기조를 떠나서 제2차 침전조를 통과하게 된다. 이때 미생물체들은 덩이상태로 존재하기 때문에 침전이 상대적으로 잘되어진다. 그러한 침전된 생물체들은 활성슬러지라 부르며 침전조 밑바닥으로부터 폭기조 유입부에 되돌려져 활성적인 생물체가 충분히 살도록 조정된다. 잉여의 활성슬러지는 원슬러지와 함께 혼합되어 처리된다. 활성슬러지 시스템에 들어온 콜로이드상 물질의 95%는 폭기조와 최종침전조에서 여러 영양수준을 거치면서 제거된다. 그러나 대부분의 용존물질과 유기물질을 분해한 후 나오는 무기영양물질은 물에 남게 된다. 새로운 폐수처리시설을 건설하거나 옛 시설을 개보수할 때 여러 가지 장점 때문에 활성슬러지 시스템이 채택되고 있다. 활성슬러지공법의 장점은 다음과 같다.

그림 8.13 활성슬러지공법(안양천 하수처리장)

첫째, 그 시스템은 콜로이드상 물질을 90～95% 이상 제거하여 살수여상법에 의한 85～90%의 처리효율보다 높다. 둘째, 그 시스템은 보다 조밀하여 제한된 부지 내에 설치가 가능하다. 셋째, 막히는 것이 거의 없으므로 유기물질 제거효율을 더욱 높여준다. 그러나 활성슬러지 시스템의 단점은 폭기시에 산소공급을 위하여 많은 에너지가 필요한 것이다. 에너지비용이 증가하면서 그 운영비용도 더불어 증가한다.

반면에 살수여상은 중력을 이용한 오염물질 투입체계이므로 운영 시에도 거의 에너지가 필요 없다. 그리고 2차 처리시설은 두 가지 방법 모두 용존물질을 체계적으로 제거하지 못한다는 것을 명심해야 한다. 소변과 천연 유기물질 속에 비료성분 영양물질과 세척제로부터 나오는 인염류들은 물에 남아있고 산업폐수 중의 중금속, 난분해성 합성유기물질과 폐알칼리와 폐산 등의 대부분도 그 속에 남아 있게 된다. 이 물질들은 제거되지 아니할 뿐 아니라 유독성물질은 2차 처리시설의 효율을 감소시키거나 생물체를 죽여서 처리기능을 파괴시키기도 한다. 그리고 유출수에 의해 배출되지 않은 용존독성물질의 상당량은 여러 단계의 슬러지에 함유된다.

4) 고도 처리

대부분의 하수처리장은 2차 처리까지 수행하고 있으나, 2차 처리후의 처리수에는 아직 여러 가지 형태의 오염물질, 특히 질소나 인과 같은 물질이 포함되어 있으므로 유량이 적은 하천에 방류되면 하천의 용존산소 농도를 감소시켜 수서생물에 해를 미칠 수 있다. 고도처리는 주로 BOD를 낮추고 고형물, 무기물, 독성물질, 영양물질 등을 제거하는 데 목적이 있다.

부영양화를 일으킬 수 있는 인은 생물학적, 화학적 방법에 의해 제거할 수 있다. 그러나 생물학적 방법으로는 제거 효율이 좋지 못하기 때문에 대부분 화학적 방법에 의해 제거한다. 수산화칼슘이나 황산알루미늄은 인과 결합하여 침전물이 형성되고 이는 침전을 통해 제거할 수 있다. 또한 질산염의 물리적 제거방법으로는 우선 2차 처리 후

대부분의 질소는 암모니아 형태로 존재하므로, 용액을 알칼리성으로 변화시켜 용존성 암모니아를 가스성 암모니아로 전환시킨 후 탈기시킬 수 있다. 이러한 방법은 소규모에서나 가능하고, 용액을 알칼리성으로 변화시키는 데에 비용이 많이 들기 때문에, 다른 방법인 생물학적 방법으로 폐수내 함유된 용존성 암모니아를 질산성 미생물에 의해 질산으로 전환시킨 후 탈질방법에 의해 가스성 질소로 전환하여 처리하는 방법이다. 이러한 방법은 2차 처리시 반응조의 체류시간을 길게 해야 한다는 단점이 있다.

이와 같은 처리방법에 의해 처리된 물에는 극히 일부이지만 미처리된 물질이 존재할 수 있으며, 이러한 물질은 물의 색도원인이 되거나 냄새를 유발할 수 있다. 이들 물질의 제거방법으로 활성탄 분말을 이용하여 오염물질을 흡착시키면 대부분 제거된다. 이와 같은 고도처리는 영양염류를 제거하는 목적 외에도 수질을 향상시켜 하수를 재이용하는 방법으로도 적용된다.

그림 8.14 고도처리공법을 갖춘 정수장(경북고령정수장)

그림 8.15 오존발생기

(2) 산업폐수

전술한 바와 같이 현존하는 1차, 2차 폐수처리방법은 고형물의 침전과 유기물의 생물학적 산화에 의한다. 이 처리과정으로는 중금속이온, 난분해 유기화합물 혹은 액상의 폐산, 폐알칼리 화합물 등 독성 산업폐수를 처리하기 힘들다. 사실 이러한 물질이 나타나면 처리를 방해하거나 가치 있는 부산물을 쓸모없게 만들어 버리기도 한다. 따라서 이러한 물질들은 분해 생물에 독성을 일으켜 생물학적 처리율을 저하시킨다. 또한 이러한 물질은 처리 슬러지의 토양개량제 이용, 방류수의 관개수 이용, 생물학적 3차 처리 혹은 이러한 시스템에서 생산된 동식물의 식품이용 등을 방해한다. 끝으로 이러한 독성 폐기물들이 제거되지 아니하면 최종적으로 환경에 노출되었을 때 상당한 생태학적 피해를 유발할 것이다.

많은 사람들은 도시하수처리시설은 위와 같은 독성폐수를 처리할 수 있도록 개선되어야 하며, 그것은 일련의 3차 처리방법에 의하여 가능하다고 주장하고 있다. 오늘날 상당한 진보 끝에 대부분의 유기화합물은 생분해 할 수 있지만 어떤 경우는 속도가 느리거나, 특이한 환경조건이 요구되고(예, 산화환원 전위, pH, 온도), 특별한 박테리아가 요구되기도 한다. 그러나 사회의 전체 비용은 유독성폐수가 도시하수구에 방류되기 전에 각 공장에서 처리된다면 훨씬 적게 들어갈 것이다. 예를 들면 어느 공장의 폐수에 물 40,000 L에 1 kg의 납이 들어있다고 하자. 그 납을 제거하기 위하여 공장에서는 말하자면 물 4만 L를 증류하는 것이 산업폐수가 도시하수에 섞여서 4억 L의 물을 증류하는 것보다 훨씬 적은 비용이 들어갈 것이라는 것은 쉽게 알 수 있다. 더구나 전체 폐수를 증류한다 해도 독성물질을 함유한 슬러지 문제는 여전히 풀 수가 없게 된다. 결론적으로 독성물질이 배수구에 들어가 도시하수를 더욱 오염시키는 것을 예방하도록 많은 노력이 실천되어야 한다. 이러한 유기화합물의 일부는 난분해적 특성과 환경과 인간 건강에 대한 잠재적인 독성을 가지고 있으므로, 더욱더 관심을 가지고 처리 방법에 대해 발전시켜 나가야 할 것이다.

8.8 물재이용

우리나라의 연평균 강수량은 평균 1,283 mm로 세계평균 973 mm의 약 1.32배에 이르지만, 높은 인구밀도와 계절적 변동이 크기 때문에 1인당 연 강수총량은 2,705 m^3로서 세계 평균 22,096 m^3의 약 12.24%로 지역별 편중이 심하고, 수자원의 절대량이 부족한 상황이다.

국제연합(UN)의 국제인구행동연구소(PAI : Population Action Institute)의 발표(2003년)에 의하면, 현재 우리나라는 활용가능한 물 자원량이 661억 m^3이지만 국민 1인당 활용가능량은 연간 1,491 m^3에 불과하여 벨기에, 체코, 덴마크 등 13개국이 물 부족국가로 분류되고 있음.

2025년에는 1인당 활용 가능량이 1,258 m^3로 떨어질 것으로 전망되어 앞으로 적극적으로 물 소비량을 줄이지 않는다면, 우리나라는 물 기근 국가로 전락할 위기에 처해 있다(그림 8.16).

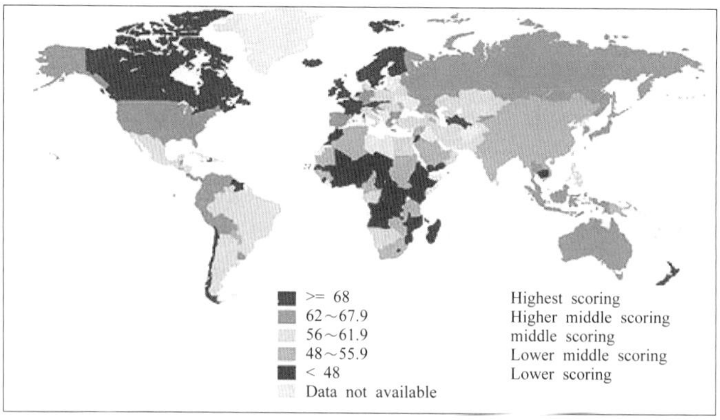

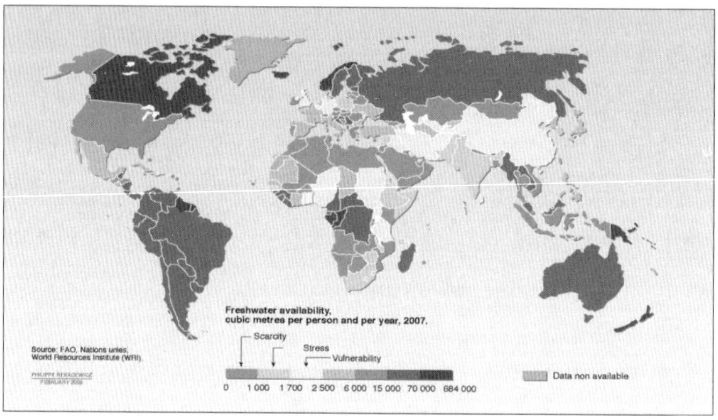

분 류	기 준	국 가 명
물기근 국가군	매년 1,000 m^3 미만 만성적인 물 부족을 경험	알제리, 부룬디, 이스라엘, 요르단 등 14개국
물부족 국가군	매년 1,700 m^3 미만 주기적인 물 부족을 경험	벨기에, 체코, 덴마크, 한국 등 13개국
물풍요 국가군	매년 1,700 m^3 이상 지역적 물 문제만 경험	미국, 호주, 프랑스, 일본 등 121개국

그림 8.16 국가별 물 부족 현황

출처 : www.unep.org/dewa/vitalwater/article69.html

재생가능한 수자원 량, 수자원 개발정도, 수자원 관리 능력, 물이용의 효율성과 수질·생태 환경 등의 현황을 통합하여 산정한 지표인 세계 각국의 물 빈곤지수(WPI, Water Poverty Index)에 있어서도 30개의 OECD 국가 가운데 20위로서 낮은 수자원 환경에 위치하고 있는 것으로 보고되고 있다(그림 8.16). 물 부족 문제에 적극 대처하기 위해 우리나라는 수자원관리정책의 일환으로 물 값의 현실화, 공장폐수 재이용, 빌딩의 중수도 보급 확대, 하수처리수 재이용 등의 정책을 추진하고 있다.

이중 하수처리수 재이용(하수재이용)은 수자원의 순환 네트워크를 구축할 수 있다는 장점을 가지고 있어 물이 부족한 나라에서 대부분 행해지고 있는 방안으로써 미국 플로리다의 경우 약 52%의 재 이용율을 보이고 있다. 우리나라의 경우 하수재이용에 관한 법률 및 2006년 이후 재이용에 대한 국고 지원 등으로 인하여 매년 꾸준히 증가하는 추세에 있지만(2000년 2.9% → 2003년 5.4% → 2006년 7.7%), 이중 절반이 처리장내 용수로 사용되어지고 나머지는 주로 하천유지용수 및 농업용수로 재이용됨으로써 실질적인 수자원의 대체는 이루어지지 않는 실정에 있다.

최근 들어 4대강 개발에 의한 식수원의 오염으로 인해 대체 수자원 발굴에 초점을 맞추고 있는 현실을 감안할 때, 하수처리장 방류수를 활용한 하수처리수 재이용기술은 인근의 산업시설에서 공업용수를 공급하여 수자원 확보에 기여할 수 있어 사회 편익성도 증가한 상황이다.

「물의 재이용 촉진 및 지원에 관한 법률」 시행(2011.6.9)에 따른 법정계획의 내용은 다음과 같다. 물의 재이용을 촉진하여 물 자원의 효율적 활용 및 수질에 미치는 해로운 영향을 줄임으로써 물 자원의 지속 가능한 이용을 도모 할 것 이다. 기후변화 및 향후 물 부족에 선제적 대응을 위해서는 한번 사용한 물을 재사용하는 친환경 수자원 확보 필요가 꼭 필요한 실정이다.

(1) 중수도 이용 계획

중수도의 정의는 사용한 수돗물을 생활용수, 조경용수, 공업용수 등으로 재활용할 수 있도록 다시 처리하여 사용하는 재이용수이다. 중수도는 현재 건축 연면적 6만m^2이상인 대규모 점포, 업무시설, 터미널 등과 1일 폐수 배출량 1,500 m^3이상인 공장 등에 설치 의무화(사용수량의 10%이상 재이용)되어 있고, 지붕면적 2,400 m^3이상이고 관람객 좌석 수 1,400석 이상인 종합운동장 또는 실내체육관의 신축·증축·개축·재축시 의무화하도록 법제화되어 있다. 또한 「물의 재이용 촉진 및 지원에 관한 법률」에 따르면 하수처리수 재이용시 중수도 설치의무를 면제하고 일정규모이상의 숙박업, 목욕장업 시설물 등을 신축하거나 도시개발사업 등에 대하여 10%이상 중수도를 이용하게 하는 등 법제화를 통해 장래 중수도 이용확대 방안 마련하고 있다.

(2) 하수처리수 재이용

하수처리수의 재이용의 필요성은 물사용지수의 감소효과로 인한 물 순환의 건전성을 확보하며 연중 발생량이 일정한 막대한 양의 하수처리수를 각종 용수로 재이용하여 물 수급의 지역적인 불균형 완화이다. 고도처리 된 양질의 하수처리수를 안정적 용수공급원으로 대체할 수 있으며 하수처리수 재이용으로 인한 공공수역 유입부하량 감소로 하천 수질개선을 도모할 수 있다. 그러나 하수처리수의 재이용의 문제점은 위생 및 심미적인 불안감이 있을 수 있으며 초기 투자비 과다 소요가 예상된다.

1) 하수처리수 공업용수 재이용

국가 및 일반 산업단지와 농공단지 중 향후 2020년까지의 공업용수 수요량 대비 광역공업용수 공급량이 부족하여 신규 광역공업용수 공급시설 투자와 급수체계조정사업 계획이 요구되는 지역을 선별할 예정이며 공공하수처리시설 처리시설용량 10,000 m^3/일 이상인 시설의 반경 5 km 이내 지역에 해당된다. 또한 하수처리수 공급 가능량과 공업용수 부족량에 대한 수급관계를 고려하여 목표량을 산정하여야 된다. 2008년 현재 공업용수 재이용량인 15,045천 m^3/년에서 2020년까지 40개 공공하수처리시설에서 492,045천 m^3/년 재이용 계획을 할 예정이다. 다만, 공업용수 재이용사업은 민간투자 적격성 및 경제성 분석결과에 따라 추진됨을 고려하여 목표연도의 목표량은 변동 가능하다.

2) 하수처리수 농업용수 재이용

수자원장기종합계획(2006)에서 계획된 2020년 농업용수 계획량에 대해 농업기반시설의 총 수혜면적 대비 해당 농촌기반시설의 수혜면적의 비율을 이용하여 수요량을 산정하였다(총 수혜면적 12,000 ha에 대해 672천 m^3/일). 2008년 기존 농업용수 재이용량인 26,840천 m^3/년에서 2020년까지 56개 하수처리시설에 농업용수 공급은 농경지(수로)로 직접 송수하는 방법으로 농업용수 공급할 예정이다.

3) 하수처리수 하천유지용수 재이용

하수처리시설 중 10,000 m^3/일 이상의 하수처리수 공급이 가능한 시설을 선정하였다. 2008년 기존 하천유지용수 재이용량인 213,537천 m^3/년에서 2020년까지 58개 공공하수처리시설에서 564,403천 m^3/년의 하수처리수를 추가로 하천유지용수로 재이용하여 총 777,940천 m^3/년의 하천유지용수를 공급을 할 예정이다.

(3) 빗물 이용시설

빗물이용시설의 정의는 빗물을 모아 생활용수, 조경용수 및 공업용수 등으로 이용할 수 있도록 설치한 시설을 말한다. 빗물의 재이용은 개인적 차원에서의 물 절약 외에 사회적 측면에서도 그 필요성이 크므로 향후 물 부족에 대비하기 위해 빗물이용에 대한 사회적 인식의 전환이 필요한 시점이다. 빗물 이용시설로 도시 환경개선이 다음과 같이 도모 될 수 있다. 빗물을 이용한 공원 내 연못, 분수시설 설치로 도심환경 개선할 수 있으며 공원, 학교 운동장, 주차장 등의 지하에 빗물저류조 및 침투조 설치로 도심 침수방지 및 초기우수저류로 공공수역의 수질 개선된다.

표 8.12 시·도별 빗물 이용시설 현황(2007년)

구분	개소수	집수면적(m^2)	저류조용량(m^3)	비 고
계	128	328,598	32,773	-
서울특별시	66	-	14,676	-
부산광역시	-	-	-	-
대구광역시	5	18,654	156.7	-
인천광역시	2	24,726	1,123	-
광주광역시	2	7,950	500	-
대전광역시	1	10,386	200	--
울산광역시	2	12,242	1,480	-
경기도	34	135,330	5,205	-
강원도	-	-	-	-
충청북도	1	1,937	180	-
충청남도	-	-	-	-
전라북도	2	16,359	1,381	-
전라남도	-	-	-	-
경상북도	-	-	-	-
경상남도	1	35,000	200	-
제주도	11	65,389	7,641	-
국방부	1	625	30	-

자료 : 빗물이용시설 현황(2008, 환경부)

(4) 대체수자원 개발계획

대체 상수원으로는 광역 청정원수(강변여과수)와 해수담수화시설 생산수가 있으며, 항구적으로 기존 표류수를 대체 가능한 시스템으로 전환 모색을 하고 있으며 이는 취수원의 다변화와 생산시설의 안정화구축에 목적이 있다. 공급량 변동으로 인해 대체원수 공급량 부족 시 추가 강변여과수 개발 등을 통한 공급대책 수립이 가능하다(강변여과수 개발가능 추정량은 약 1,097천 m^3/일). 강변여과수 개발 및 해수담수화시설은 안전한 상수원수 확보 및 수질사고에 능동적인 대처측면에서 표류수에 비하여 유리하므로 광역 청정원수 도입상황에 따라 타당성조사가 이미 시행되고 있다.

CHAPTER 09

폐기물 관리

9.1 개설

폐기물이란 인간생활 및 산업생산 과정에서 발생되는 불필요하고 쓸모없는 주로 고체상의 물질들을 말한다. 이와 같은 물질은 인간생활을 위생적으로 위해하게 할 뿐만 아니라 자연생태계를 파괴하고 훼손하며 감각적으로 불쾌하게 만들고 있다.

원시사회에서 인간이나 동물은 그들의 생존을 위해 자연의 자원을 활용하고 폐기물은 그대로 처분하였는데 이때는 인류의 수가 적고 또 폐기물을 처분할 공간이 충분하였기 때문에 큰 문제가 되지 않았다. 그러나 인류의 수가 증가되고 집단화 생활을 시작하면서 폐기물은 단순한 폐기물로서 존재하지 않고 전염병 매체 또는 발생지가 되어 왔다. 폐기물은 공중보건과 밀접한 상관관계를 맺게 되면서 폐기물의 적절한 관리 및 처리, 처분이 건강한 인류생활에 생산활동과 직결됨을 알게 되었다.

아직도 우리 생활주변에서 볼 수 있는 단순 폐기물의 투기(Open Dumping)는 위생해충의 발생, 쥐의 서식지, 지하수 및 지표수의 오염, 악취의 온상이 되고 있다.

따라서 건조한 공중보건은 도시로부터 폐기물의 적정한 보관, 수거, 운반, 처리, 처분과 불가결의 상관관계를 맺고 있다.

미국의 Public Health Service (USPHS)는 22개의 인간의 질병이 쓰레기 관리와 밀접한 상관관계가 있음을 제시하고 있다.

또한 폐기물은 공중보건적 측면에서 뿐만 아니라 자연 생태계에 미치는 영향도 과소평가 되어서는 안 된다. 즉, 생활폐기물 매립장에서 나오는 침출수(Leachate)는 지표 및 지하수를 오염시키고, 스며나오는 가스는 악취를 풍기면서 강한 폭발력을 갖고 있다. 또 황산폐기물에서 흘러나오는 침출수에서는 각종 중금속 물질을 함유함으로써 수질을 오염시킨다.

우리나라에서 예부터 농업생산의 대용비료로서 활용하던 분뇨는 도시로 인구가 집중되고 위생관념이 향상되면서 도시 폐기물의 주요 대상물이 되고 있다.

국내에서는 1960년 말까지만 하더라도 폐기물에 대한 관심이 높지 않았으나 1970년대 공업화가 시작되고 인구가 도시로 집중되면서 제일 먼저 도시폐기물로서 분뇨처리문제가 제기되었다. 1972년 서울과 부산에 소위 습식산화(Wet Oxidation) 방식에 의한 분뇨처리시설이 건설되면서 국내에서 도시폐기물로서 분뇨처리가 본격적으로 시작되었다.

폐기물에 관한 법령으로서는 1961년 12월 30일 법률 제 914호로서 공포된 오물청소법이 주로 도시생활폐기물과 분뇨처리에 관한 내용으로 통용되다가 1987년 폐기물 관리법으로 변경되어 산업폐기물도 포함되어 법령으로 효력을 갖게 되었다.

산업폐기물에 관한 규제는 1963년 처음 제정된 공해방지법에서부터 시작하여 1978년 보완 공포된 환경보전법에서 다루다가 폐기물 관리법에서 다시 취급되고 있다.

1986년 당시 환경청은 폐기물관리체계의 일원화를 위하여 오물청소법과 환경보전법의 폐기물(분뇨·쓰레기·산업폐기물) 관련규정을 통합하여 「폐기물관리법」을 제정하였다. 제정된 폐기물관리법은 '재활용' 개념을 도입한 것이 큰 특징이었다. 1991년에는 폐기물관리법을 개정하여 「일반폐기물」과 「산업폐기물」로 구분하던 폐기물의 분류체계를 국민건강에 대한 위해성의 정도를 기준으로 「일반폐기물」과 「특정폐기물」로 구분하고, 특정폐기물은 국가, 일반폐기물은 지방자치단체에 처리책임을 부과하였다.

폐기물관련법령도 계속적으로 보완하여 1999년도에는 폐기물관리법에 폐기물의 처리증명제 및 폐기물처리업자의 방치폐기물처리이행보증제 등 폐기물의 적정처리를 위한 굵직한 제도를 새로이 도입함과 동시에 폐기물처리업자의 준수사항을 신설하고 폐기물의 수집·운반·보관 및 처리기준을 강화하였다.

지금까지 국내 산업폐기물은 대부분 매립에 의존하고 있고 부분적으로 소각 처리하여 왔으나 1987년 경기도 화성에 서울, 경기지역의 유해산업폐기물처리장 건설로 본격적인 산업폐기물 처리에 관심을 갖게 되었다. 1980년대 이후 국내에서 도시하수처리장 건설에 따라 하수처리 과정에서 생산되는 하수슬러지 성분도 중요한 폐기물 관리의 대상이 되고 있다.

아직도 도시 기반시설로서 하수도가 정비되어 있지 않고 하수처리장운전, 관리도 완전하지 않기 때문에, 하수슬러지 생산량이 적으나 앞으로 하수처리장 시설이 본격적으로 가동되면 하수슬러지도 중요한 폐기물이 될 것이다.

현대 과학의 발전에 따라 폐기물 성상이 복잡해지고 있어 이를 적정관리 하는 데는 현대 과학기술이 필요하므로 폐기물처리는 새로운 환경과학분야기술로 대두되고 있다. 이와 같이 현대 인류사회에서 중요한 고민의 하나인 폐기물이 일부 잘못된 과학의 부산물일진데, 이 부산물의 처리를 잘못된 과학기술에만 의존해서는 안 되겠다는 새로운 각성의 소지가 서서히 높게 일고 있다.

특히 폐기물을 쓰레기로서만 취급하지 않고 인류가 개발할 새 자원의 대상으로 연구개발해야 할 중요한 품목으로 제안되고 있는 것이 21C를 앞둔 폐기물 처리기술자의 과제가 되고 있다.

9.2 폐기물의 분류

폐기물 관리법에 의한 폐기물의 분류체계를 그림 9.1에 나타내었으며, 크게 생활폐기물과 사업장폐기물로 나눌 수 있다. 한편, 방사성폐기물, 오수, 분뇨, 축산폐수 등은 폐기물 관리법이 아닌 별도의 법률에 의하여 규제를 받고 있다. 폐기물 관리법 제2조에서는 폐기물 관련 정의를 규정하고 있다. 폐기물 관리법에서 폐기물이란 쓰레기, 연소재), 오니, 폐유, 폐산, 폐알칼리 및 동물의 사체 등으로서 사람의 생활이나 사업활동에 필요하지 아니하게 된 물질을 말하고, 생활폐기물은 사업장폐기물 외의 폐기물을 말한다. 또한, 사업장폐기물은 「대기환경보전법」, 「수질 및 수생태계 보전에 관한 법률」 또는 「소음·진동규제법」에 따라 배출시설을 설치·운영하는 사업장이나 그 밖에 대통령령으로 정하는 사업장에서 발생하는 폐기물을 말하고, 지정폐기물은 사업장폐기물 중 폐유·폐산 등 주변 환경을 오염시킬 수 있거나 의료폐기물 등 인체에 위해를 줄 수 있는 해로운 물질로서 대통령령으로 정하는 폐기물을 말한다. 의료폐기물은 보건·의료기관, 동물병원, 시험·검사기관 등에서 배출되는 폐기물 중 인체에 감염 등 위해를 줄 우려가 있는 폐기물과 인체 조직 등 적출물, 실험동물의 사체 등 보건·환경보호상 특별한 관리가 필요하다고 인정되는 폐기물로서 대통령령으로 정하는 폐기물을 말한다.

폐기물 관리법에 의한 폐기물공정시험방법에서는 폐기물을 고형물의 함량에 따라 액상폐기물(고형물 함량이 5% 미만인 것), 반고상폐기물(고형물 함량이 5% 이상 15% 미만인 것), 고상폐기물(고형물 함량이 15% 이상인 것)로 구분하고 있다.

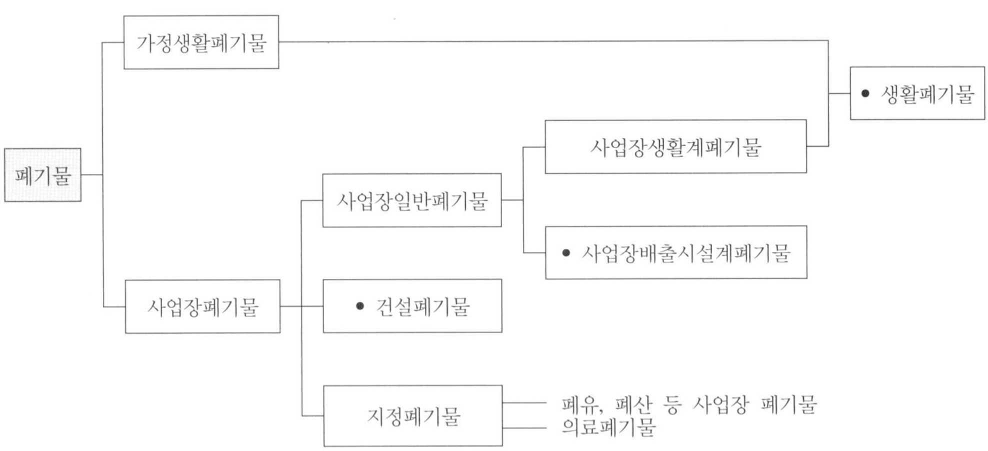

그림 9.1 폐기물관리법상 폐기물 분류와 폐기물 통계 작성상 폐기물 분류 비교

9.3 폐기물 처리체계

폐기물은 폐기물 관리법의 규정에 의하여 폐기물의 종류에 따라 그림 9.2에서 제시된 과정을 거쳐 처리된다.

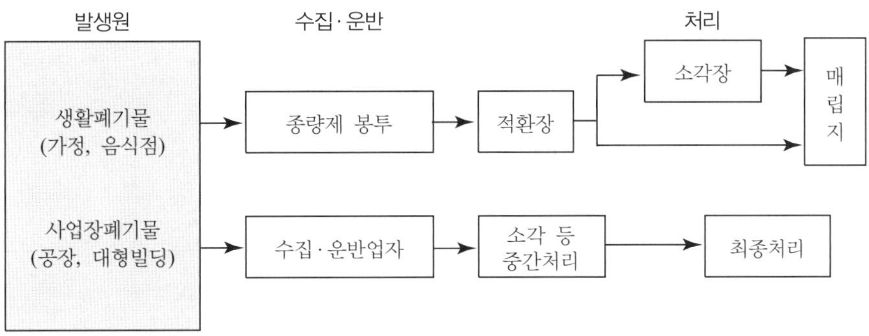

그림 9.2 폐기물 처리체계

9.4 폐기물의 발생·처리 현황

1 폐기물의 발생현황

가정과 사업장에서 배출되는 생활폐기물, 사업장배출시설계폐기물, 건설폐기물의 양 및 성상은 인구증가, 생활수준 등에 따라 달라질 수 있다. 그림 9.3은 2001년부터 2006년까지의 우리나라 폐기물 발생량을 연도별로 나타낸 것이다. 2006년도 기준 총 폐기물 발생량(지정폐기물 제외)은 318,670톤/일로, 2005년도의 295,426톤/일에 비하여 약 9.7% 증가하였다. 2006년도 폐기물 구성비는 생활폐기물 15.3%, 사업장배출시설계폐기물 31.7%, 건설폐기물 53.0%로서 건설폐기물이 가장 큰 구성비율을 차지하고 있다(그림 9.3 참조). 또한 1인당 1일 생활폐기물 발생량은 0.99 kg을 나타내고 있다. 현재 생활폐기물(재활용을 위해 분리배출·수거한 양 제외) 중 가연성과 불연성분이 각각 81.4%와 18.6%를 차지하고 있으며, 이중 음식물·채소류의 구성비가 39.7%로 가장 높은 비율을 나타내고 있다. 사업장배출시설계폐기물은 가연성이 35.7%, 불연성이 64.3%로서, 이중 오니류(유기성 및 무기성)와 광재류의 구성비가 각각 25.3%와 35.1%로 전체의 55.4%를 차지하고 있다. 또한 건설폐기물은 건설폐재류 78.7%, 가연성 1.6%, 비가연성 0.3%, 건설폐토석 5.2%, 혼합건설폐기물 14.2%가 각각 발생되고 있으며, 건설폐재류 중 폐콘크리트가 전체 건설폐기물 중에서 65.3%로서 가장 큰 비중을, 다음으로 혼합건설 폐기물이 14.2%를 차지하고 있다.

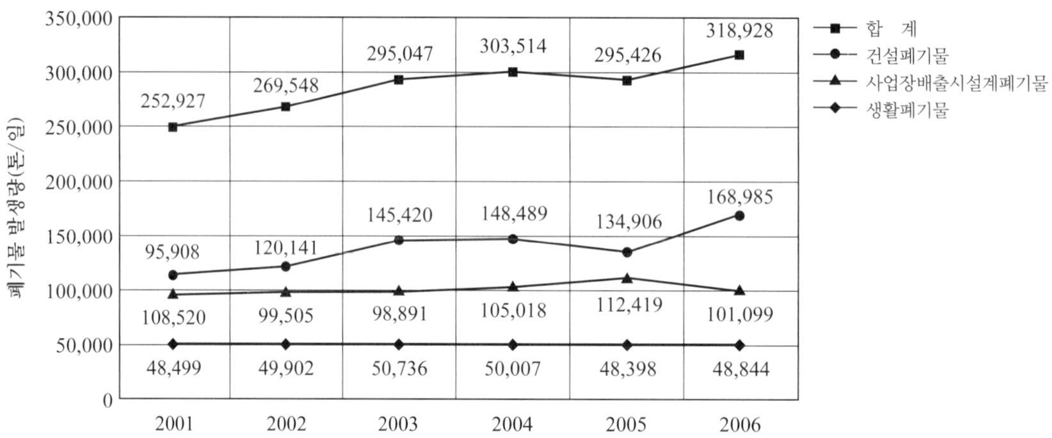

자료 : 환경부, (2006) 전국 폐기물 발생 및 처리현황, 2007.

그림 9.3 폐기물 발생량 변화추이

2 폐기물의 처리현황

발생된 폐기물은 생활폐기물의 경우 시장·군수·구청장, 사업장폐기물은 사업자 책임 하에 처리되고 있다. 전체적인 폐기물 처리구조를 보면 매립처리비율이 크게 낮아지고 재활용이 크게 확대되는 한편, 소각처리율도 점진적으로 증가하는 추세에 있다. 즉 1991년에는 생활폐기물 중 89.2%를 매립처리하고, 7.9%만을 재활용하였으나, 2006년에는 쓰레기종량제 실시 및 재활용정책에 힘입어 매립처리율이 25.8%로 줄어드는 한편 재활용률이 57.2%로 증가하는 등 바람직한 폐기물처리구조로 변화되고 있다. 그러나 생활폐기물 중 가연성폐기물이 81.4%에 이르고(표 9.1 참조) 있는데도 소각처리율이 17.0%에 불과하다는 것은 좁은 국토현실에 비추어 바람직하지 않은 현상으로 시급히 개선되어야 할 과제이다.

표 9.1 폐기물 처리방법별 변화추이 (단위 : 톤/일)

구 분		2001	%	2002	%	2003	%	2004	%	2005	%	2006	%
생 활 폐기물	계	48,499	100	49,902	100	50,736	100	50,007	100	48,398	100	48,848	100
	매 립	21,000	43.3	20,724	41.5	20,450	40.3	18,195	36.4	13,402	27.7	12,601	25.8
	소 각	6,577	13.6	7,229	14.5	7,348	14.5	7,224	14.4	7,753	16.0	8,327	17.0
	재활용	20,922	43.1	21,949	44.0	22,938	45.2	24,588	49.2	27,243	56.3	27,920	57.2
사업장 배 출 시설계 폐기물	계	95,908	100	99,505	100	98,891	100	105,018	100	112,419	100	101,099	100
	매 립	18,493	19.3	15,455	15.5	14,240	14.4	13,646	13.0	16,604	14.8	8,894	8.8
	소 각	7,875	8.2	7,094	7.1	7,735	7.8	7,044	6.7	7,326	6.5	7,708	7.6
	재활용	69,540	72.5	76,956	77.4	76,916	77.8	84,328	80.3	88,489	78.8	74,750	73.9
	해역배출	7,813	8.1	9,505	9.6	10,193	10.3	11,139	10.6	11,532	10.3	9,746	9.7
건 설 폐기물	계	78,777	100	108,520	100	120,141	100	145,420	100	148,489	100	134,906	100
	매 립	10,021	12.7	12,943	11.9	17,462	14.5	13,715	9.4	10,976	7.3	3,491	2.6
	소 각	2,071	2.6	2,424	2.3	2,462	2.1	2,233	1.5	2,949	2.0	871	0.6
	재활용	66,685	84.7	93,153	85.8	100,209	83.4	129,462	89.0	134,557	90.7	130,451	96.7
	해역배출					8		10		7		93	

3 쓰레기종량제

(1) 쓰레기종량제의 의의

쓰레기종량제란 쓰레기 배출량에 따라 배출자에게 쓰레기처리비용을 부담하도록 함으로써 쓰레기 발생을 근본적으로 줄이고 재활용 가능한 품목의 분리배출을 촉진하기 위한 경제적 유인수단으로서 이전까지 재산세나 건물면적 등을 기준으로 하는 정액부과방식의 쓰레기 수수료 부과체계를 쓰레기배출량에 비례하는 부과체계로 전환한 것이다.

(2) 쓰레기종량제의 주요내용

1995년 1월 1일부터 전국적으로 시행된 이 제도는 생활폐기물을 시장·군수·구청장이 제작·판매하는 규격봉투에 담아 배출하도록 한 것으로 봉투의 가격은 쓰레기처리비용과 지방자치단체의 재정능력을 고려하여 시·군·구의 조례로 정하여 운영하고 있다.

그러나 연탄재와 재활용가능폐기물(종이, 고철, 캔, 병, 플라스틱)은 규격봉투에 담지 않고 지정된 정기 수거일에 지정된 장소에 배출하거나 자치단체의 여건에 따라 조례에서 정하는 별도의 방법에 따라 배출하면 무료로 수거해 가며, 폐가구·폐가전제품 등 대형폐기물은 별도의 수수료를 부담하여 처리하도록 하고 있다.

깨진 유리와 같이 종량제 봉투에 담기 어려운 쓰레기는 자치단체가 제작·판매하는 별도의 전용 포대나 마대 등에 담아 배출하고, 집수리 등으로 일시에 다량 발생하는 폐기물은 대형폐기물에 준하여 배출·처리하는 한편, 골목길·공원청소 등으로 수거한 쓰레기는 시·군·구에서 무료로 지급하는 공공용 봉투를 사용하여야 한다.

또한 종량제 봉투의 재질로 사용하던 폴리에틸렌(PE)은 분해가 잘되지 않아 매립지의 안정화를 저해하는 단점이 있어 기존 폴리에틸렌에 지방족 폴리에스테르(PE), 전분 등 생분해성 수지를 30% 이상 혼합한 생붕괴성 봉투를 사용하도록 쓰레기수수료 종량제 시행지침을 개정하여 시행하고 있다.

(3) 주요 추진성과

1) 쓰레기 감량 및 재활용품 증가

그 동안 16개 시·도의 쓰레기 종량제 실시 결과를 종합 분석한 바에 의하면 쓰레기 총배출량은 1994년에 하루 58,118톤에서 2000년에는 46,438톤으로 20.1% 감소하였고, 재활용량은 1994년 하루 8,927톤에서 19,166톤으로 약 2배 증가하였다.

2) 지방자치단체의 쓰레기관리 행정변화

적극적인 재활용시책 추진에 따라 생활폐기물의 재활용률이 크게 증가한 반면 매립처리율은 저하되어 생활폐기물 처리방법이 환경 친화적으로 개선되었다.

한편 봉투가격의 인상으로 시민부담이 증가한 반면 자치단체 청소예산 재정자립도가 증가되어 청소재정 건전화에 기여하였으며, 주민불편 해소 및 청소행정서비스 향상을 위해 자치단체 실정에 맞는 제도개선을 추진하는 등 쓰레기 관리행정의 선진화가 이루어지고 있다. 특히 쓰레기 수거방식이 후진국형의 주민상차식에서 선진국형의 문전수거식으로 전환되었고, 쓰레기 감량에 따른 잉여인력과 장비를 재활용품 수집 운반분야에 투입하는 등 재활용품 수거행정이 개선되고 있으며, 1회용품 및 과대포장규제 등 사전예방차원의 쓰레기 감량추진에 대한 관심이 고조되고 있다.

3) 기타 성과

앞에서와 같은 쓰레기 발생량 감소, 재활용품 증가, 쓰레기행정 서비스 개선 등 가시적인 성과 외에도 국민들의 환경의식이 총체적으로 높아지는 계기가 마련된 것도 종량제의 큰 성과 중 하나라 하겠다. 아울러 제품의 생산·유통·소비 전 과정이 환경 친화적으로 변화되었다고 평가되고 있다. 즉, 소비자가 가게에서 물건을 살 때에도 쓰레기를 덜 발생시키는 제품과 리필(Refill) 제품을 선호하고, 기업에서도 쓰레기발생량을 줄이기 위하여 생산공정을 변화시키고 있다. 소비자들은 상품을 살 때 스티로폼 등 포장재를 떼어놓고 내용물만 가져오고, 기업에서도 이 점을 감안, 부피가 작은 포장재 개발에 많은 노력을 기울이고 있다. 그동안 재활용품의 증가로 종이, 캔 등의 공급이 원활해져 재활용산업체의 증가와 시장경쟁력의 향상이 이루어졌으며 생분해성 함유 봉투개발에 따른 첨단소재 연구개발이 활발히 추진되었다. 또한 자치단체의 쓰레기행정에서 비즈니스마인드(Business Mind)가 확산되는 계기가 되었으며, 재활용품의 공급이 확대되면서 재생 산업이 활성화되고 있다.

4 생활폐기물 처리

(1) 수거 및 운반

생활폐기물의 수거 운반 및 처리업무는 자치단체가 담당하고 있으며, 자치단체 조례에 따라 업무의 일부를 민간에 위탁하여 수행하고 있다.

생활폐기물 수거·운반업무는 자치단체가 직영하는 체계, 민간업체에 계약을 통해 대행시키는 체계로 이루어지며, 특히 민간업체에 위탁하는 체계는 민간업체에 일정지역의 수집·운반을 대행시키는 계약형태를 수행할 수 있도록 하는 허가형태로 운용되고 있다.

수거방식은 단독주택지역은 문전수거방식으로 수거하며 공동주택은 컨테이너 수거방식이 채택되고 있다. 수거장비는 손수레에서부터 덤프트럭, 압축·압착차량, 암롤트럭 등으로 구성되어 있으나 청소장비 현대화에 따라 덤프트럭이 압축차량으로 교체되고 있는 추세에 있다.

손수레나 소형차량으로 수집된 쓰레기를 적재하는 적환업무는 단순적환 또는 적환장에서 압축하여 대형차량으로 최종 처분지로 수송되는 단계를 거쳐 처리된다.

이러한 수집·운반체계와 병행하여 재활용품 분리수거체계가 별도로 운영되고 있는데, 수익성이 높은 폐지·고철류 등은 민간업체가 주로 수거하며 폐플라스틱 등 경제성이 낮은 재활용품은 자치단체가 수거하여 보관장이나 집하선별장으로 운송하여 민간에 판매하거나 한국자원재생공사 재활용시설로 운반하는 형태로 처분되고 있다.

표 9.2 생활폐기물 처리시설 현황

<table>
<tr><th rowspan="2">구 분</th><th colspan="2" rowspan="2">매립시설</th><th colspan="2" rowspan="2">소각시설</th><th colspan="2" rowspan="2">음식물
자원화시설</th><th colspan="6">재활용선별시설</th></tr>
<tr><th colspan="3">지자체</th><th colspan="3">민 간</th></tr>
<tr><td>개소 수</td><td colspan="2">229</td><td colspan="2">171</td><td colspan="2">230</td><td colspan="3">191</td><td colspan="3">228</td></tr>
<tr><td colspan="13">매립시설</td></tr>
<tr><td>매립장 수
(개소)</td><td colspan="3">총매립지 면적
(m^2)</td><td colspan="3">총매립 용량
(m^3)</td><td colspan="3">기매립량
(m^3)</td><td colspan="3">잔여매립가능량
(m^3)</td></tr>
<tr><td>229</td><td colspan="3">29,433,846</td><td colspan="3">384,652,704</td><td colspan="3">190,156,755</td><td colspan="3">194,495,949</td></tr>
<tr><td colspan="13">소각시설</td></tr>
<tr><td>소각장 수
(개소)</td><td colspan="3">연 소각용량
(천톤/년)</td><td colspan="3">실제소각량
(천톤/년)</td><td colspan="3">소각용량－
실제소각량(천톤/년)</td><td colspan="3">소각량 / 소각용량
(%)</td></tr>
<tr><td>171</td><td colspan="3">4,283</td><td colspan="3">3,054</td><td colspan="3">1,229</td><td colspan="3">71.3</td></tr>
<tr><td colspan="13">음식물자원화시설</td></tr>
<tr><td rowspan="3">자원화시설 수
(개소)</td><td colspan="2" rowspan="2">발생량
(천톤/년)</td><td colspan="2" rowspan="2">반입량
(천톤/년)</td><td colspan="8">처리량(천톤/년)</td></tr>
<tr><td colspan="2">사료화</td><td colspan="2">퇴비화</td><td colspan="2">하수처리</td><td colspan="2">기타처리</td></tr>
<tr><td>총계</td><td>비율</td><td>소계</td><td>비율</td><td>소계</td><td>비율</td><td>소계</td><td>비율</td><td>소계</td><td>비율</td><td>소계</td><td>비율</td></tr>
<tr><td>230</td><td>6,284</td><td>100</td><td>3,888</td><td>62</td><td>1,595</td><td>41</td><td>1,304</td><td>34</td><td>662</td><td>17</td><td>327</td><td>8</td></tr>
</table>

(2) 처리시설

2006년 말 우리나라 전국 생활폐기물 처리시설 현황을 표 9.2에 나타내었으며, 이중 매립시설은 총 229개소가 운영되고 있으며 잔여매립 가능량은 194백만 m^3에 이른다. 이는 연간 폐기물 매립량을 천만 톤으로 가정할 때 약 19년의 매립장 여분이 남아있는 것으로 추정된다. 소각시설의 현황을 살펴보면, 총 171개소로서, 이중 회분식이 81개소로 가장 많고, 연속식이 66개소, 준연속식이 24개소를 차지하고 있으며, 연속식은 대부분 도시지역에 준연속식 및 회분식은 대부분 농어촌 지역 및 섬 지역에 분포하고 있다. 실제로 우리나라 소각시설은 연간 1,229천 톤의 소각여력이 남아있으며, 이것은 매일 3,366톤의 폐기물을 소각하여 처리할 수 있는 양이다. 따라서 생활폐기물의 매립량을 줄이고 소각 처리를 확대함으로써 소각장의 효율성을 높일 필요가 있는 것으로 판단된다.

처리시설로 반입되는 폐기물의 성상 중 가연성폐기물의 경우 소각장으로 반입되는 양은 77.5%, 매립장으로 반입되는 양 68.8%를차지하는 것으로 나타났다. 이는 가연성폐기물의 경우 소각처리가 바람직한 처리방법이라는 것을 감안할 때 개선할 필요가 있는 것으로 판단된다. 한편, 음식물류 폐기물 자원화시설 반입량은 3,888천 톤으로 총발생량 6,284천 톤 대비 62%를 차지하고 있다. 반입량 3,888천 톤 중 사료화 41%, 퇴비화 34%, 하수처리 17%, 기타

처리 8%로 처리되고 있으며, 이중 사료화 및 퇴비화의 비율이 75%로 대다수를 차지하는 반면, 기타처리에 속하는 혐기성소화, 감량화 등은 상대적으로 비율이 미미하게 나타나고 있다.

5 사업장폐기물 처리

(1) 사업장폐기물 관리

사업장폐기물의 배출자는 사업장 안에서 발생하는 모든 폐기물을 적정하게 처리하고 생산공정에 있어 기술개발이나 재활용 등의 방법으로 폐기물의 발생을 최대한으로 억제하는 등의 노력을 하여야 한다. 또한 사업장폐기물 배출자는 폐기물을 스스로 처리하거나 폐기물처리업자, 다른 사람의 폐기물을 재활용하는 자 또는 폐기물처리시설을 설치·운영하는 자에게 위탁처리하는 등 배출자 처리를 원칙으로 하여 사업장폐기물이 관리되고 있다. 사업장일반폐기물에 대한 지도·단속 등 사업장폐기물의 관리 권한을 시·도지사에게 위임되어 있다.

(2) 지정폐기물 관리

지정폐기물은 사업장폐기물 중 유해성이 있는 폐기물로서 배출자에게 처리책임이 있다. 지정폐기물에 대해서는 국가적인 관리의 필요성이 높아 지방환경관리청에서 지정폐기물 배출업자 및 처리업자 등을 관리하고 있으나, 지정폐기물 중 자동차정비소, 세차장, 세탁소 등 소량배출업소에 대해서는 시·도지사에게 업무가 위임되었다.

9.5 폐기물 처리

1 개설

문명이 발달되지 않은 원시사회에서는 인간은 그들의 의·식·주를 자연상태에서 필요량을 조달하여 이용함으로써 폐기물의 양도 많을 수 없었고, 또 발생되더라도 자연상태로 환원하는데 특별한 문제도 없었다. 그러나 산업사회가 형성되면서 인조물이 만들어지고 또 이들이 유행, 과소비 현상으로 쓰레기가 대량 배출되고 집단적·국지적으로 발생함으로써 이들 쓰레기를 자연에 환원시켰을 때 오염이 발생되지 않도록 해야 할 필요성이 발생하게 되었다. 이와 같은 쓰레기의 자연환원과정에서 발생될 수 있는 2차 환경오염을 극소화하는 과정이 바로 폐기물의 처리가 된다.

쓰레기의 처리에서 가장 원시시대부터 사용된 방식이 발생된 쓰레기를 토양에 파묻는 매립방식인데 이와 같은 처리방식은 문명화된 현대사회에서 아직까지 가장 많이 채용되고 있고 또 일반화되어 있다. 이와 같은 매립방식은 쓰레기의 양이 많지 않고 쓰레기의 질이 토양으로 환원하는데 문제점이 없을 때는 주로 단순매립(Open Dumping)방식을 사용하였으나 현재는 위생매립(Sanitary Landfill)방식에 의해 매립에 의한 환경오염을 저감하게 된다.

쓰레기의 재이용방식으로 가장 초기적이며, 또 거의 완전한 방식으로 평가되고 있는 퇴비화(Composting)방식은 중국, 한국 등 아시아 지역의 농경국가에서 전통적으로 농업생산 쓰레기와 생활쓰레기의 처리와 함께 농업생산을 위한 대용비료 생산방식으로 이용되어 왔다. 이와 같은 퇴비화방식은 산업사회인 현대에 와서도 가장 주목받는 처리방법으로 관심이 높게 일고 있다.

소각방식도 가장 원시적인 방식이면서 동시에 가장 기술집약적인 처리방식으로 과학기술의 발전과 함께 쓰레기의 감량화 방식으로 많이 채용되고 있고, 현대에는 단순 소각방식에서 열이용 방식으로 전환되어 채택되고 있다.

기타 쓰레기 처리방식으로 열분해(Pyrolysis)방식 고형화방식 등 여러 가지가 있으나 특수한 쓰레기 처리에서만 채용되고 있다.

2 매립(Landfill)

매립은 폐기물처리방법의 기본으로 처리비용이 가장 낮으며 공정이 간단하여 전 세계 고형폐기물의 90% 이상이 이 방법으로 처리되고 있는 실정이다. 또한 어떤 고급 폐기물처리방법에 있어서도 매립방식은 최종적으로 반드시 채용되는 기본 쓰레기 처리방식이라 할 수 있다.

매립방법은 크게 단순매립방법과 위생적으로 완전한 위생매립방법으로 구분된다. 단순매립방법은 저습지, 웅덩이 등에 지하수, 지표수, 가스, 악취, 위생문제 등에 구애받지 않고 무조건 쓰레기를 투기하는 방식이다. 과거 쓰레기 매립방법이 주로 국내에서는 이 방식으로 채택되었으나 이는 개선되어야 할 과제이다.

(1) 위생적 매립(Sanitary Landfill)

위생매립은 토지의 특성에 따라

① 면매립방식(Area Method)
② 도량식매립방식(Trench Method)
③ 다짐매립방식(Depression Method)

으로 구분되는데, 근원적인 매립접근방법은 매립과정에서의 매립이후 환경오염을 극소화하는데 목적을 둔다.

면매립방식은 쓰레기 매립장이 편편한 경우 Cell을 구성하면서 매립하는데 타 용지와는 흙제방을 쌓아 구분한다. 이 방식과 약간 변형한 방식으로 Ramp 방식이란 것이 있는데, 이는 쓰레기 매립 Cell을 위한 흙을 매립 예정지의 모토를 굴삭하여 중간복토로 활용하는 방식이다.

Trench 방식은 매립지에 도랑을 굴착하여 매립하고 복토는 판흙을 이용하는데 주로 지하수면이 형성되지 않은 편편한 땅에 이용된다. Depression 방식은 땅이 웅덩이와 같은 형태로 파져 있는 곳에 지하수오염방지를 위한 조치를 하고 Cell을 구성하면서 매립하고 가스발생에 대한 예방조치를 시행하는 방식이다.

우리나라와 같은 산간지대의 계곡에 매립하는 계곡 방식이 있으며, 이는 우수를 배제할 수 있는 시설을 설치하고 매립된 쓰레기의 저장을 위한 제방을 쌓고 Cell을 구성하면서 매립하는 방식으로 부산 석대동 매립지에 이용되고 있다.

(2) 침출수

도시 쓰레기를 매립함에 따라 생길 수 있는 수질오염원 및 오염물질은 다음과 같다.

① 강우시 매립장 유출지표수
② 강우시 매립물질 부식과정에서 발생되는 침출수(Leachate)

(3) 매립장 유출 지표수

매립장에서 유출되는 지표수는 일반 자연토양인 표토층이 있기 때문에 오염은 크게 문제되지 않는 것이 일반적이다. 이와 같은 사실은 부산시 명지동 및 화명동 쓰레기 매립장에서 동아대학교 환경문제연구소 조사로 밝혀진바 오염요인은 있으나 큰 문제점이 없었고, 또 이와 같은 사실은 국외 연구에서도 지표수 유출수의 오염은 거의 무시되고 있다.

(4) 매립장 침출수(Leachate)

매립장에서의 침출수는 대략 다음과 같은 과정에서 발생된다.

① 매립 쓰레기 자체수분
② 지하수 등 유입

③ 쓰레기 분해시 발생수

④ 강우에 의한 매립 쓰레기 더미에의 침출수

여기서 매립 쓰레기의 자체분해에 의한 침출수의 발생은 쓰레기의 함수율이 높은(일반분뇨는 80% 이상) 경우 문제가 생기나 일반 발생 쓰레기는 대부분 함수율 65% 이하이므로 문제가 되지 않는 것이 일반적이다.

지하수의 유입은 매립지가 계곡인 곳은 문제가 될 수 있으나 매립토심이 얕은 경우는 계산하지 않는 것이 일반적이다. 쓰레기의 분해과정은 호기성 및 혐기성으로 대별할 수 있다. 예를 들면 아래와 같다.

$$C_6H_{12}O_6 + 6O_2 \rightarrow 6CO_2 + 6H_2O + 38ATP \quad (\text{호기성})$$

$$C_6H_{12}O_6 \rightarrow 2CH_3 \cdot CHOH - COOH + 2ATP \quad (\text{혐기성})$$

이 식에서 보면 쓰레기 분해과정에서 발생되는 발생수는 그 자체의 분해열에 의하여 증발되므로 무시할 수 있다. 침출수에 절내적인 영향을 미치는 깃은 강우에 의해 표토를 침투하는 강수에 의한 것이 침출수 생성에 가장 큰 영향을 미친다.

(5) 침출수의 성상 및 처리

침출수는 도시 쓰레기 성분 중 용해성 물질이 강수, 지표수, 지하수에 의하여 발생되므로 이 때 여러 가지 오염물질이 함유되어 배출된다. 침출수 중의 오염물질은 쓰레기 성분에 따라 다르겠지만 Dewalle과 Chian에 의하면 도시 쓰레기 매립장의 침출수는 40～50종류의 유기물질을 함유한다고 하였다. 따라서 침출수는 인근 수자원을 오염시킬 가능성이 크다고 본다. 침출수 중 발생되는 오염물질은 주로 시간에 따라 달라지고 매립물질의 상태에 따라 달라지는데, 일반적으로 오염농도가 높고 중금속 농도도 높아 자연생태계에 큰 위협을 준다.

처리는 주로 생물학적 처리와 화학적 처리의 복합형태가 응용되고 있고 필요에 따라 활성탄 등 고차처리가 채택된다.

(6) 매립발생가스의 성상 및 변화

외국의 문헌들에 의하면 매립장에서의 가스발생은 쓰레기의 종류, 주변 조건들에 의해 그 발생량과 발생성상이 다른 것으로 보고되고 있다. 참고로 부산시 명지동 및 화명동 쓰레기 매립장에서의 매립 실측자료를 보면 표 9.3과 같다.

표 9.3에 의하면 부산시 명지동 쓰레기 매립장에서의 배출가스는 CH_4가스가 60%, CO_2가 33.2%로 배출가스 대부분을 차지하고 있고 매립 후 3년 경과 후 거의 가스발생은 정지하는 것으로 보고하고 있다. 한편 Techobanoglous 등은 매립장 생성가스의 시간에 따른 농도분포

를 표 9.4와 같이 발생함을 보고하고 있다.

표 9.3 부산시 명지동 및 화명동 매립장에서의 배출가스

구 분	명지동 매립장(14개월 후)		화명동 매립장(8개월 후)	
종 류	농도(Vol %)	열량(kcal)	농도(Vol %)	열량(kcal)
O_2	1.44	0	2.11	0
N_2	5.08	0	12.83	0
CH_4	60.29	5.746	52.05	4.961
CO_2	33.19	0	33.01	0
Total	100	5,746	100	4,961

표 9.4 매립장 생성가스의 경과시간에 따른 농도변화(미국)

경과시간 (월)	평균 용적 퍼센트(%)		
	N_2	CO_2	CH_4
0～3	5.2	88	5
3～6	3.8	76	21
6～12	0.4	65	29
12～18	1.1	52	40
18～24	0.4	53	47
24～30	0.2	52	48
30～36	1.3	46	51
36～42	0.9	50	47
42～48	0.4	51	48

(George Techobanoglous et c., Solid Wastes, McGraw Hill, 1977)

또 Stegemann 매립장에서 경과시간에 따른 Gas발생은 그림 9.4와 같이 보고하고 있다.

매립지에서 매립가스의 생성과정은 다음과 같이 4단계에 걸쳐 발생하게 된다. 먼저 1단계는 호기성 단계로서 폐기물 매립 후, 몇 일 또는 몇 개월 가량 지속되는데, 폐기물내에 수분이 많은 경우에는 반응이 가속화되어 용존산소가 쉽게 고갈되어 2단계 반응에 빨리 도달하게 된다.

2단계는 혐기성 단계이나 CH_4가 형성되지 않은 단계로 임의성 미생물에 의하여 SO_4^{2-}와 NO_3^-가 환원되는 단계이다. 이 반응에 의해 CO_2가 생산되며, 수분이 충분한 경우에는 3단계로 빨리 넘어간다.

3단계는 혐기성 단계로 CH_4가 생성된다. 즉, 가스 내의 CH_4 함량이 증가하기 시작하며, 온도가 약 55℃까지 증가한다.

4단계는 혐기성 단계로 가스내의 CH_4와 CO_2의 함량이 거의 일정한 정상상태에 도달하는 단계이다.

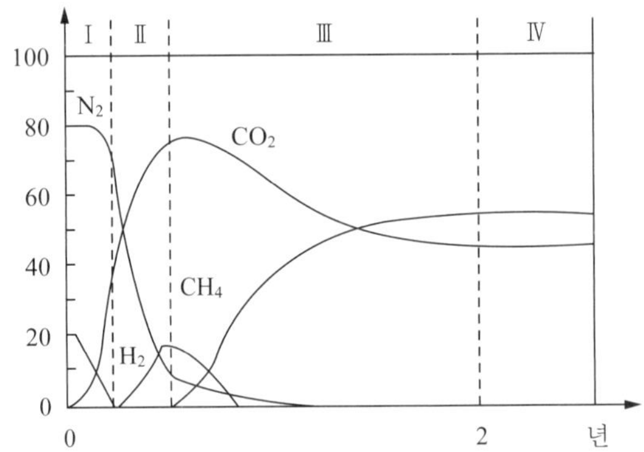

그림 9.4 폐기물 매립장에서 가스발생기간에 따른 가스 종류

매립지 내에서는 혐기성 분해가 주요 반응이 되며 매립 2년 후가 되면 대체로 메탄가스가 55%, 탄산가스가 45% 정도를 차지한다. 초기에는 탄산가스의 함량이 높은 것은 호기성 분해의 결과이다. 산소가 소비되고 나면 혐기성 분해로 이어진다. 일정한 기간이 지나고 나면, 가스의 조성이 비교적 일정해지며 메탄의 양이 탄산가스의 양보다 다소 높아지는데, 이는 시간이 지남에 따라 혐기성 분해로 인해 메탄의 발생이 증가하고 이산화탄소는 매립지 아래로 확산되기 때문이다.

(7) 매립가스 발생

일반적으로 매립장에서의 가스 발생량과 발생가스의 성질은 Rettenberg에 의하면 매립장 가스발생 내외인자(그림 9.5)에 따라 변화한다고 보고하였다.

매립장에서 유기물의 분해는 주변 조건에 의해 일반적으로 크게 두 가지 형태로 진행되는데 매립초기에는 호기성 상태로

$$C_6H_{12}O_6N + 6O_2 \rightarrow 6CO_2 + 6H_2O + 38ATP + \frac{1}{2}N_2\uparrow \quad (\text{호기성})$$

매립지에서 38ATP에너지를 발생하여 매립장이 때때로 70℃까지 고온을 일으키면서 CO_2와 수증기를 발산하다가 토양내의 산소가 소비되게 되면 혐기성 분해를 일으키게 된다.

표 9.4에 의하면 CH_4가스농도의 최대치는 매립 후 30～36개월에서 일어나고 있고 표 9.3에 의하면 CH_4가스는 10년 가까운 시기에 최대농도에 달하고 있는데 이와 같은 원인은 모두 매립장의 조건, 매립물질의 차이 때문에 생긴 것으로 보인다.

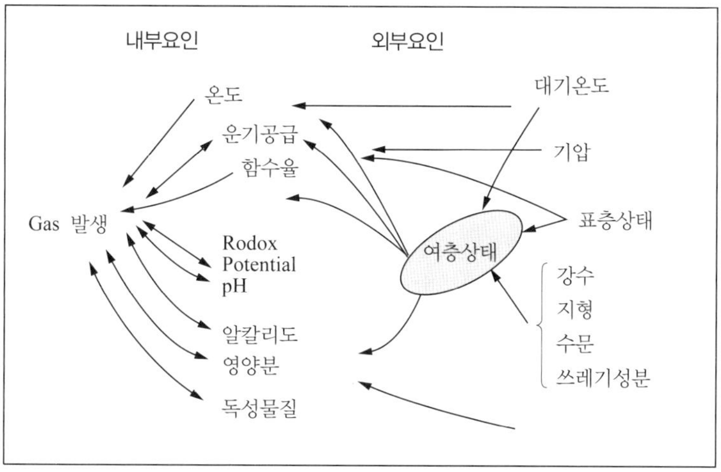

그림 9.5 매립장 가스 발생 내·외 인자

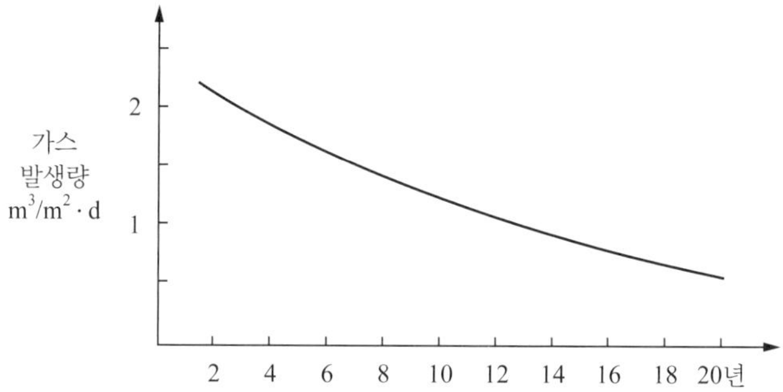

그림 9.6 40m 깊이의 매립장에서 m^2당 하루에 발생되는 가스량

3 퇴비화

(1) 퇴비화의 역사

퇴비화는 농업생산에서 전 세계적으로 활용되는 방법인데 통상 농사잔재물, 채소 찌꺼기 및 가축분을 혼합하여 대용비료로서 사용함으로써 농축 잔재물을 처분하여 환경오염을 저감하고 농업생산에 기여할 수 있는 가장 이상적인 처리방식이었다.

동양 특히 중국, 한국, 일본에서는 인분과 농업폐기물을 혼합하여 이미 4천년 이전부터 활용된 방식인데, McGarry는 이와 같은 동양의 퇴비화 방식은 농경사회에서 높은 인구밀도와 식량 생산성 증가와 동시에 토양오염과 위생문제를 해결할 수 있는 최선의 길이었다고 언급하고 있다.

이러한 인분과 농업폐기물의 합성퇴비화 방식이 서구에 처음 소개된 것은 미농무성의 F. H. King 교수에 의하였고, 이 보고서를 본 Albert Howard경에 의해 임의성 퇴비화 방식인 Indore Process가 인도에 보급되었고 이로 인해 전 세계적인 관심이 집중하게 되었다. 이로부터 30년 이후 Scharff에 의해 소위 "Calcutta－Process" 가 다시 혐기성 퇴비화방식으로 실용되었다.

이와 같은 농업폐기물의 퇴비화방식이 도시 쓰레기에 그 원리가 점차 활용된 것은 2차 세계대전 이후에 본격적으로 도입되어 특히 네덜란드에서 전국적인 규모로 폐기물처리에 이용되어 프랑스, 스위스, 서독 등지에서도 상당한 처리시설이 만들어졌으나 생산된 퇴비에 대한 이용기피로 매립방법과 소각처리방법에 밀려 크게 시설이 확장되지 못했으나 근년에 와서 자원의 재활용이 강조된 이후부터 다시 증가추세를 보이고 있다.

(2) 폐기물의 퇴비화 처리의 의의

인간은 자연환경 속에 태어나서 삶을 누리고 다시 자연으로 돌아간다. 인간이 자연에서 생활하는 동안 자연환경을 이용하고 쓰레기를 만들며 이 쓰레기는 가능한 한 생산한 원위치로 복귀시켜야 하는데 도시생활과 집단생활을 영위하면서 도시에서 그대로 폐기시킴으로써 폐기물의 오염이 발생하게 된다. 따라서 퇴비화는 인간이 생산한 폐기물을 다시 자연으로 환원시키는 방법이라 볼 수 있어 가장 이상적인 폐기물 처리방법이라 할 수 있다. 그러나 근래에 와서 소비과정에서 폐기된 폐기물이 자연으로 환원하기가 곤란한 형태의 폐기물이 발생되고, 또 퇴비화된 퇴비물질 속에 중금속 등이 이상물질로 인해 토양에 환원시키는데 어려움이 발생하고 있다.

이런 문제는 지엽적이고 기술적으로 실제 해결가능하며 먼 인류의 장래와 폐기물의 궁극적 이상적인 처리방식으로서 퇴비화 처리는 그 기술개발을 통해 채택되고 보급되어져야 할 과제라고 생각되고 있다.

(3) 퇴비화 과정

퇴비화는 미생물학적 과정으로 진행되는데 주로 다음과 같은 기본적인 조건에 상관되어 진행된다.

① 퇴비화 물질의 물리적인 성질
② 퇴비화 물질의 전처리 유무
③ 화학적 조성상태(영양분, 유독성물질)
④ 퇴비화물질의 미생물 함유상태
⑤ 환경적인 인자(함수율, 산소공급상태, 외기온도, pH)

⑥ 퇴비화 방식

유기물질의 분해에서의 미생물의 활동은 기본적으로 두 가지 형태로 대별된다. 즉, 산소가 충분히 공급되는 호기성 조건과 그 반대의 혐기성 상태이다. Poepel에 의하면 호기성 상태에서 분해 상태는 그림 9.7과 같이 일어나는데 여기에 1 g의 분해 유기탄소는 33.49～41.87 kJ의 에너지가 발생한다고 하였다.

반면 혐기성 상태에서는 그림 9.8과 같이 분해가 되는데 여기서는 1 g의 유기탄소 분해에는 대략 1.866 L의 소화가스가 발생하고 그중 65%가 CH_4가스로 생성되는데 이를 소각할 경우 호기성 상태에서와 같은 양의 에너지를 얻을 수 있다고 한다.

그림 9.9는 설탕이 호기성과 혐기성 상태에서 분해과정에서 발생되는 에너지를 나타내고 있는데 호기성 상태에서는 1 mol의 설탕에서 38 APT가 발생하는데 비해 혐기성 상태에서는 불과 2 ATP의 에너지를 얻게 된다.

임의성(Facultative Condition)과 혐기성 조건(Anaerobic Condition)에서 NO_2 또는 NO_3 결합물은 탈질소과정에서와 같이 NH_3가스 상태로 발산되기 때문에 악취도 많이 발생하고 동시에 질소분을 퇴비더미에서 잃어버리기 때문에 바람직하지 않다.

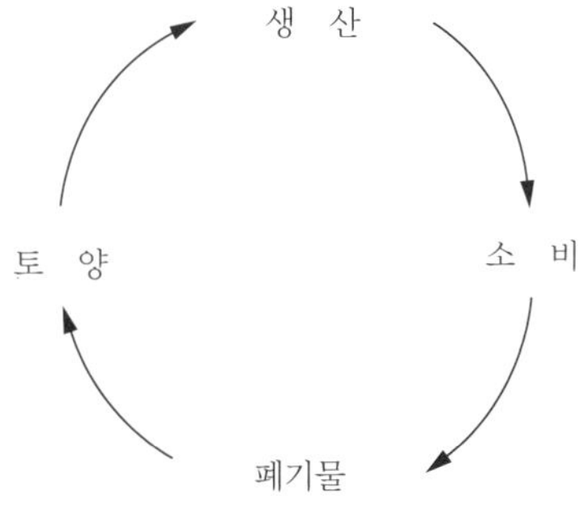

그림 9.7 폐기물의 순환

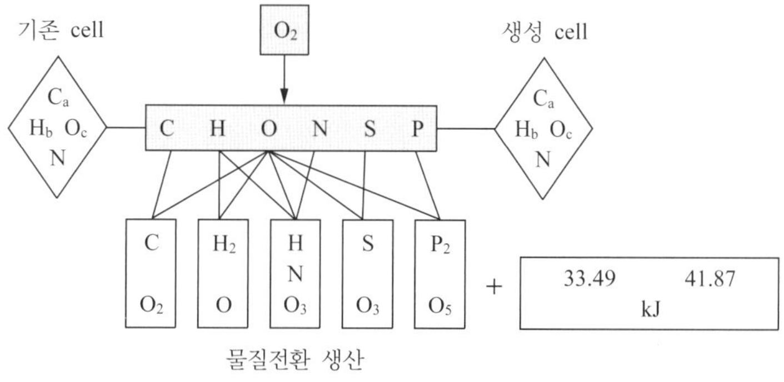

그림 9.8 호기성 물질전환과정

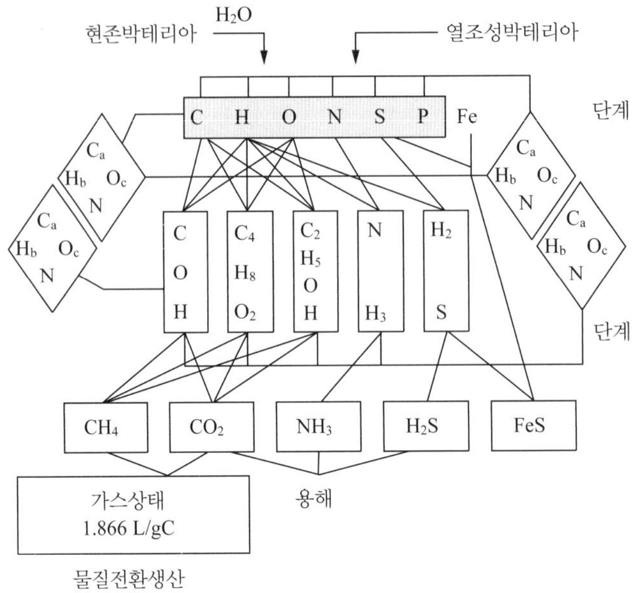

그림 9.9 혐기성 물질전환과정

호기성 호흡

$C_6H_{12}O_6 + 6O_2 \rightarrow 6CO_2 + 6H_2O + \underline{38\ ATP}$

소화

유산박테리아

$C_6H_{12}O_6 \rightarrow 2CH_3 \cdot CH \cdot OH - COOH + \underline{2\ ATP}$

Helen

$C_6H_{12}O_6 \rightarrow 2CH_3 \cdot CH_2OH + 2CO_2 + \underline{2\ ATP}$

그림 9.10 에너지 생산

많은 사람들은 퇴비화 과정 중에 질소분을 공기 중에서 퇴비더미에 축적시킨다고 생각하고 있으나 실제 질소분은 축적되는 일은 없는 것으로 판명되고 있다. 이와 같이 잘못 판단하는 근거는 퇴비재료에서의 질소성분 농도가 완숙된 퇴비의 질소농도보다 적은데 기인하는데 이는 퇴비과정 중에 유기탄소분이 무기화되면서 유기탄소량이 감소되기 때문에 생긴 것이다.

설탕, 전분, 펙틴은 퇴비화 과정에서 80~90%까지 급속히 무기화되며 셀룰로오스도 거의 같은 비율로 무기화된다고 보고되고 있다. 또 퇴비화과정에서 분해율은 퇴비더미의 온도에 크게 상관되는데 Rheinbaben에 의하면 40℃에서 55.7% 분해율을, 50℃에서는 59.4%, 60℃에서는 52.1%, 70℃에서 40.1%의 분해율을 일으키는 것으로 확인되고 있다.

퇴비화에서 가장 중요한 것은 퇴비더미를 혐기성 상태로 유지해서는 안 된다는 것이다. 혐기성 상태에서 온도, 퇴비화속도, 악취, 분해물, 회충란 등 병원균의 사멸 등 모든 조건에서 불리하다. 따라서 퇴비더미에서 혐기성 상태를 유지시키지 않는 방식은 퇴비재료를 너무 미세하게 만들지 말고 통기상태를 좋게 하며 함수율을 낮추는 일이 가장 중요한 인자이다.

(4) 퇴비화 방법

원시상태에서 퇴비화 방법은 노천에 자연상태로 더미를 형성하며 자연적인 함수율과 공기 순환으로 퇴비화 과정이 일어났으나 퇴비화에 대한 연구가 활발해지면서 고속 퇴비화에 대한 각종 방법이 개발되었다.

주요한 몇 가지를 소개한다.

1) 중국식 퇴비화 방식

중국에서 근래 개발한 방법으로 평지에 퇴비더미를 설치하고 대나무로 공기구멍을 만들어 퇴비더미 내에 공기공급을 원활히 하였다. 겨울철에는 구덩이를 파서 보온하면서 비슷한 방법으로 공기공급을 시키는 방법이다(그림 9.11 참조).

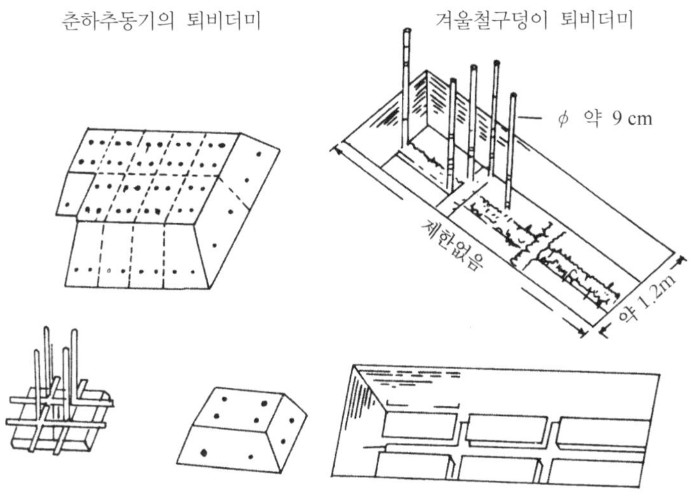

그림 9.11 중국식 호기성 퇴비더미

2) 진공식 퇴비더미 방식

퇴비더미에 완성된 퇴비를 피복하여 악취를 방지하며 진공펌프로 퇴비더미의 공기를 뽑아 숙성된 퇴비상에 불어 넣어 악취를 제거하면서 퇴비화시키는 방법이다.

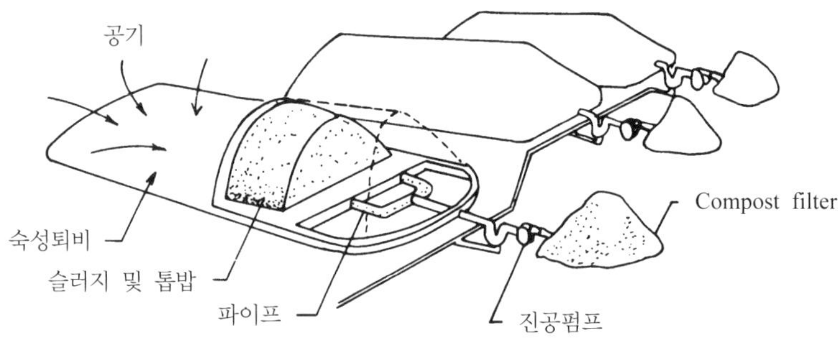

그림 9.12 진공펌프식 퇴비더미 방식

3) 개량식 퇴비더미 방식

간단한 퇴비더미에 의한 퇴비방식으로 농촌에서 사용할 수 있는 방법으로 측구 위에 기공이 포함된 덮개 위에 퇴비더미를 적치하며, 5 cm 정도의 숙성 퇴비를 표피로 덮어 두면 보온 및 악취제어가 가능하다.

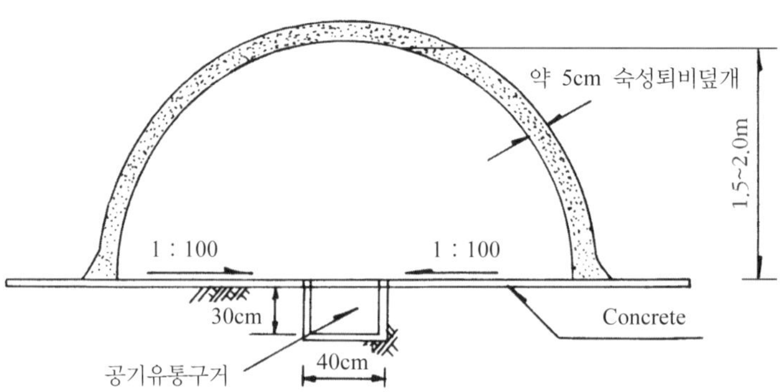

그림 9.13 개량식 퇴비더미 방식

4) 기계식 고속 퇴비화 방식

회전드럼(덴마크식) 또는 계단식으로 퇴비 재료를 이동시키면서 인공적으로 새로운 공기와 재료를 접촉시켜 퇴비화시키는 방식으로 공업 선진국에서 많이 활용되는 방식이다. 개발자에 따라 여러 종류가 있다. 비교적 에너지가 많이 소요되는 단점이 있다.

5) 더미식 퇴비화 방식

쓰레기와 슬러지 등을 혼합시켜 퇴비더미를 약 2～3 m 높이로 쌓아놓고 자연 통풍을 시키면서 1주일 이내에 1회 정도 살수와 동시에 이적함으로써 퇴비를 생산하는 방식인데 에너지가 적게 소모되나 악취 등이 발생할 수 있다.

(5) 퇴비의 이용

퇴비는 원래 대용 비료로서 사용하는데 목적을 두었으나 비료가치로서 그렇게 효과가 있지는 않다는 것이 일반적인 견해이다. 그 이유는 화학비료에 비해 질소, 인산, 가리 등의 함유분이 낮기 때문이다.

표 9.5는 연탄재 함유율 60%일 때 도시 쓰레기 및 분뇨의 합성퇴비화 등 생산된 퇴비의 비료 성분을 표시하고 있다. 그러나 퇴비는 토양개량제로서 또 부식토(Humus)의 함량이 높기 때문에 토양증량제로서 효과는 절대적이다. 또 근래 해양의 매립, 조경사업으로 퇴비의 수요가 급증하고 있어 토양개량제로서의 역할이 크다.

퇴비의 토양증량제 또는 대용비료로서 사용되고 있어 근래 도시하수 슬러지의 중금속함량 증가에 따라 이에 대한 이의가 때때로 일어나고 있다.

표 9.5 연탄재함유 약 60%의 도시쓰레기와 분뇨의 합성비료의 조성

구 분	pH	C－Gehalt % v. TS	N % v. TS	P_2O_5 % v. TS	K mg/100g TS	Ca mg/100g TS
Feld－versuch	7.8～8.5	4.2～4.7	0.3～0.4	0.06～0.08	0.4～0.6	10.0～12.0
Kasten－versuch	7.6～8.5	4.4～4.8	0.3～0.5	0.07～0.08	0.5～0.6	9.0～12.0

우리나라에서도 환경보전법상 슬러지 내의 중금속농도를 제한하여 토양에의 환원을 규제하고 있으나 서독에서 오랫동안 논란을 거쳐 하수슬러지 처분의 제한 규정을 제정하였다.

이를 보면, 아래와 같이 제한치를 설정하여 규제하고 있다.

납(Pb) : 1,200 mg/1 g. TS
카드뮴(Cd) : 30 mg/1 g. TS
구 리(Cu) : 1,200 mg/1 g. TS
니 켈(Ni) : 200 mg/1 g. TS
아 연(Zn) : 3,000 mg/1 g. TS

대략 이 정도의 중금속농도는 도시하수에 중금속을 함유한 산업폐수가 많이 연결되어야 하며 일반 도시하수는 대부분 이보다 절대적으로 농도가 낮다.

퇴비는 그 숙성상태에 따라 신선퇴비와 완숙퇴비로 구분하는데 대략 신선퇴비는 약 10일간 정도 퇴비과정을 거친 것으로 C/N비가 20 정도 이상으로 계속 퇴비화의 미생물 작용이 지속된다. 이 퇴비는 일반적으로 NH_3 등 악취성분의 탈취성이 좋아 탈취상의 재료로 많이 이용되며 숙성퇴비($C/N < 15$ 이하)는 대용비료 등으로 활용된다.

(6) 퇴비생산의 경제성

원시사회에서처럼 퇴비가 유일한 비료로서 활용될 때는 퇴비에 대한 경제성은 고려의 대상이 될 수 없었다. 그러나 현재 퇴비생산에 의한 생산된 퇴비를 팔아서 퇴비화 시설을 운전한다는 단위 경제성에 대해서 전 세계적으로 관심은 크다. 일반적인 견해는 쓰레기에 의한 퇴비생산의 단위 경제성은 거의 없는 것으로 판단되고 있는 쓰레기 처리라는 대전제 아래서 퇴비화방법은 국가, 국민 경제적 관점에서는 경제성이 입증되고 있다.

대략 쓰레기의 퇴비화생산은 위생매립방법보다 2～4배 정도 더 비용이 되는 것으로 알려지고 있고 소각방식보다 그 절반 정도의 비용이면 가능하다고 한다.

퇴비화방법은 따라서 위생매립방식이 어려울 때 대행할 수 있는 쓰레기의 처리 방식으로 채택이 가능하고, 또 이 처리방식은 자원의 재회수라는 측면에서 인류가 궁극적으로 채택할 수 있는 쓰레기 처리방식이라 판단되고 있다.

4 소각

(1) 소각의 필요성

폐기물의 발생량이 많아지면 매립장의 확보나 재이용이 어려운 경우 이들 고체물을 소각에 의해 그 양이 줄이면서 발생된 잔여물을 매립 처리하는 것이 폐기물의 소각 방식이다. 특히 폐기물이 위생적인 문제를 지니고 있거나 발열량이 많은 경우 그 처리가 유리한 방식으로 소각과정에서 발생되는 폐열은 재이용하여 발전, 난방, 수영장, 또는 채소재배 등에 이용하고 있다.

전 세계적으로 도시화 폐기물 성분의 다양화 현상으로 소각장건설이 선진공업국에서 채택되면서 점차 확산되고 있다. 그러나 일반적으로 폐기물의 소각처리는

① 건설비가 비싸고
② 운전관리비가 비싸고
③ 운전, 관리, 건설에 고도의 기술이 요구되고
④ 대기오염 요인으로 지목되어 근래에는 폐기물이 선회되고 있으나 아직도 대도시의 경우
⑤ 부지가 적게 소요되고
⑥ 폐열이용

⑦ 처리 이후 2차 오염이 적어서 많이 채택된다.

(2) 소각의 기초

쓰레기의 소각은 쓰레기내의 탄소, 수소, 유황분이 열에 의해 산소와 결합하여 산화물과 생성열을 발생하고 다시 다른 소각물질을 연속하여 태우면서 계속적으로 열을 일으키는 현상이다. 이를 정리하면

$$C + O_2 = CO_2 + 97{,}200\ \text{kcal/kmol}$$
$$C + 1/2\ O_2 = CO + 29{,}620\ \text{kcal/kmol}$$
$$CO + 1/2\ O_2 = H_2O + 67{,}580\ \text{kcal/kmol}$$
$$H_2 + 1/2\ O_2 = H_2O + 68{,}500\ \text{kcal/kmol}\ \text{(물의 생성 경우)}$$
$$S + O_2 = SO_2 + 70{,}860\ \text{kcal/kmol}$$

일반적으로 탄화수소(C_mH_n)의 연소시키는 필요산소량과 연소 생성물의 양을 연소의 기초식으로 유도할 수 있으나, 복잡한 분자식의 경우 분자의 화학적 결합을 풀기 위한 화학열을 고려하여야 하므로 연소의 기초식만으로 발열량을 구하는 방법은 적정하지 않고 근사적 추정치로서만 가능하다.

소각에는 완전연소에 의한 소각과 불완전 소각이 있는데, 완전연소란 연소가스, 회분 등 연소생성물에 미연분이 포함되지 않은 것을 말한다. 대부분 쓰레기의 소각은 이론적으로는 완전연소가 가능하나 실제적으로 불완전연소상태가 됨으로써 불완전연소 상태를 가능한 줄이는 것이 필요하다. 이를 위해 적정공기비의 조절과 연소물이 공기에의 접촉면적이 필요하다.

(3) 고체의 연소

폐기물은 고체물질이므로 고체의 연소를 현상론적으로 분류해 보면 다음과 같다.

① 표면연소
② 분해연소
③ 증발연소

「표면연소」는 코크스, 목탄 등 주로 탄소분으로 구성되어 있어 휘발성분이나 열분해하기 쉬운 성분을 거의 함유하고 있지 않는 고체분 연소에서 볼 수 있다. 열기, 산소 또는 산화가스가 고체표면이나 내부로 확산하여 연소반응을 지속시킨다. 이러한 표면연소는 적당히 교반하든지 강제송풍으로 공기확산속도를 높이면 연소가 촉진된다.

「분해연소」는 나무, 종이, 고분자계 물질, 석탄 등과 같이 먼저 연소열에 의해 휘발분이 생성되어 착화연소가 일어나고 이때 생성열에 의해 고체가 팽창, 고열, 용융하면서 휘발분이

더욱 많이 생성되면서 연소가 지속적으로 일어나며 이때 생성된 열로 다시 잔류탄소가 완전연소한다. 연기연소는 일단연소과정에서 공기가 부족하여 완전연소가 되지 않은 것을 말한다.

「증발연소」란 파라핀과 같이 용융, 기화되면서 연소하는 현상이다.

(4) 소각로의 형식과 구조

쓰레기의 소각방법에 따라 회분식과 연속식 소각로로 대별되는데 기계화의 상태에 따라 다음과 같이 구분된다.

표 9.6 소각로의 형식에 따른 구분

형 식	통 칭
회분식 소각로	고정상로
기계화 회분식 소각로	반기계로, 준기계로
준연속 소각로	준기계로
연속식 소각로	기계로

소각로의 구조에 따라 분류하면

① 화격자 연소방식 소각로

② 상(床)연소방식 소각로

③ 유동상식 소각로

④ 분무연소방식 소각로

⑤ 기타

이들은 그 구조형식에 따라 다시 많은 구조형식으로 세분되어 개발되고 있다.

(5) 소각로 부대설비

소각이 원만히 일어나기 위해 각종 부대시설이 필요한데 그 대표적인 시설은 아래와 같다.

① 투입설비

② 공급설비

③ 연소설비

④ 연소가스 냉각설비

⑤ 집진 및 유해물제거 시설

⑥ 발전시설

CHAPTER 10

토양오염

10.1 개설

토양오염이란 오염된 용수나 대기, 또는 산업폐기물, 도시쓰레기 등에 의해 토양이 오염되는 것을 말한다. 최근에는 지하수를 식수로 사용하는 곳이 늘고 있어 토양오염에 대한 대책이 시급한 실정이다. 특히 도시주변에 각종 유해물질을 사용하는 공장 등이 늘어감에 따라 토양을 통하여 주변환경이 오염되어 확산되어가고 비, 바람 등에 의하여 강, 바다로 운반되므로 생태계 전체의 오염으로 퍼지고 있다. 우리나라의 토양환경보전법이 정의하는 토양오염은 사업활동 그 밖의 사람의 활동에 의해 토양이 오염되는 것으로서 사람의 건강·재산이나 환경에 피해를 주는 상태를 말한다. 그리고 토양오염물질이라 함은 토양오염의 원인이 되는 물질로서 대통령령이 정하는 것을 말한다(10.1). 수질 및 대기오염에 비해 우리나라에서 토양오염에 대한 연구는 덜 활성화 되어 있으며 관련법인 토양환경보존법은 1995년도에 와서야 비로소 제정되었다.

토양을 토질면에서 구별하면 무기물질과 유기물질로 구성되어 있다. 무기물질을 이루는 물질은 암석이며, 이것이 일광, 비, 바람, 하천수 등에 의해 풍화되어 작은 모래입자로 부수어져, 더욱 더 파쇄가 되어 0.002 mm 이하의 미세한 점토질을 이루기까지 토양은 물리적인 성질에서 광범위한 크기를 가지고 있다. 토양의 이와 같은 입자의 크기에서 구분하면 표 10.1과 같이 표시할 수 있으며, 화학적인 구성성분으로서 보면 무기성분을 이루는 대부분이 규산이며, 알루미나도 다량으로 포함되어 있다. 이외에도 산화철을 포함하여 산화철이 물과 반응하여 수산화철이나 함수규산철을 이루고 있는 경우가 있다.

토양에는 이외에도 각종 미량원소를 포함하고 있어 생물의 성장에 없어서는 안 될 원소의 공급원로서 중요한 역할을 하고 있다. 이들 성분을 보면 Ca, Mg, Fe, Na, K, PO_4, SO_4 등의 이온성 성분과 Zn, Cu, Co, Mn, Hg, V, Se, S, Cl, Ba, Cr, Ni, Sn, As, Ra 등의 금속, 중금속 등의 원소를 모두 함유하고 있다. 이들 원소들은 토양 중에서 적량으로 존재하면 식물의 성장에 유익할 수 있으나 그 양이 초과되어 토양 중에서 존재하게 되면 유독작용을 나타내게 된다.

천연상태에 있는 미량원소들은 식물의 성장에 필수적이며 유독작용을 나타내지 않는다. 토양에는 미량성분들을 축적하고 있으며 유기물질의 유입과 더불어서 상호관계를 통하여 균형을 유지하며 일정성분을 유지하려는 경향이 있다. 토양은 부패질을 축적함으로써 약간 검은 빛을 띠고 있는데, 그것은 모암의 화학적인 조성에 따라서도 크게 다르다. 토질도 모암

표 10.1 토양오염기준 (단위 : mg/kg)

물질	토양오염우려기준			토양오염대책기준		
	1지역	2지역	3지역	1지역	2지역	3지역
카드뮴	4	10	60	12	30	180
구리	150	500	2,000	450	1,500	6,000
비소	25	50	200	75	150	600
수은	4	10	20	12	30	60
납	200	400	700	600	1,200	2,100
6가크롬	5	15	40	15	45	120
아연	300	600	2,000	900	1800	5,000
니켈	100	200	500	300	600	1,500
불소	400	400	800	800	800	2,000
유기인화합물	10	10	30	-	-	-
폴리클로리네이티드비페닐	1	4	12	3	12	36
시안	2	2	120	5	5	300
페놀	4	4	20	10	10	50
벤젠	1	1	3	3	3	9
톨루엔	20	20	60	60	60	180
에틸벤젠	50	50	340	150	150	1,020
크실렌	15	15	45	45	45	135
석유계총탄화수소(TPH)	500	800	2,000	2,000	2,400	6,000
트리클로로에틸렌(TCE)	8	8	40	24	24	120
테트라클로로에틸렌(PCE)	4	4	25	12	12	75
벤조(a)피렌	0.7	2	7	2	6	21

비고

1. 1지역 : 「지적법」에 따른 지목이 전·답·과수원·목장용지·광천지·대(「지적법 시행령」 제5조제8호가목 중 주거의 용도로 사용되는 부지만 해당한다)·학교용지·구거(溝渠)·양어장·공원·사적지·묘지인 지역과 「어린이놀이시설 안전관리법」 제2조제2호에 따른 어린이 놀이시설(실외에 설치된 경우에만 적용한다) 부지.
2. 2지역 : 「지적법」에 따른 지목이 임야·염전·대(1지역에 해당하는 부지 외의 모든 대를 말한다)·창고용지·하천·유지·수도용지·체육용지·유원지·종교용지 및 잡종지(「지적법 시행령」 제5조제28호가목 또는 다목에 해당하는 부지만 해당한다)인 지역.
3. 3지역 : 「지적법」에 따른 지목이 공장용지·주차장·주유소용지·도로·철도용지·제방·잡종지(2지역에 해당하는 부지 외의 모든 잡종지를 말한다)인 지역과 「국방·군사시설 사업에 관한 법률」 제2조제1항제1호부터 제5호까지에서 규정한 국방·군사시설 부지
4. 「공익사업을 위한 토지 등의 취득 및 보상에 관한 법률」 제48조에 따라 취득한 토지를 반환하거나 「주한미군 공여구역 주변지역 등 지원 특별법」 제12조에 따라 반환공여구역의 토양 오염 등을 제거하는 경우에는 해당 토지의 반환 후 용도에 따른 지역 기준을 적용한다.
5. 벤조(a)피렌 항목은 유독물의 제조 및 저장시설과 폐침목을 사용한 지역(예 : 철도용지, 공원, 공장용지 및 하천 등)에만 적용한다.

표 10.2 토양입자의 크기에 따른 구분

구 분	입자의 크기
자 갈	2 mm 이상
굵은 모래	2~0.2 mm
가는 모래	0.2~0.02 mm
실트(미사, silt)	0.02~0.002 mm
점 토	0.002 mm 이하

의 조성이나 풍화의 정도에 따라 여러 가지 형태가 존재하나 부패질이 풍부한 토양은 단립조직을 형성하고 다공질로서 다량의 공극을 가지고 있어 그 사이에 공기, 물, 영양분을 저장할 수 있으며, 흡착성이 크다. 따라서 유해물질이 토양 중에 들어오게 되면 식물의 흡수로부터 보호하기 위해 완충역할을 한다고 볼 수가 있다.

토양오염의 원인이 되는 오염물질은 사람의 건강에 관한 환경기준과 생활 등에 의해서 결정되는 물질들이지만 이들은 유기물, 무기물, 이온류, 중금속, 농약 등으로 토양에 유입된다. 이 중 오염물의 양이 적을 때, 유기물은 토양 중에 있는 토착미생물에 의하여 분해(자정작용)되고, 무기물은 수중에 용해되어 그다지 문제를 일으키지 않는다. 그러나 중금속이나 불용성의 농약 등은 토양 중에 잔류하여 오염의 문제를 일으킨다. 잔류성이 강한 물질일수록 토양 중에서 분해되지 않고 축적되므로 토양오염의 주된 관심이 되고 있다. 토양의 오염은 토양 중에 유해물질이 들어와 생물의 생육에 저해를 일으키는 효과라고 할 수 있으며 다음의 몇 가지 경우로 요약할 수 있다.

(1) 농약이나 기타 인공적인 독극물이 토양에 유입되어 미생물을 사멸하거나 식물의 성장에 저해되는 상태로 될 경우
(2) 식물의 생육에 대해서는 지장이 없으나 식물을 먹이로 하는 동물에 건강상의 장해가 발생하였을 경우
(3) 각종 유해폐기물이 토양에 투입되어 분해되지 않고 대량으로 폐기되어 축적을 일으킬 경우
(4) 도시쓰레기, 각종 오물, 생활폐기물 등을 투기하여 도시경관을 해치거나 토지이용을 방해하는 경우
(5) 산림의 개발, 토지개발 등을 통하여 무분별한 토지의 황폐를 초래하고 생태계의 균형을 깨뜨리는 경우

10.2 토양오염의 발생원

토양오염에 대한 경로를 보면 그림 10.1과 같이 유해물질의 누출, 배출, 폐기물 매립, 불법투기 등에 의해 직접적으로 토양이 오염되기도 하고 수질 또는 대기오염에 의해 간접적으로 오염된다. 이 그림은 일반적인 생태계의 자연적인 순환을 나타낸 것으로 토양에 유입되는 경로로는 대기, 수계, 인간, 가축 등의 발생원을 생각할 수 있다. 이 중 대기, 수계에서 원천적으로 유입되고 유출되는 과정에서는 오염이라고 할 수 없는 순환이 일어나므로 이는 자연적인 발생원으로 볼 수 있다. 따라서, 여기서 말하는 토양오염이란 대부분이 인공적인 유입으로 말미암아 발생하는 오염을 가리키며 상기의 유입경로에서 어느 부분을 제어하여야 하는가가 중요한 문제가 된다.

토양오염의 발생원으로서 인간에 의한 토지개관, 건설작업, 생활하수, 산업폐수, 광산, 농약, 유해폐기물 등을 들 수 있다. 도시와 농촌의 토양오염은 다소의 차이를 나타내며 인구가 집중하는 도시지역에서는 도심부를 중심으로 도시쓰레기, 공장주변의 유해폐기물발생, 오물 등이 대부분이나 농촌지역에서는 농약이 주된 발생원으로 볼 수 있다. 유독성 농약사용은 토양에 대한 정화능력을 초과하여 저해효과가 나타나고 있으며, 이미 생태계에서의 교란이 발생하여 특정생물의 번식을 초래하고 있다.

(1) 하폐수

도시하수는 세균, 곰팡이, 바이러스 등을 가지고 있어 인근의 지하수나 상수도원을 오염시킬 우려가 있다. 특히 도시쓰레기의 매립에 따른 결과, 쓰레기 매립장의 침출수가 인근의 하천과 지하수를 오염할 수 있어 주의를 요하며, 하수의 수송관로가 파괴되는 경우에도 주

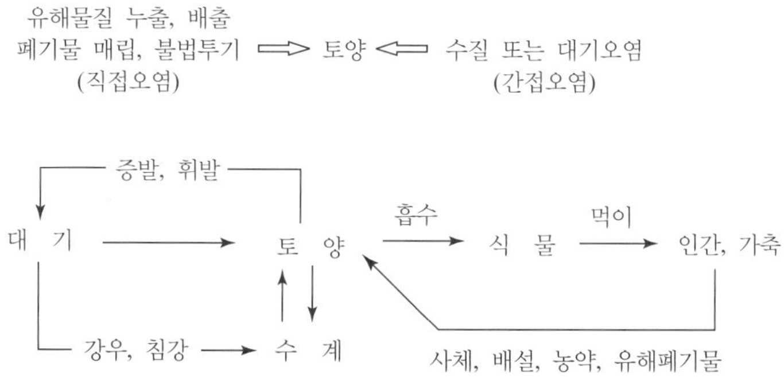

그림 10.1 토양오염의 경로

변토양을 오염할 수 있다. 공장주변에서의 지하수 등의 개발도 공장의 증가에 따라 증대되고 있으며, 공장주변은 배출원이 되고 있으므로 폐수 등의 배출폐수가 토양에 유입되어 지하수를 오염하는 경우가 흔히 발생한다.

(2) 고형폐기물

고형폐기물은 그 처리과정에서 소각, 퇴비화 등이 있지만 현재까지는 매립이 가장 손쉽고 경제적인 방법으로 채택되어 왔다. 그러나 매립에 있어 생물학적으로 분해가능한 오염물은 토양오염의 면에서나 유리하나, 유해화학물질 등의 폐기물은 분해하여 안전화되는데 상당한 시간이 소요된다. 따라서 토양에 대한 부하를 고려할 때, 자연의 충분한 분해 정화능력의 한계를 고려하여야 한다. 최근의 고형폐기물의 매립에는 인근 토양을 오염하지 않도록 매립시에 차단막 등을 사용하여 침출수 등이 지하수를 통하여 오염되지 않도록 기술적인 대책을 강구하고 있다.

(3) 농약

농약은 원래의 정의로서「농작물을 보호하는 약제를 의미하며 그 역할은 토양의 소독으로부터 시작되고 종자의 살균, 발아에서 결실에 이르기까지 병충해, 잡초 등의 피해를 구제한다」로 되어 있다. 농약은 그 사용목적에 따라 소독제, 살균제, 살충제, 제초제, 훈증제 등이 있으며 농작물의 병충해예방, 구충, 생산량 증가에 기여하여 왔다.

환경 중에서 이 농약의 오염으로 문제시되는 것은 환경 중에 오랜 시간 잔류하는 농약, 유기염소계 농약이나 중금속을 포함한 농약(유기수은제, 비소, 카드뮴제)등이다. 오늘날까지 광범위하게 사용되어 왔던 농약은 DDT, BHC, 유기인제 등이며 토양 중에 잔류되어 축적되어 왔다. 그러나, 이외에도 새로운 농약 등이 동물 등에 대해 분명한 독성학적인 결과를 나타내고 있다는 점이며, 농산물을 통해 사람과 가축 등에 유해한 작용을 미치게 함이 명백해지고 있기 때문이다. 그림 10.2는 DDT의 전형적인 먹이사슬의 농도를 나타내고 있다.

이 유기염소계의 농약은 다른 농약과 비교해서 사람과 가축에 대한 급성독성은 비교적 적었지만 살충력이 강하고 잔류효과가 크다는 점이 특징이며, 제조비용이 싸다는 점에서 2차 세계대전 후에 급속히 보급되었다. 그러나 농약의 광범위한 사용과 더불어 자연계에서는 각양각색의 이상이 발생하게 되었다. 야생조류의 산란수가 줄어들거나 조류의 껍질이 얇아져 깨어지는 현상, 다량의 어류들이 멸절되는 현상, 조류, 가축 등이 급사하는 현상 등이 일어나게 되었다. 과학자들은 이들 이상현상을 자연계에서 살포된 농약들이 분해되지 않고 축적되기 쉬운 유기염소계 농약으로 의심하기 시작하여 연구가 진행되었다. 그 일례로서 Rachel Carson은 그의 저서 "Silent Spring"에서 농약의 사용을 강력하게 경고하였다.

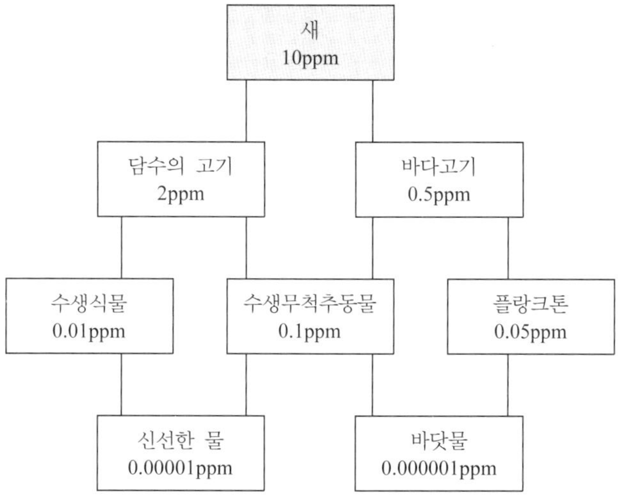

그림 10.2 DDT의 생물농축. 용해된 소량의 DDT가 수생플랑크톤에 흡수되어 영양단계가 올라갈수록 이 화합물이 농축된다. DDT 농도는 실제 데이터는 아니나 전형적인 값이다.

DDT에 의한 환경오염은 남극권까지 도달하게 되었으며 지리적으로 본 인체오염은 북아메리카, 이스라엘, 인도 등지가 가장 높다. 농약에 의한 환경오염을 일으키게 된 주요원인 ① 그 유용성만 주목해서 세계각지에서 대량으로 사용했다는 점, ② 자연계에서 분해가 늦기 때문에 생태계의 물질순환에 의해 확산된 점, ③ 식물연쇄로 인한 생물농축에 의해 생물체내에 고농도로 축적하였다는 점으로 생각할 수 있다. DDT와 같은 농약 사용으로 개발도상국 등에서 곤충을 매개로 하는 전염병, 말라리아 등은 DDT의 살포로 격감하였고, 사망률이 낮게 되었다고 한다. 농업면에서도 농약은 생산성의 향상과 농산물의 안정공급에 크게 기여한 것은 사실이다. 이와 같은 효과가 농약의 사용을 전 세계적으로 가속화시킨 결과가 된 것이었다.

10.3 토양오염기준

토양오염기준은 토양오염대책기준과 토양오염우려기준으로 구분하여 설정되어 있다. 우려기준은 사람의 건강, 재산이나 동·식물의 생육에 지장을 줄 우려가 있는 토양오염의 기준이다. 한편, 대책기준은 우려기준을 초과하여 사람의 건강 및 재산과 동·식물의 생육에 지장을 주어서 토양오염에 대한 대책이 필요한 토양오염의 기준이다. 우려기준과 대책기준은 환경부령으로 정한다. 대상지역은 지목에 따라 1, 2 그리고 3지역으로 구분한다. 1지역에는 전·답·과수원, 목장용지, 학교용지 등이 해당하고, 2지역에는 임야, 염전, 창고용지, 하천, 수도용지, 체육용지, 종교용지 등이 해당된다. 그리고 2지역에는 도로·공장용지, 주차장, 철도용지 및 잡종지 등이 속한다.

토양오염을 일으킬 우려가 큰 시설(토양오염유발시설; 예, 석유류 및 유독물 제조·저장시설 등)은 행정관서에 신고토록 하고 정기적인 토양오염검사 등을 통하여 엄격하게 관리하고 있다. 토양오염검사결과 토양오염우려 기준을 초과 시에는 정화명령, 시설사용정지 명령 등 필요한 조치를 취하여 즉시 복구할 수 있도록 하였다. 오염토양에 대한 개선사업은 오염원인자 부담 하에 시행하는 것을 원칙으로 하고 오염원인자가 없거나, 오염원인자의 부담능력이 없는 경우에는 지방자치단체에서 토양개선사업을 시행하며, 오염으로 인한 피해에 대하여는 무과실 책임원칙을 적용한다.

토양 중에서 분해되지 않고 오랫동안 잔류하는 물질로서 농작물의 생육을 저해하거나 지하수를 오염시키는 등 사람의 건강에 좋지 않은 영향을 미치는 21개 항목이 토양오염물질로 지정되어 관리를 받고 있다. 이 항목에는 Cd, Cu, As, Hg, Pb, Cr^{6+}, Zn, Ni, 불소, 유기인화합물, PCB, 페놀류, 시안 등이 포함되어 있다(표 10.1 참고). 토양오염기준은 토양의 천연보유량보다 높은 수치의 대상오염물질이 인위적인 오염으로 인해 존재할 때 적용된다.

10.4 토양오염의 영향

토양의 오염은 인간이 거주하고 있는 지점에서 근접하다는 점에서 중요시 하여야 한다. 토양의 오염은 넓은 의미로 토지의 파괴라고 할 수 있다. 따라서, 토지 전체를 화학물질 등의 유입으로부터 보호하는 것이 동식물 생육의 관점에서, 또 인간생존의 관점에서 우선되어야 한다. 오늘날까지 토양오염에서 문제시되는 것은 이미 사용이 금지된 농약, 화학물질 등이라도 자연계에 다량으로 살포되어 있다는 점과 그 잔류성이 크다는 것이다. 또한 그러한 물질들이 살포된 지역에서 동식물의 먹이연쇄를 통하여 고등동물인 인간에게 최종적인 축적효과를 가져온다는 점이다. DDT는 만성적으로 간이나 뇌에 장해를 일으키며, 급성으로는 손발의 떨림, 마비현상을 일으키며, 유기염소계의 앤드린도 토양 속에 오래 잔류하여 신장장해, 마비 등을 나타낸다. 무기농약계 중에서 대표적인 화합물인 파라티온제, 유기수은제, 비소 등의 물질 등은 물에 불용성이므로 식물에 대한 흡수는 적으나 토양 중에 계속 잔류하여 독성효과를 가져올 수 있다. 표 10.3은 토양중의 유기염소계 농약의 최대 잔류기간을 나타낸 것이다.

표 10.3 토양중의 유기염소제 농약의 최대잔류기간

유기염소계농약	14년 후의 잔류백분율(%)
Aldrin	40
Chlordane	40
Endrin	41
Heptachior	16
BHC	10
Toxaphene	45(15년 후)
Dieldrin	31(17년 후)
DDT	39

토양오염의 발생원에서 농약은 상기에 언급한 효과들로 인해 그 영향이 가장 크다고 할 수 있으며, 인체에 미치는 영향이 가장 큰 관심대상이 된다. 인간은 먹이연쇄상 가장 상단에 위치하고 있으므로 각종 농약 등의 오염물질에 오염된 식물을 섭취하게 되며 그 결과로 가장 고농도의 수준까지 이를 수 있다. 육류나 물고기, 야채, 곡식 등에 직접 농약을 살포하지 않더라도 성장과정에서 축적, 모체로부터의 이동 등을 통하여 자연적으로 축적이 되는 경우도 있다. 이 과정을 통하여 인체에 들어오는 양은 절반이 넘으며 정도에 따라 차이는 보이지만 대부분의 사람들이 지방조직 속에 약간의 DDT와 DDE의 평균함량을 나타내고 있다. 그러나 DDT와 같은 농약을 사고나 취급부주의로 인한 것을 제외하고, 저농도에서 지속적으로 사용하여 사망하였다는 사례는 거의 없다. 즉, 고농도로 급성적인 영향과는 달리 저농도로 장시간 사용하는 데는 생명에 영향을 줄만큼의 임상적인 영향은 적다는 것이다. 그러나, 다른 독성학적인 연구들은 동물체내의 신경계통의 장해, 유전적인 영향, 호르몬 변화 등에서 연구를 진행 중에 있으며, 생태계를 포함한 인과관계에 논란을 제기하고 있다.

10.5 토양오염의 대책

토양의 오염에 대하여는 기본적으로 사전에 오염을 예방하는 것을 원칙으로 하고 있으며, 이를 위한 관리체계를 확립하여 운영하는 것이 중요하다. 이미 오염된 토양을 복원하는 데는 큰 경비가 소요되므로 오염을 감소, 나아가서는 아예 예방하는 정책 및 연구방향으로 추이는 흐르고 있으며 결국은 지속 가능한 환경을 유지하기 위한 방향으로 나아갈 것이다. 전 세계적인 환경기술시장은 그만큼 커질 전망이다.

토양오염을 방지하기 위한 대책으로서는 토양오염을 사전에 방지하는 방법과 이미 오염된 토양을 원래의 상태로 되돌리는 방법이 있다. 이 대책가운데는 ① 하천오염방지대책, ② 폐기물의 관리, ③ 토양의 배수관리, ④ 농약 등의 사용규제, ⑤ 유해화학물질의 투기규제 등을 들 수 있다.

우선 하천의 오염방지대책으로는 용수 등의 집수, 침전지를 설치하는 것이다. 이 방법은 용수가 유속이 느려지므로 유해한 토사와 난용성염 등을 서서히 침전시켜 다른 토양의 유입을 방지할 수 있다. 집수용 암거(Closed Conduit)를 설치하는 것은 토양 중에 불투수층 상부에 풍부한 복류수나 지하수가 있을 경우에 유리하다. 즉, 수원에서 직접 채수를 하지 않고 토양의 희석여과 능력을 이용하여 집수하는 방법이다.

폐기물의 관리에서는 매립시 발생하는 침출수와 유해폐기물의 침투 등에 충분한 대책을 수립하여야 하고, 가능한 한 유해물질 등은 매립 후의 확산 등을 고려하여 토양 중에 매립하는 경우가 없도록 사전 분리수거 하여야 한다. 그 일례로 수은, 카드뮴 건전지, 형광등 등의 가정용품은 일상의 폐기물과는 분리하여 하며 환경 중에 유입되지 않도록 노력하여야 한다.

토양의 배수관리는 하천, 수계의 오염방지라는 점에서 수질오염과도 밀접한 연관을 가진다. 이를 위해서는 합리적인 용수로와 농경지의 정리, 광산, 폐수의 관리, 축산폐수의 처리 등의 필요하며, 하천에 인접한 토지에는 오물 등을 매립하지 않도록 관리할 필요가 있다.

농약은 해충구제의 면에서 적량사용을 하도록 규제하여야 한다. 이와 같은 사용규제의 효과는 사용할 당시에는 당장 나타나지 않으며 장기간에 걸친 잔류성을 고려하여 환경 중에서 분해가 빠르고 2차 오염이 적은 것들을 사용하여야 한다. 농약의 사용을 대신한 생물학적인 천적의 이용과 병충해 등에 저항성이 강한 품종의 개량, 유전학을 이용한 해충의 억제, 호르몬을 이용한 구충방법 등 농약의 사용을 대신한 구충방법이 개발되어야 한다.

유해화학물질은 근년에 와서 토양오염의 문제로 등장하였으며, 최근 각종 첨단산업의 유치로 유독물질의 개발과 사용이 늘어남에 따라 그 대책이 시급하다고 하겠다. 특히 테트라클로로에틸렌(TCE)을 비롯한 각종 용제는 인근의 하천과 토양오염을 통해 지하수를 오염시키는 사례가 세계 곳곳에서 발생하고 있다.

상기 몇 가지 대책은 토양오염에서도 가장 문제시 되고 있는 발생원에 대한 오염문제의 대책이라고 할 수 있다. 원래의 토양은 각종 무기, 유기물질이 풍부하게 존재하여 식물의 성장과 토양미생물의 생존에 필수불가결한 요소로서 장소를 제공하여왔다. 따라서, 인간이 토양으로부터 농작물 등을 재배하여 그 영향을 받고자 할 때에는 우선적으로 농작물에 대한 영향을 고려하여야 한다. 우리나라에서도 이러한 영향을 고려하여 농작물에 대한 잔류농약의 허용기준이 설정되어 있다. 이외의 토양오염의 대책으로는 다음의 몇 가지를 들 수 있다.

① 토양의 조건을 고려하여 농산물을 재배한다.
② 논과 밭의 일시교체전환으로 토양중의 난용성물질, 유기물의 순환을 꾀한다.
③ 토양의 용도변경 등을 통하여 오염된 토양을 매립용으로 이용하고, 깨끗한 토양을 운반 이용한다.
④ 토지의 무분별한 개발, 산림의 파괴를 방지한다. 이것은 단순한 오염의 차원을 떠나 경관의 손상, 수해 등의 재해발생을 일으킬 수 있다.
⑤ 토양에 유해물질의 직접적인 투입을 억제하여야 한다.

CHAPTER 11

소음 · 진동

11.1 소음(騷音)

1 소음의 정의

소음이란 공기의 진동에 의한 음파 중에서 가청적인 것으로 인간이 감각적으로 바람직하지 않다고 느껴지는 소리이다. 소음은 주관적, 심리적, 감각적인 것이며 수질, 대기 오염과 같이 물리적인 것은 아니다. 어떠한 음에 대하여 소음인지 소음이 아닌지는 쉽게 판단하기가 어렵다. 따라서 모든 가청음은 소음이 될 가능성이 있는 것이다. 소음진동규제법에서는 "소음"에 대한 정의를 "기계, 기구, 시설 기타 물체의 사용으로 인하여 발생하는 강한 소리"를 소음이라 규정하고 있다.

2 소음의 발생과 특성

고체음은 물체의 진동에 의한 기계적인 원인으로 발생한다. 예를 들면, 북 등의 타악기, 스피커, 기계의 충격, 마찰, 타격 등에 의한 소리가 이에 속한다. 고체음에는 1차 고체음과 2차 고체음이 있으며, 1차 고체음은 기계의 진동이 지반 진동을 수반하여 발생하는 소리를 말하며, 2차 고체음은 기체 본체의 진동에 의한 소리를 말한다.

다음으로 기류음이라는 것이 존재하며, 이는 직접적인 공기의 압력변화에 의한 유체역학적 원인에 의해 발생한다. 예를 들면, 나팔 등의 관악기, 폭발음, 음성 등에 의한 소리이다. 또, 난류음과 맥동음이 있는데 이는 각각 회전기기, 송풍기 등의 소리를 가리키며, 맥동음은 압축기, 진공펌프, 엔진의 배기음 등을 말한다.

3 음의 특성

음의 특성은 음파가 매질개개의 입자의 파동이 진행하는 방향의 앞뒤로 진동하는 종파(Longitudinal Wave)이므로 음파의 종류, 온도차, 기상조건 등에 따라 변화한다.

(1) 음의 굴절(Refraction of Sound Wave)

음의 굴절현상은 음파가 한 매질에서 타 매질로 통과할 때 구부러지는 현상으로 그림 11.1에서 보면 상공이 차가울 때의 소리는 위로 향하고 상공이 따뜻할 경우에는 아래로 향하는 경향을 나타낸다. 바람이 있을 경우에는 바람위로 향하고, 바람이 없는 경우에는 아래로 향한다. 따라서 바람 아래쪽에서는 멀리까지 들리게 된다.

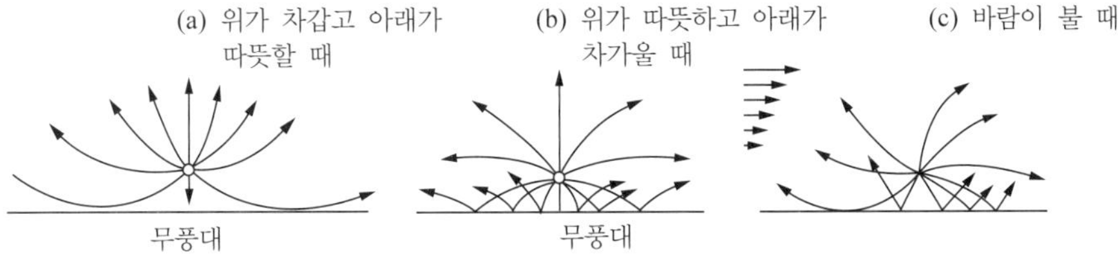

그림 11.1 음의 전파가 기상조건에 지배되는 경우

(2) 음의 회절(Diffraction of Sound Wave)

음의 회절은 장애물 뒤쪽으로 음이 전파하는 현상으로(그림 11.2) 파장과 장애물의 크기에 따라 다르며, 파장이 크고 장애물이 작을수록(물체의 틈구멍에 있어서는 그 틈구멍이 작을수록) 회절은 잘된다.

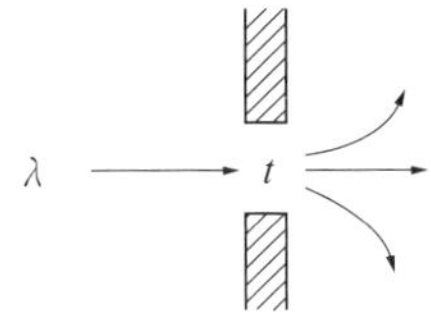

그림 11.2 음파의 회절

(3) 음의 반사(Reflection), 투과(Transmission), 흡수(Absorption)

음파가 장애물에 입사되면 일부는 반사되고, 일부는 장애물을 통과하면서 흡수되고, 나머지는 장애물을 투과하게 된다(그림 11.3).

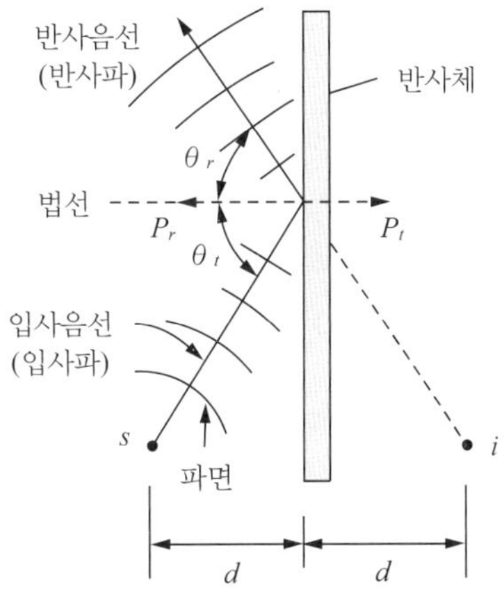

그림 11.3 음의 반사

11.2 소음공해의 실태

소음이란 원래의 정의로 생각하면 “시끄러운 소리” 또는 “듣고 싶지 않은 소리”로 표현할 수 있으나 이는 쾌적한가 불쾌한가의 판단기준이 개개인에 따라 차이가 있으므로 객관적인 판단을 내리기가 어렵다. 그러나, 평균적인 다수군에 의해 평균적인 판단하에서 듣기 싫은 소리로 인정이 되면 소음이라고 할 수 있다. 우리나라의 경우, 환경오염의 피해 진정 가운데 가장 높은 비율을 차지하고 있는 것이 소음·진동의 피해진정임을 알 수 있다. 따라서, 소음공해의 특징은 다음의 몇 가지로 요약할 수 있다. ① 축적성이 없다. ② 감각공해다. ③ 국소적, 다발적이다. ④ 주위의 진정이 많다. ⑤ 대책 후에 처리할 물질이 발생하지 않는다.

소음공해 중 진정내역에는 공장소음, 건설작업, 자동차, 항공기, 철도영업, 가정, 기타 등이 있으며, 공장소음, 건실작입, 영업 등이 주로 대부분의 원인발생에 속한다. 국내의 건설경기의 상승에 따라 건설작업의 소음은 증가될 전망이며, 발파나 굴착 등의 소음이 문제시되고 있다. 영업소음은 주점 등에서의 심야영업으로 인한 흥행 등이 최근 새로운 소음문제로 대두되고 있으며, 가정소음으로는 심야의 피아노연주 등이 진정문제로 등장하여 왔다. 특히 우리나라와 같이 토지 가용면적당의 인구밀도가 높은 지역에서는 이웃소음(Neighborhood Noise)이 특수한 사정을 반영하고 있으며 이웃간의 인간관계에까지 영향을 주고 있는 것으로 나타나고 있다. 이상의 소음들은 대부분이 인공적인 소음이며 자연적인 소음과는 구별이 된다. 자연적인 소음에는 낙뢰, 호우, 폭풍이 있으며, 일시적이고 순간적인 것이므로 인위적인 방지책이 없으며, 이를 문제시하는 사람도 없다. 표 11.1은 일반적인 소음의 크기정도를 표시한 것이다.

표 11.1 여러 가지 소음의 크기 정도

소음레벨 dB(A)	비 고
100	열차통과음(방지벽하에서)
90	공장내 절삭 등의 음, 합창, 대형버스, 여객기 이착륙(2 km 내)
80	지하철의 차내, 번화가 소음
70	차량통행이 많은 가두
60	통상의 회화(1 m 이내)
50	약간 시끄러운 사무실, 낮의 주택지
40	도서관내, 조용한 사무실, 심야 주택지
30	교외의 심야, 속삭이는 음
20	탁상시계의 초침(1 m)

11.3 소음의 발생원

1 도로 교통 소음

자동차 소음은 배기관, 엔진소리, 타이어 마찰음, 그리고 경적음을 들 수 있고 자동차가 저속주행의 경우 엔진음이 주체이고, 고속인 경우 타이어음이 주체가 된다. 근래의 자동차 소음은 고가도로, 고속도로의 보급으로 점차 소음영향권이 확대되고 또한 주민들이 소음폭로시간도 장기화되는 경향을 보이고 있다. 자동차 소음에 따르는 진정의 특성을 보면 가해자의 불특정, 대책에 의한 소음 저하가 어렵고 생활에 밀착된 소음이란 점이다. 그림 11.4는 일본에서 측정한 자동차의 소음레벨의 일례이다. 이 그림을 보면 대형버스와 트럭, 오토바이의 소음이 승용차에 비해 10 dB(A)나 상회하고 있음을 보여주고 있다.

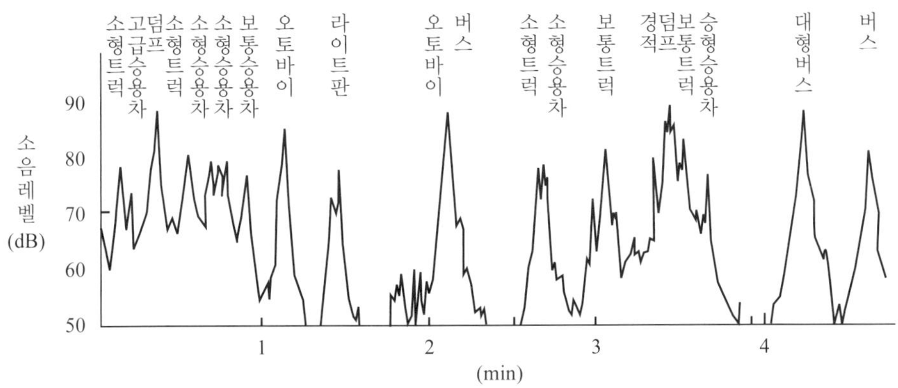

그림 11.4 자동차의 소음

자동차 소음의 대책으로는 다음을 들 수 있다.

① 엔진 및 타이어의 개량 등 자동차 자체의 개선을 통한 저소음화
② 도로면의 개선·방음벽의 설치 등 도로구조의 개선
③ 속도제한·통행제한, 경적사용금지 등 도로교통규제
④ 운전기사의 준법의식 고취
⑤ 지하철 등 교통수단의 개발
⑥ 기타

2 철도 소음

철도 소음의 특징은 간헐적이고 열차통과 중의 소음레벨은 대개 일정하다. 주요 소음발생원으로는 열차의 주행에 수반하는 차량과 레일의 충돌과 마찰에 의한 소음이다. 대부분이 철로의 인근에서 발생되는 소음은 특히 10 m 이내에서 90 dB(A) 이상의 수준을 기록하고 있다. 평탄지역 주행 소음은 레일로부터 10 m 지점에서 90 dB(A) 내외, 포인트 통과시에는 5 dB(A) 정도 증가하고, 철교 및 고가 밑에서는 100 dB(A) 정도이다.

철도 소음을 방지하기 위해서는 노선의 양측에 콘크리트제 등 방음벽을 설치하기도 하나, 이 효과는 노선에 가까운 곳에서 85 dB(A) 정도의 소음을 5～8 dB(A) 정도를 저감할 수 있다. 그림 11.5는 각 소음원에 따른 소음의 크기를 나타낸다.

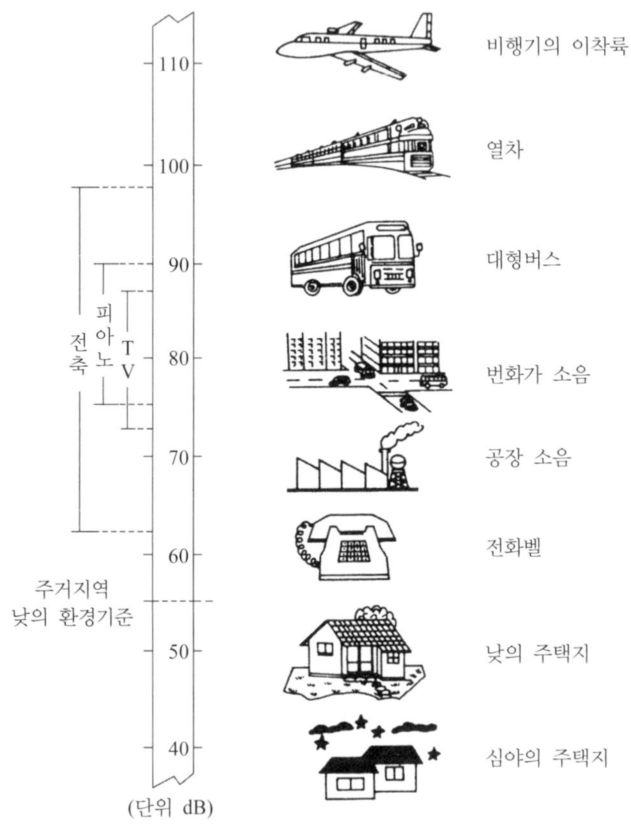

▌그림 11.5 소음 공해의 상태

3 항공기 소음

항공기 소음은 발생음량이 많고, 금속성의 고주파음이다. 간헐적인 충격음이며 상공에서 발생하기 때문에 피해 면적이 극히 넓다. 제트여객기의 경우 이착륙 시에 분출가스와 공기와의 마찰음이 크고, 착륙 시에 있어서도 컴프레서나 터빈에 의한 소음이 크게 발생한다. 콩코드와 같은 초음속여객기는 엔진의 소음이 가장 크며, 음속전후의 속도가 상승하면서 생기는 소닉붐(음속을 돌파시에 생기는 소음)으로 문제시 된 적이 있었다. 제트기의 소음은 일반적으로 이착륙지점에서 2 km 이내의 통과선상에서 90 dB(A) 이상, 3～4 km 떨어진 곳에서 80～85 dB(A) 정도가 된다.

이러한 제트기의 소음을 방지하는 방법으로 제트엔진의 내부에 흡음재를 적용하여 제트의 분출속도를 적게 하는 방법이 여객기에 실용화되고 있다. 그러나 항공기 그 자체에 적할 대책은 기술적인 제약이 있는 까닭에 상승방식이나 비행경로의 변경으로 소음의 영향을 감소시키거나 비행회수나 시간대의 제한, 조정 그리고 항공기 자체의 발생음을 감소시키는 방안을 들 수 있다.

소음을 경감하는 운항방식으로서 다음과 같은 방법이 있다(그림 11.6).

① 급상승방식 : 고도 1,500 m까지 일거에 상승함으로 소음영향범위의 축소를 도모한다.

② Cut Back 방식 : 이륙하여 일정 고도에 달한 후에 위험지역 등의 상공에서는 가속을 억제하고 엔진출력을 줄여서 상비함으로써 저소음으로 통과하고 위험지역을 지나서는 보통의 상비방식으로 돌아온다. 이에 의하여 위험지역 등에서의 소음의 감소를 도모한다.

③ 우선 골주로 방식 : 골주로의 전방에 해상과 같은 소음 영향이 적은 지역이 있는 경우에 풍향·풍속 등의 조건이 허용되는 한 그 방향으로 이착륙함으로써 공항조우에서의 소음의 영향을 적게 한다.

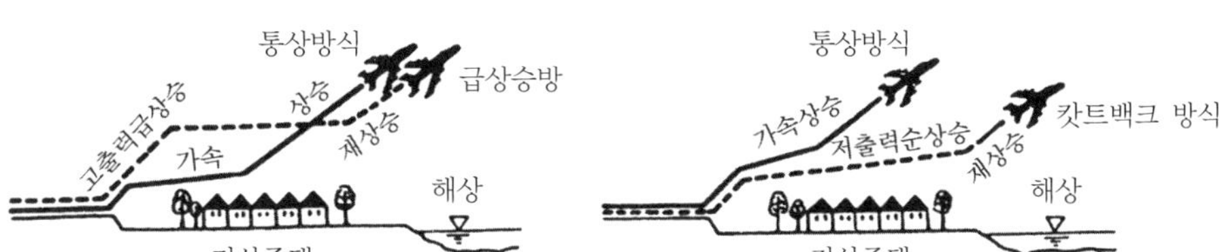

(a) 급상비 방식　　(b) 캇트백크 방식

그림 11.6 소음경감 운항 방식

4 공장 소음

다른 소음에 비해 진정이 많다. 이는 공장이 주택과 혼재되어 있고 중소기업이 많으며, 주택이나 공장 건물이 음에 취약한 구조로 되어 있기 때문이다. 우리나라에서는 공장 소음·진동 배출허용기준이 설정되어 있으며, 대상소음에도 각각의 조건에 따라 보정한 평가소음도가 50 dB(A) 이하이어야 한다.

5 건설 소음

건설기간에 한정된 소음으로 그 음은 대단히 크다. 기계로부터 30 m 지점에서 파일해머는 90 dB(A), 컴프레서는 80 dB(A) 정도이다. 충격적이며 지속시간이 길 때도 있고 강한 진동을 수반한다. 현행법상에서는 건설 소음·진동규제지역의 필요성을 감안하여 소음규제기준을 지정할 수 있다.

특정공사의 시행 시에는 소음진동규제법 24조에 의거 환경부장관의 승인을 얻어야 하며 사전신고의 형식을 거치게 되어있다. 이때 사용하게 되는 폭약사용에는 폭약의 종류, 사용시간, 횟수, 발파공법 등을 감안할 수 있다.

6 생활 소음

확성기 소음, 심야의 영업장 소음, 사업장의 작업 소음 등을 말하며, 주거환경에 있어서 인근의 장소로부터 발생하는 소음을 전부 말한다. 가정에서 발생하는 피아노나 스테레오 등의 소음은 개인의 사생활에 관한 것이므로 규제의 기준을 설정하지 않는 것이 통영으로 되고 있다. 그러나 자기가정에서 발생하는 소음이 타 가정에 대해 소음으로 간주될 수 있으므로 상식적인 감각에서 자제할 필요가 있다. 생활 소음에 대한 규제는 시간이 갈수록 강화되는 추세이며 2009년부터 규제기준의 범위는 표 11.2와 같다.

표 11.2 생활 소음 규제기준 (단위 : dB(A))

가. 적용기간 : 2008년 12월 31일까지

대상 지역	소음원 \ 시간대별		아침, 저녁 (05:00~07:00, 18:00~22:00)	주 간 (07:00~18:00)	야 간 (22:00~05:00)
주거지역, 녹지지역, 관리지역 중 취락지구 및 관광·휴양개발진흥지구, 자연환경보전지역, 그 밖의 지역에 있는 학교·병원·공공도서관	확성기	옥외설치	70 이하	80 이하	60 이하
	확성기	옥내에서 옥외로 소음이 나오는 경우	50 이하	55 이하	45 이하
	공 장		50 이하	55 이하	45 이하
	사업장	동일 건물	45 이하	50 이하	40 이하
	사업장	기 타	50 이하	55 이하	45 이하
	공사장		65 이하	70 이하	55 이하
그 밖의 지역	확성기	옥외설치	70 이하	80 이하	60 이하
	확성기	옥내에서 옥외로 소음이 나오는 경우	60 이하	65 이하	55 이하
	공장		60 이하	65 이하	55 이하
	사업장	동일 건물	50 이하	55 이하	45 이하
	사업장	기 타	60 이하	65 이하	55 이하
	공사장		70 이하	75 이하	55 이하

참고

1) 소음의 측정방법과 평가단위는 「환경분야 시험·검사 등에 관한 법률」 제6조 제1항 제2호에 따른 환경오염공정시험기준에서 정하는 바에 따른다.
2) 대상 지역의 구분은 「국토의 계획 및 이용에 관한 법률」에 따른다.
3) 규제 기준치는 생활소음의 영향이 미치는 대상 지역을 기준으로 하여 적용한다.
4) 옥외에 설치한 확성기의 사용은 1회 3분 이내로 하여야 하고, 15분 이상의 간격을 두어야 한다.
5) 공사장의 소음 규제기준은 주간의 경우 특정공사의 사전신고 대상 기계·장비를 사용하는 작업시간이 1일 2시간 이하일 때는 +10dB을, 2시간 초과 4시간 이하일 때는 +5dB을 규제기준치에 보정한다.
6) 발파소음의 경우 주간에만 규제기준치(광산의 경우 사업장 규제기준)에 +10dB을 보정한다.
7) 공사장의 규제기준 중 다음 지역은 공휴일에만 −5dB를 규제기준치에 보정한다.
   가) 주거지역
   나) 「의료법」에 따른 종합병원, 「초·중등교육법」 및 「고등교육법」에 따른 학교 및 「도서관법」에 따른 공공도서관의 부지경계로부터 직선거리 50m 이내의 지역
8) "동일 건물'이란 「건축법」 제2조에 따른 건축물로서 지붕과 기둥 또는 벽이 일체로 되어 있는 건물을 말하며, 동일 건물에 대한 생활소음 규제기준은 다음 각목에 해당하는 영업을 행하는 사업장에만 적용한다.
   가) 「체육시설의 설치·이용에 관한 법률」 제10조에 따른 체력단련장업·체육도장업·무도학원업·무도장업
   나) 「학원의 설립·운영 및 과외교습에 관한 법률」 제2조에 따른 음악교습을 위한 학원·교습소
   다) 「식품위생법 시행령」 제7조에 따른 단란주점영업·유흥주점영업
   라) 「음악산업진흥에 관한 법률」 제2조에 따른 노래연습장업

나. 적용기간 : 2009년 1월 1일부터

대상 지역	소음원 (시간대별)		아침, 저녁 (05:00~07:00, 18:00~22:00)	주 간 (07:00~18:00)	야 간 (22:00~05:00)
주거지역, 녹지지역, 관리지역 중 취락지구 및 관광·휴양개발진흥지구, 자연환경보전지역, 그 밖의 지역에 있는 학교·병원·공공도서관	확성기	옥외설치	70 이하	80 이하	60 이하
		옥내에서 옥외로 소음이 나오는 경우	50 이하	55 이하	45 이하
	공 장		50 이하	55 이하	45 이하
	사업장	동일 건물	45 이하	50 이하	40 이하
		기 타	50 이하	55 이하	45 이하
	공사장		60 이하	65 이하	50 이하
그 밖의 지역	확성기	옥외설치	70 이하	80 이하	60 이하
		옥내에서 옥외로 소음이 나오는 경우	60 이하	65 이하	55 이하
	공 장		60 이하	65 이하	55 이하
	사업장	동일 건물	50 이하	55 이하	45 이하
		기 타	60 이하	65 이하	55 이하
	공사장		65 이하	70 이하	50 이하

11.4 소음의 영향

1 청각기관

청각기관은 그 동작 원리에 따라 크게 외이, 중이 그리고 내이 세 가지로 구분할 수 있다(그림 11.7).

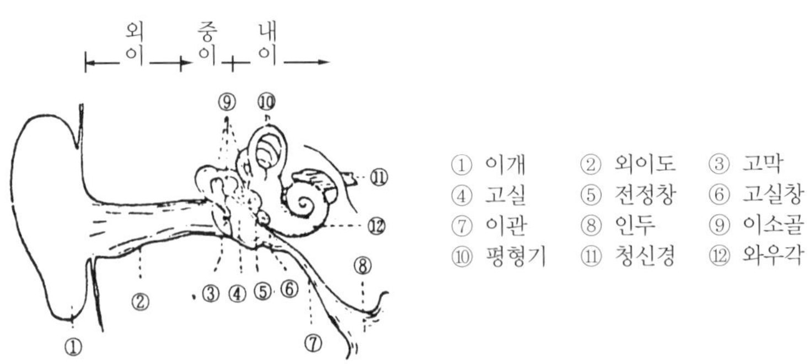

그림 11.7 귀의 구조

(1) 외이의 역할

귀의 외측 부분을 이개라고 하며 이것이 어느 정도 집음기 역할을 하고 있다. 소리는 이개를 통하여 외이도에 전달하게 된다. 외이도는 일종의 공명기로서 약 3 kHz의 소리를 약간 증폭시켜 고막을 진동시킨다. 고막까지의 거리는 약 2.7 cm이다. 고막은 둥근 모양으로 되어있고 단면적이 0.3～0.5 cm^2이며 외이와 중이사이에 위치한다.

(2) 중이의 역할

중이는 망치뼈, 모루뼈 그리고 등자뼈라는 세 개의 뼈를 담고 있는 고실이라고 부르는 작은 공간과 목을 연결하여 주는 유스이시안관으로 나누어진다. 이들 세 개의 작은 뼈들은 고막에서 전달되는 소리의 진폭을 작게 하는 대신에 힘을 약 10～20배 증가시켜 준다. 또한 공기의 진동을 임피던스가 높은 타원창에 임피던스 정합 작용도 한다. 이와 같이 전달된 소리의 진폭은 내이에 있는 임파액에 타원창을 통해 전달시킨다. 유스이시안관은 중이의 기압을 조정하여 고막의 진동을 쉽게 할 수 있도록 한다. 큰 음압에 대하여는 중이의 근육이 수축 작용을 하여 진폭 제한작용을 한다. 이것은 10 m/sec 사이에 동작하므로 충격음이나 폭발음에는 효과가 없다. 중이의 공기는 진동에 제동작용도 한다.

(3) 내이의 역할

소리는 타원창이라고 하는 막에 의해 세 개의 뼈들로 내이의 달팽이관내의 액체에 전달된다. 달팽이관 내에는 기저막이 있고, 이 기저막에는 신경세포가 있어 소리의 감각을 대뇌에 전달시켜 준다. 소리의 크기는 이 기저막이 진동하는 진폭에 비례하여 들리며 소리의 고저는 이 기저막이 자극받는 위치에 따라 식별된다.

2 소음의 영향

소음의 영향에는 소음측 조건에서의 물리적인 영향과 인간측 조건에서의 감수성의 영향을 들 수 있다. 즉, 소음측 조건(물리적 성상)에는

① 소음 레벨이 클수록 영향이 크다.
② 주파수가 높을수록 영향이 크다.
③ 연속음보다 간헐적이며 충격적인 음의 영향이 크다.

등의 영향이 나타나며, 인간측 조건(감수성)에는

① 건강한 사람보다 환자나 임산부가 감수성이 크다.
② 남성보다 여성, 노인보다 젊은 사람이 예민하다.
③ 체질과 심신의 상태(노동, 휴식, 수면)에 따라 감수성 정도가 달라진다.

등의 효과가 보인다.

소음의 청력에 대한 영향에는 「일시적 난청(Temporary Threshold Shift, TTS)」이 있으며, 이는 큰 소리를 들은 직후에 순간적으로 일어나는 청력의 저하는 수초에서 수일간의 휴식 후에야 정상 청력으로 돌아온다. 「영구적 난청(Permanent Threshold Shift, PTS)」은 소음성 난청이라고 하며, 소음을 들은 직후에 2일에서 3주정도 후에도 정상적인 회복이 되지 않으며 4,500 Hz 정도에서 난청이 시작된다. 영구적 난청은 Corti씨 기관내의 유모세포의 불가역적 파괴현상이다.

소음의 신체에 대한 또 다른 영향은 정신적 영향으로 이는 단순한 반복작업에서는 그 영향이 적고, 복합적인 사고를 필요로 하는 작업에는 방해가 된다. 일반사무실 및 강의실에서는 창을 열고 55 dB(A) 이하가 되는 것이 바람직하며, 60 dB(A) 정도가 되면 말을 알아듣기가 어려워지고, 회의실 및 응접실은 40 dB(A) 이하가 바람직하다. 수면 방해는 직접적인 소음의 피해로 볼 수 있는데 낮 55 dB(A), 밤 40 dB(A) 일 때도 종종 진정이 발생하고 침실 내는 40 dB(A) 이하가 바람직하다. 상기의 정신적, 수면 장해 등 피해는 소음에 폭로시에 1차적으로 바로 나타나는 것이고, 신체상으로 나타나는 영향은 혈압이 상승하고 맥박이 증가하며 위 수축이 감소하고 혈당도가 상승하는 것으로 보고하고 있다. 또한 사회적인 영향으로 소음은 대화의 방해, 심리적, 생리적 영향을 줄 뿐 아니라 지가(地價) 하락, 가축에 영향(산란율, 부화율, 우유생산량 등 생장 및 생산량 저하)을 미치기도 한다.

11.5 소음의 방지대책

1 소음의 방지계획

소음방지대책을 무리없게 효과적으로 달성하기 위해서는 정확한 소음방지 계획을 세우지 않으면 안 된다. 대책의 순서는 다음과 같다.

① 소음이 문제가 되고 있는 지점을 확인하고, 그 지점에 있어서 청감 테스트, 소음레벨의

측정, 주파수분석 등에 의한 소음실태조사를 실시한다.

② 소음의 발생원을 탐사하고, 발생기기 등의 발생위치를 확인 조사한다.
③ 현재보다 몇 dB를 저감하면 피해가 적은 지 감음목표를 설정 확인한다.
④ 소음 저감방법을 검토하고, 가장 유효한 방법을 실시한다.

2 소음대책의 목표치

소음대책의 목표치의 하나는 암소음, 즉 대상소음을 없앤 뒤에 잔류하는 소음이다. 사람은 암소음보다 5 dB 큰 음에는 신경이 거슬리며, 10 dB 큰 소음에는 진정의 대상이 되고 있다. 이것도 하나의 소음대책의 목표가 된다.

3 음원대책

소음의 발생원은 3가지로 구분할 수 있으며 각각의 발생기구마다 그 원인을 제거하여 저감하여야하며 이를 음원대책이라고 한다. 그림 11.8은 송풍기 소음 발생원에 따른 대책을 예로서 보여준다.

(1) 1차 고체음 대책

기계나 장치의 내부에서 강제력의 주기적인 반복에 의해 이것이 진원이 되어 공기의 진동이 발생 전파되어 기계의 면의 일부에서 고유진동수와 공진하여 보다 큰 소음이 발생하는 경우가 많다. 이를 1차 고체음이라고 한다. 이를 위한 대책으로는 다음과 같이 실시한다.

① 진동을 일으키는 발생원인을 제거할 것
② 진동을 일으키는 발생의 저감방법을 강구할 것
③ 진동이 기계표면에 전파되지 않도록 절연할 것
④ 소음방사면의 고유진동수를 변환할 것
⑤ 소음방사면에 제진할 것
⑥ 진동절연을 한 커버를 씌울 것

(2) 2차 고체음 대책

기계의 내부에서 소음이 발생하거나, 그 음파에 의한 벽면의 공기 진동으로 투과음이 방사될 경우가 많다. 이것을 2차 고체음이라고 한다. 이를 위한 대책으로는 다음과 같이 실시한다.

① 기계내부의 공기압력변동의 발생원인을 제거할 것
② 벽면의 차음과 내부흡음을 강화한다.
③ 벽면을 흡음재로 덮고, 그 위를 차음재로 피복할 것
④ 차음커버를 설치할 것

(3) 공기음 대책

개구부에서 방사된 소음과 같이 고체진동을 수반하지 않는 소음을 공기음이라고 한다. 이를 위한 대책으로는

① 압력, 유속 등을 저감한다.
② 소음기, 흡음덕트 등을 장착한다.
③ 개구부를 줄여서 방사력을 저감하든가 방향을 바꾸어 지향성을 이용한다.

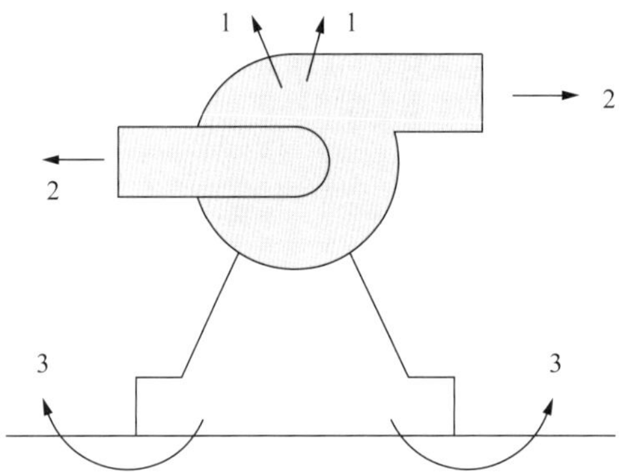

발생원	대 책
1. 2차 고체음	소음기, 덕트 외부의 Lagging
2. 공기음	절연재 혹은 외부보온(Lagging)
3. 1차 고체음	스프링 등에 의한 방진처리

그림 11.8 송풍기 소음 발생원의 소음대책의 예

- 마스킹(Masking) 효과

크고 작은 두 소리를 동시에 들을 때 큰소리만 듣고 작은 소리는 듣지 못하는 현상으로 음파의 간섭에 의해 일어나며, 마스킹 현상의 특징으로 ① 저음이 고음을 잘 마스킹한다. ② 두 음의 주파수가 비슷할 때에는 마스킹 효과가 대단히 커진다. ③ 두 음의 주파수가 거의 같을 때는 맥동이 생겨 마스킹 효과가 감소한다. 이러한 특징을 이용하여 작업장에서의 back music, 자동차 안의 스테레오 음악 등을 이용하여 소음의 영향을 저감시킬 수 있다.

11.6 진동

1 진동공해의 정의

진동이라는 것은 사람에 따라서 불쾌한 진동을 느끼게 하며 목적을 저해하고 쾌적한 생활환경을 해침을 말한다. 사람의 건강이나 가옥 등에 피해를 주는 진동은 감각공해이고, 인간의 생리적 요인에 좌우된다. 일반 주민이 받는 진동의 피해정도는 주파로서 1～90 Hz 범위의 저주파진동이고, 진동레벨로서 60 dB(지진의 진도계로 대략 진도 1에 상당)에서 80 dB(대략 진도 3에 상당) 범위의 경우가 많다.

2 진동공해의 특징

진동도 소음과 마찬가지로 감각공해로서 상황이나 주관에 따라 느끼는 정도가 다르다. 예를 들어 승용차나 기차에서의 꽤 강한 진동을 느끼면서도 이를 의식하지 않는가 하면, 건물에서는 약간의 진동이 있게 되면 큰 거부감을 느끼게 된다.

진동은 일반적으로 그 피해의 범위가 광범위하지 않다. 철도나 중장비에 의한 도로진동, 건설공사 등에 의한 진동은 수백 미터에 불과하며 또한 진동은 소음과 같이 매질내의 파동

표 11.3 생활진동규제기준 (단위 : dB(V))

시간대별 대상 지역	주 간 (06:00~22:00)	심 야 (22:00~06:00)
주거지역, 녹지지역, 관리지역 중 취락지구 및 관광·휴양개발진흥지구, 자연환경보전지역, 그 밖의 지역에 소재한 학교·병원·공공도서관	65 이하	60 이하
그 밖의 지역	70 이하	65 이하

참고

1) 진동의 측정방법과 평가단위는 「환경분야 시험·검사 등에 관한 법률」 제6조 제1항 제2호에 따른 환경오염공정시험기준에서 정하는 바에 따른다.
2) 대상 지역의 구분은 「국토의 계획 및 이용에 관한 법률」에 따른다.
3) 규제기준치는 생활진동의 영향이 미치는 대상 지역을 기준으로 하여 적용한다.
4) 공사장의 진동 규제기준은 주간의 경우 특정공사의 사전신고 대상 기계·장비를 사용하는 작업시간이 1일 2시간 이하일 때는 +10dB을, 2시간 초과 4시간 이하일 때는 +5dB을 규제기준치에 보정한다.
5) 발파진동의 경우 주간에만 규제기준치에 +10dB을 보정한다.

현상이므로 거리나 시간과 함께 감소되며 축적되지 않고 잔재물이 남지 않는 즉, 이차적 공해가 없는 특성을 갖고 있다. 표 11.3은 현재 우리나라에서 적용되는 생활진동규제기준을 나타낸다.

3 진동의 주요발생원

진동을 크게 나누면, 공장 진동, 건설작업 진동, 교통(자동차, 철도) 진동 등으로 분류된다. 이들의 진동원에 대한 진정건수의 비율(일본의 경우)은 다음과 같다.

표 11.4 일본에서의 진정건수

종 류	전체 비율(%)
공장 진동	40～60
건설작업 진동	20～30
자동차 도로교통 진동	10～20
철도 진동	5～10

(1) 공장, 사업장 진동

공장에서 진동 발생원인 기계로서는 단조기(鍛造機), 프레스, 주형조형기(鑄型造形機), 파쇄기, Chipper, Concrete Block Machine 등이 있다. 이 중에서도 단조기의 진동은 압도적으로 크고 단조기에서 5 m 떨어진 거리에서의 진동레벨은 평균 81 dB, 10 m에서 78 dB, 20 m에서 75 dB이다. 압도적으로 진정이 많은 기계는 프레스이고 다음은 단조기의 순이다. 이것은 인가에 근접한 중소기업에서 프레스 보유율이 높은 것 등이 큰 원인으로 생각된다.

(2) 건설작업 진동

건설작업은 비교적 주택과 가까운 장소에서 행해지는 경우가 많고, 진동레벨도 공장 진동보다 큼에도 불구하고 진정건수가 작은 이유는 공사는 일시적인 것이고, 잠시만 참으면 곧 끝난다는 기대감이 주민에게 작용하기 때문이라고 생각된다. 주요 진동 발생원인 기계로서는 디젤파일해머(Diesel File Hammer), 낙하해머(Drop Hammer), 진동파일해머 등이 있고, 평균 진동레벨은 기계에서 5 m 떨어져서 약 80±4 dB, 10 m에서 약 74±4 dB, 20 m에서 약 68±4 dB이다.

(3) 도로교통 진동

자동차에 의한 도로교통 진동은 차체에서의 가진동이 타이어를 통해서 지면에 전달되어 도로가 강제진동하는 것이므로, 가진동의 크기나 특성, 노면이나 지반의 상태에 따라서 영향을 받고, 그 중에서도 도로구조가 미치는 영향이 크다고 알려져 있다.

발생원으로는 주로 덤프차, 대형 트럭, 버스 등의 중량차이고 승용차의 원인은 극히 적다. 일반적으로 대형차에서는 도로단에서 약 70 dB, 10 m에서 65 dB, 20 m에서 60 dB 정도로 되지만, 포장이 불량한 도로나, 지반이 나쁜 지역에서는 더 높은 값으로 되고 있다.

(4) 철도 진동

진동레벨은 성토 구조에서는 10 m에서 약 64~72 dB, 20 m에서 약 55~65 dB이다. 고가교의 라먼구조에서는 10 m에서 약 75~79 dB, 20 m에서 약 67~74 dB이다.

4 진동의 영향

(1) 감각적 영향

6 Hz에서 허리, 가슴 및 등쪽에 가장 심한 통증을 느끼면, 13 Hz에서는 머리는 가장 크게 진동을 느끼고 안면에서는 볼, 눈꺼풀이 진동함을 느낀다. 4~14 Hz에서 복통을 느끼고, 9~20 Hz에서는 대소변을 보고 싶게 하고, 무릎에 탄력감이나 땀이 난다거나 열이 나는 느낌을 받는다.

(2) 신체적 영향

3~6 Hz 부근에서 심한 공진현상(共振現象)을 보여, 가해진 진동보다 크게 느끼고 2차적으로 20~30 Hz부근에서 공진현상이 나타나지만 진동수가 증가함에 따라 감쇠가 급격히 증가한다. 신체적 진동에는 전신진동과 국부진동으로 구분할 수 있으며, 전신진동(Whole Body Vibration)은 트럭, 트랙터 등의 드라이버가 받는 진동이며, 오한, 소화기관 등에 이상을 나타낸다. 국소진동(Hand - Arm System Vibration)은 공사에 종사하는 사람들에게 많이 나타나며 착암기, 공기 해머 및 연마기를 많이 사용하는 사람의 손에 많이 나타난다. 장기간 연속으로 사용하면 손의 냉기, 마비감 등이 생기며 레노증후군, 백납병이라고 부르는 증상이 되고 회복은 곤란하다.

(3) 물적 피해

물적인 피해로는 지진계에 의한 피해를 나타낸 것으로 표 11.5와 같은 영향을 받을 수 있다.

표 11.5 진동의 물적인 피해

진도계	지진의 명칭	가속도 레벨(dB)	비 고
0	무감	55 이하	인체로 느끼지 못함
1	미진	60 ± 1	약간 느낌
2	경진	70 ± 5	크게 느낌
3	약진	80 ± 5	창문, 미닫이가 흔들리고 진동음이 발생
4	중진	90 ± 5	기물이 넘어지고 물이 넘침
5	강진	100 ± 5	집의 벽이나 비석이 넘어짐
6	열진	105～110	가옥 파괴 30% 이하
7	격진	110 이상	가옥 파괴 30% 이상, 산사태 발생

5 방진 대책

방진 대책으로 발생원, 전파경로, 수진측 대책을 들 수 있다.

(1) 발생원 대책

① 가진력 감쇠
② 불평형력의 밸런싱(Balancing)
③ 기초중량의 부가 및 경감
④ 탄성지지
⑤ 동적흡진

(2) 전파경로의 대책

① 진동원 위치를 멀리하여 거리감쇠를 크게 한다.
② 수진점 근방에 방진구를 판다.

(3) 수진측 대책

① 수진측의 탄성지지
② 수진측의 강성변경

CHAPTER 12

악취공해

12.1 개설

「냄새」란 무엇인가의 물음에 대해 이를 과학적으로 정의하라고 한다면 누구나가 약간 어리둥절하게 될 것이다. 또 그럴 필요도 없을 만큼 당사자 자신이 일상의 체험을 통해 잘 터득하고 있는 생리기능의 표현이다. 악취란 일반적으로 불쾌감을 주는 냄새로서 어느 것이나 감각적인 것임에는 틀림없다. 현상은 같다고 해도 악취라고 하면 불쾌감을 표현하고 있으며, 향기가 풍긴다고 하면 쾌감을 의미한다고 해도 무방하다.

향수, 악취라고 해도 이것이 감각적인 것인 만큼 주관적 요소를 크게 존중하지 않으면 안 된다. 이 같은 점에서 소음과 악취는 어느 정도 유사한 면이 있다. 전자가 물리적 자극에 대한 감각인데 대해, 후자는 화학적 자극에 대한 감각인 점에서 서로 대응하고 있다. 소음의 경우 음의 강도는 정확하게 측정할 수 있으나 강도의 레벨은 감각적 양이므로 개인차도 있고 실질적인 의미에서의 정확성을 기대할 수는 없다. 악취물질도 그 화학적 물질로서 그 양을 정확하게 측정할 수는 있어도 악취의 강도나 그 질적 내용까지도 객관적으로나 정확한 수치로써 표현할 수 없다.

냄새는 후각수용기, 후각모를 갖춘 후각상피세포에 의해 취기물질을 수용하고, 이것을 취구를 거쳐 대뇌의 후각중추에 전한다. 거기서 비로소 냄새를 감지하게 되는데 그 구조나 기구는 같을지라도 그 감도는 동물의 종류에 따라서도 그 받아들이는 방법이 다르다. 따라서 취기물질의 수용방법에도 차이가 있고, 어떤 사람은 향수라고 느끼는 물질이라도 다른 사람에게는 불쾌취로 느껴지는 경우가 있을 것이다. 동일인인 경우조차도 몸의 상태나 그 놓여 있는 환경에 의해 변화한다. 한편 또 본래 좋아했던 냄새였다고 하더라고 어떤 생리적 자극을 계기로 그 냄새에 혐오감을 평생 동안 갖도록 변화하는 경우마저 있다. 가솔린이나 시너(Thinner)의 냄새를 악취로 느끼는 사람은 많아도 이것을 향수라고 느끼는 사람도 결코 적지 않다. 알코올의 향기는 일반적으로 좋아하는 향수라고 일컬어야 할 냄새이나 주정음료를 싫어하는 사람 중에는 그 향기까지 불쾌하게 느끼는 사람도 있다.

병으로 식욕이 전혀 없을 때 밥 짓는 냄새에 구토를 느끼는 것도 흔히 경험하는 바로서 건강하고 공복일 때의 그 냄새는 이루 말할 수 없이 식욕을 돋우는 좋은 냄새가 된다.

후각은 말할 것도 없이 동물이 살아나가는데 빼놓을 수 없는 합목적적 기관의 하나이다. 동물은 본능적으로 먹이의 적부를 냄새로 식별하고 있으며, 또 생식본능을 완수하기 위해서도 후각은 매우 중요한 역할을 하고 있다. 합목성에 따른 기관이나 기능을 일일이 열거할 수 없으나 동물에서의 후각은 특히 그 특징이 두드러진다. 초식동물이 잘못하여 독초를 먹어 중

독사했다는 예는 거의 없다. 우리들의 눈에는 띄지 않으나 후각은 동물에게 있어서 자기 방위반응에 응하는 위대한 무기의 하나이다. 그 의미에서 인간의 경우라도 일반적으로 악취라고 느낄 수 있는 물질은 물리적으로 유해한 가능성을 암시하고 있으며, 이 같은 의미에서도 악취물질을 흡입하는 것은 가능한 한 피하는 것이 상책이다. 그러나 많은 경우 취기물질은 일반적으로 그 양에서 보면 매우 미미한 것으로서 냄새로부터 받을 만큼 대량으로 흡입 섭취하는 것은 우선 있을 수 없다고 보아도 무방하다.

개는 인간에 비해 10,000배의 냄새를 감지할 수 있다고 하며, 토끼 중에는 물질의 여러 분자를 분별하는 것이 있다고 한다.

이와 같은 미량의 물질은 화학분석의 대상으로는 전혀 될 수 없는 양이며 얼마나 동물의 감각이 예민한 것인가를 잘 알 수 있다. 생리적 정량법(Bioassay)은 생물의 감수성의 높이를 이용한 일종의 분석법이다. 따라서 Bioassay에 의하면 아무리 미량의 물질이라도 정량가능하지만 개체적 감각자는 별도로 하더라도 후각을 이용하는 정량, 정성에는 기술적인 곤란이 적으므로 응용의 단계에는 이르지 않고 있다.

그런데 취기물질의 성격에 있어서 이것을 냄새로서 식별하는 전제로서 취각수용기의 자극이라는 전제가 있다. 이 과정에서 물질이 후각과 접촉하는 것이 필요하다. 그러기 위해서는 그 물질이 기체로 되지 않으면 그 기회는 얻을 수 없다. 그러나 불휘발성인 금속도 특이한 취기를 갖는다. 냄비에 물을 붓지 않고 불을 땔 때의 냄새와 쇠그릇이 타는 냄새 등은 가열에 의해 금속품을 생성, 기체입자로서 후각과 접촉할 기회를 얻고 있는 것이다. 그러나 가열과 관계없이 놋쇠로 만든 그릇이나 열쇠 또는 동전에 닿아도 그 손에는 독특한 냄새가 남게 된다. 이것은 매우 드문 일이지만 이 같은 금속조차도 상온에서 기화할 수 있음을 나타내는 중요한 증거이다.

12.2 냄새에 관한 학설들

아무튼 냄새를 느끼기 위해서는 그 물질이 기체분자 또는 원자로서 후각세포에 접촉하는 기회가 없어서는 안 된다. 이것이 수용기 신경세포를 자극하는 것은 이해할 수 있다고 해도 냄새의 차이, 그 성격을 감지 식별하는 기능은 어떤 것인가, 이들의 문제에 대해서는 여러 가지의 학설이 있으나 정확한 것은 알 수 없다.

후각기는 적외분광광도계의 구조를 가지고 적외선 가스 분자의 흡수에 의해 취기를 느낀다는 것이 피동설이다. 적외선과 냄새와는 행동을 함께 하지 않으나 분자의 구조에 따라 냄새에 공통된 면이 있는 것은 사실이다. 알코올과 메탄올, 프로필알코올과 아실알코올, 포름알데하이드와 아세트알데하이드 등 그예는 적지 않으나, 반드시 이 법칙은 적용되지 않는다. 산화된 알데하이드는 그 원칙에서 한층 멀어지는 경향이 있다. 펜탄산은 나쁘지는 않지만 초산이나 발레르산(Valeric Acid)의 악취는 아주 심하다. 반대로 구조가 달라도 유사한 냄새를 가지고 있는 것도 적지 않다. 장뇌와 에탄의 염소치환제인 염화에탄은 전혀 구조가 다른 것이지만 약간 유사한 향기를 지니고 있다. 장뇌와 나프탈렌에서도 유사성을 느낄 수 있고 이것은 전혀 구조가 다른 물질인 덜신(Dulcin), 사카린, 클로로폼 등과 같은 단맛과 대응하는 것이다.

진동설은 Daison-Wright가 제창한 것으로서 이 설은 냄새는 분자 내 진동에 의해 일어난다고 생각하고 그 척도를 나타내는 라만 효과(광산란에 의해 빛의 파장이 입사광의 파장에서 벗어나는 현상)와 냄새와의 관계를 조사하여 1,400～3,500 cm^{-1} 사이에서 라만 효과를 나타내는 것이 냄새를 갖는다고 제창했다. 그러나 이 설은 개정되고 냄새 분자의 진동파와의 관계는 보다 저주파인 50～500 cm^{-1}에 있고 후각기의 색소분자가 수용기로서 중요한 의미를 갖는다고 생각했다. 냄새 분자와 후각색소분자의 진동수가 잘 어울려 양자 사이에 결합이 일어나고 여기상태에 있던 색소분자는 기저상태로 되돌아가지만 색소는 몇 종류인가가 있고 그 종류에 따라 냄새의 종류를 결정한다는 가설을 제출했다.

후각색소가 모두 여기상태에 있고 냄새 분자와 결합하기까지는 기저상태로 되돌아가지 않는 구조로 되어 있다는 가설에 아무런 이론적 근거가 없다는 것, 이성체분자는 매우 다른 진동수를 가지고 있음에도 불구하고 양자 사이에 냄새의 차이가 없는 것, 광학적 이성체는 서로 같은 진동수를 가지고 있음에도 불구하고 냄새의 유무에 전혀 규칙성을 볼 수 없는 것 등의 점에서 이 이론에도 난점이 많다.

한편 후각모가 공기의 움직임에 따라 진동하고 그 진동수는 냄새 분자의 분자량에 의해 변화를 받는다는 것도 취기의 질을 결정하는 요인으로서 물리적 자극의 하나로 생각할 수 있으나 이것도 분명히 잘못이다.

최신의 학설로서 Moncrieff-Amoore의 입체화학설을 들 수 있다. Amoore는 냄새의 강도를 결정하는 것은 휘발성이며(동일물질이라고 하더라도) 질을 결정하는 것은 냄새분자의 흡입에 적합한 디멘션(Dimension)을 갖는 것으로, 이것이 후각기의 부위에 들어가서 에너지 변화를 일으키고 임펄스를 발생시킨다. 이것이 구심신경을 거쳐 대뇌의 후각중추에 이르고 취기를 감지한다고 설명했다.

Amoore는 616종의 화합물을 14군으로 구분하여 제1군으로서 가장 많은 화합물을 지닌 것을 7종의 기본취로 나누고 장뇌냄새, 자극냄새, 에테르냄새, 꽃의 냄새, 박하냄새, 사향냄새, 부패냄새 등으로 구분했다. 후각수용기는 일정한 차원을 갖는 5종의 다른 수용부위를 가지고 있으며 그에 대응한 냄새분자가 각각의 수용부위에 끼어 들어가지만 복잡한 냄새 분자는 2개소 이상의 부위에 끼어 들어간다. 자극취 및 부패취의 경우는 다른 기구에 의하여 분자중의 중요한 관능기의 작용에 의한 구전자반응 및 구핵반응을 가정하여 설명하고 있다.

이 설에 의하면 전술한 바와 같은 광학적 이상체의 냄새의 모순점이 없어지고 가스를 희석시킨 경우의 냄새의 변화에 대한 설명이 가능하다. 이 설에도 여러 가지의 문제점은 남아 있지만 분자구조와 냄새와의 관계를 해결한 점에서는 다른 어느 설보다도 합리적이다.

12.3 악취발생물질

후각은 청각, 미각 등과 대비되고 상당히 강한 주관성이 작용되며 그 강도의 레벨은 감각량이므로 이론에 의해 계기로 측정할 수 없다.

악취물질은 일반적으로 취기가 강한 것을 의미하므로 그것이 만일 독물이라면 오히려 안정성을 높이는 유익한 면을 지니고 있다. 예컨대 취기는 높아도 그 물질의 흡입량은 측정이 불필요할 만큼 미량인 것이 일반적이기 때문이다. 바꿔 말하면 취기물질은 매우 저농도의 상태에서 경계신호를 발하고 있다는 것이다. 일산화탄소, 아산화질소, 시안 등에 만일 악취가 있다면 치사량은 흡입하기 이전에 그곳을 피해 죽음을 피할 수 있을 것이다.

이미 설명한 바와 같이 취기는 개인에 따라 그 감각량이 다르며 동일개인에 있어서도 그 놓인 환경, 연령, 건강 상태에 따라 다르다. 여성은 남성보다 취기에 대해 예민하다고 한다. 여기서 특기해야 할 것은 취기에 "습관"의 현상이 나타나는 점이다. 이것은 후각의 피로로서 설명할 수 있다. 따라서 당초 심한 취기를 의식하고 있어도 시간의 경과와 더불어 점차 순화된다. 즉 동일개인일지라도 1일 중에 크게 변화하지만 그 환경에서 떨어져 있으며 곧 회복하게 된다.

이에 대해 매일 취기가 가득히 찬 실내에서 생활하고 있는 경우는 그 취기를 거의 의식하지 못한 채 오랜 시간 작업을 계속할 수 있다. 이것은 습관이거나 내성 또는 적응에 의한 것이다. 마우스나 래트, 때로는 햄스터 등이 다수 사육되고 있는 연구실에서 청소는 충분히 되어 있다고 하더라도 외래객이 먼저 알아차리는 것이 특이한 동물취이다. 매일 이들의 동물과 같이 생활하고 있는 연구원들은 이를 의식하지 못한다고 하기보다는 이것이 연구실 본래의 냄새라고 생각하고 있기 때문에 그 취기를 거의 느끼지 못한다. 익숙해지면 도리어 실내의 자연스러운 냄새라고 표현하는 것이 적절할지도 모른다.

그런데, 현행 「악취방지법」에서는 악취에 관한 용어의 정의로서 「황화수소·머캅탄류·아민류 그 밖의 자극성 있는 기체상의 물질이 사람의 후각을 자극하여 불쾌감과 혐오감을 주는 냄새를 말한다」고 규정하고 있으나 소음과 마찬가지로 악취라는 말에도 상당히 주관적이고 심리적인 요소가 함유되어 있다. 사람의 일상생활에 불쾌감을 준다는 말은 추상적이면서 매우 넓은 내용을 의미하고 있다. 취기물질을 특정물에 한정시키는 것은 곤란하다.

12.4 악취의 발생원

제조과정에서 악취가 생기는 것은 많은 경우 식품공업, 특히 그 중에서도 식육관계의 가공공장일 것이다. 축산시설이나 도축시설에서의 냄새는 한층 더 심하다. 거기에는 다소의 차는 있지만, 단백질이 분해된 부패냄새가 떠돌아다니기 때문이다. 이 외에도 수산물가공 동·식물유지 제조시설, 사료 제조시설 등 식품관련 시설이 있으며 그 밖에 그래프트 펄프 공장, 합성수지 제조공장, 고무 가공업, 하수종말처리장 등도 악취발생원으로서는 대표적인 것이다. 이 같은 장소에서는 각종의 냄새가 복합된 것이므로 그 본체를 따로 따로 명시하기는 곤란하다. 단일물질로서 악취를 발하는 것도 적지 않다. 공장 주변을 통과할 때도 시간에 관계없이 특이한 냄새가 바람과 함께 후각을 자극시키는 경우를 때때로 경험한다.

수면제 제조원료로서의 아이소발레리안산(Isovalerian Acid)의 냄새, 초산발효공장, 석회질소 제조공장 등은 공장 앞을 통과하는 것만으로도 제품의 내용을 곧 알 수 있다. 석유정제공장이나 비료공장도 많은 경우 공장 특유의 자극적인 냄새가 발생한다. 일반화학공장에서도 냄새가 많이 혼합되어 있는 것은 그 실체를 파악하기 어려우며, 다양한 석유화학성분이 혼합되어 있기 때문이다.

암모니아는 단백질의 최종분해물이다. 따라서 단백질과 관계되는 모든 산업이 그 발생원으로서의 가능성을 갖추고 있다. 축산업, 생선내장, 처리장, 분뇨하수처리장, 계분건조공장, 비료제조공장 등이 대표적인 발생원이다. 암모니아는 질소를 함유한 유기물분해의 부속물이므로 암모니아는 그 자체로서 악취물질로 지정되어야 된다고는 할 수 없다. 그 냄새는 염화수소 정도의 냄새가 있어도 냄새라고 느끼는 것은 실제로 순간적인 자극에 있은 것으로서

표 12.1 악취물질과 발생원

화합물	원인물질명	냄새의 특성
황화합물	메틸머캅탄(CH_3SH), 황화메틸[$(CH_3)_2S$], 이황화메틸(CH_3SSCH_3) 등	양파, 양배추 썩는 냄새
	황화수소(H_2S) 등	계란 썩는 냄새
질소화합물	암모니아(NH_3), 에틸아민($CH_3CH_2NH_2$) 등	분뇨 냄새
	메틸아민(CH_3NH_2), 트라이메틸아민[$(CH_3)_3N$] 등	생선 썩는 냄새
알데하이드류	아세트알데하이드(CH_3CHO), 프로피온알데하이드(CH_3CH_2CHO), *n*-뷰티르알데하이드[$CH_3(CH_2)_2CHO$], *i*-뷰티르알데하이드[$(CH_3)_2CHCHO$], *n*-발레르알데하이드[$CH_3(CH_2)_3CHO$], *i*-발레르알데하이드[$(CH_3)_2CHCH_2CHO$] 등	자극적이며, 새콤하고 타는 듯한 냄새
탄화수소류	아세트산에틸($CH_3CO_2C_2H_5$), 메틸아이소뷰티르케톤[$CH_3COCH_2CH(CH_3)_2$] 등	자극적인 신나 냄새
	톨루엔($C_6H_5CH_3$), 스타이렌($C_6H_5CH=CH_2$), 자일렌[$C_6H_4(CH_3)_2$] 등	가솔린 냄새
지방산류	프로피온산(CH_3CH_2COOH) 등	자극적인 신 냄새
	노말뷰티르산[$CH_3(CH_2)_2COOH$] 등	땀 냄새
	노말발레르산[$CH_3(CH_2)_3COOH$], 아이소발레르산[$(CH_3)_2CHCH_2COOH$] 등	젖은 구두에서 나는 냄새
할로겐원소	염소, 불소 등	자극적인 냄새 자극성 냄새

그것은 물에 녹아서 알칼리성을 드러내기 때문이다. 이 알칼리에 의한 자극은 NaOH의 자극과 본질적으로 다를 바가 없고 NaOH의 수용액을 비강 내에 스프레이 했을 때와 동일한 성격의 것이다.

따라서 가성소다가 악취물질이 아닌 한 암모니아를 악취물질로 보는 것은 이론상 타당하지 않다고 생각한다. 암모니아 가스는 눈, 코, 인두 점막 수분과 결합하여 NH_4OH를 발생시키고 그 해리에 의해 약성염기로서 점막을 자극한다. 그 순간의 후각을 악취로 착각하는 것으로 보아야 할 것이다. 암모니아는 대기오염물질로서 규제대상으로 되어 있는 점에서도 거듭 이를 악취물질로 지정하는 것은 염산가스(염소가스는 아님)를 악취물질로 지정하는 것과 본질적인 차이는 없다.

황화수소는 대기오염물질로서 규제대상이지만 이것은 분명히 악취물질이며 앞의 암모니아와는 본질적으로 다르다. 따라서 황화수소는 악취물질로 지정되어도 특히 부자연스럽지는 않다. 이것은 악취물질로서 염소, 크롤피크린, 황린과 함께 수소의 무기악취물질로서 알려져 있다. 그 냄새는 썩은 달걀냄새와 같으며 부패한 계란에서 나는 냄새와 같다.

황화수소는 부패된 양파나 마늘에서 발생하는 메틸머캅탄과 발생원을 같이 하는 경우가 적지 않다. 부패한 황유기물이 이 악취의 발생원이므로 분뇨 처리장, 특히 혐기적 처리의 경우는 반드시 이 같은 악취물질의 발생을 볼 수 있다.

기타 그래프트 펄프제조업, 어육피처리장, 석유정제, 의약품제조, 쓰레기 처리장, 축산업 및 그 제품가공, 수산물 가공업, 기타 모든 사업장에서 황화수소의 발생원을 찾을 수 있다. 생선의 썩은 냄새는 트라이메틸아민(TMA)이 주요성분이며 다른 황화합물 등과 공통된 악취를 많이 볼 수 있다. 악취의 발생과정은 주로 황과 질소를 함유한 유기물의 부패가 그 대표적인 것이다.

12.5 악취물질의 인체에 대한 영향

악취는 인체의 건강에 영향을 주고 질병의 원인이 될 만큼의 것은 아니나 가장 문제가 되는 점은 우선 그 불쾌감이다. 따라서 불쾌한 취기가 느껴질 때에는 반사적으로 호흡을 멈추게 된다. 이어 그에 대응하는 태세를 취하게 되므로 악취물질이 동시에 유독물질이라 해도 중독에 이르기까지 악취에 폭로되는 일은 우선 있을 수 없다고 보아도 무방하다. 문제는 직업상 그와 같은 불쾌한 냄새를 발생하는 환경에서 몸을 피할 수 없는 경우 또는 주택 부근에 악취를 발생시키는 사업장이 존재하는 경우이다. 공장이전과 같은 본질적인 해결도 쉽지 않으므로 화학적 처리 기타의 방법으로 악취의 발생을 방지하기 위한 적극적인 대책이 필요하다.

동물실험에서 점차 「냄새」의 농도를 높여 나가면 처음에 호흡의 증가가 일어나고, 그 후 차츰 호흡의 수와 깊이가 감소하며 이어 호흡은 완전히 정지한다고 한다. 이것은 단순히 냄새 그 자체의 영향이 아니고 악취물질의 화학물질로서의 생리적 영향에 의한 것이라고 볼 수 있다. 순환기계에 영향을 미치는 점에서도 이를 입증하고 있다.

예컨대 클로로폼에 노출이 되면 혈압이 강하하거나 상승하며 맥박도 변동한다. 암모니아 등에 노출되면 피부나 점막이 자극되고 기침, 가래 등이 증가하여 인두부의 염증, 후각이상, 구토, 두통 등의 증상을 일으킨다. 이것은 암모니아의 악취로 인한 것이 아니고 암모니아 그 자체의 염기로서의 화학적 자극에 의한 것이다. 암모니아가 독성을 갖는 것은 잘 알려진 사실이며 이 같은 증상을 나타내는 것은 상당히 고농도 폭로일 경우이다. 악취물질에 공통된 현상이 나타날 때 악취의 영향이라고 볼 수 있으나 암모니아의 그 자체가 영향을 준다고 보기는 어렵다. 왜냐하면 화학적 성질에 기인하는 생리작용이 악취의 생리작용 실험결과라고는 말하기 어렵기 때문이다.

12.6 악취물질의 측정과 평가

악취를 측정하는 방법에는 직접관능법, 공기희석관능법, 기기분석법의 3가지 방법이 있다.

일반적으로 냄새의 측정은 가스크로마토그래피 등을 이용한 기기분석법과 또 인간의 후각을 이용한 관능시험법이 있다.

대부분의 냄새는 혼합 기체이며 각 성분의 냄새를 느낄 수 있는 최소 농도가 낮기 때문이고, 냄새의 각 성분간에 감각의 상호작용으로 최종적으로 하나의 냄새를 만들어내기 때문이다.

인간의 후각은 가스크로마토그래피 등 각종의 분석기기와는 다르고, 냄새를 전체적으로 포착하는 메리트가 있기 때문에 모든 외국에서도 냄새의 측정에는 인간의 후각을 이용하는

표 12.2 악취판정도

악취도	악취감도구분	설 명
0	무취 (None)	상대적인 무취로 평상시 후각으로 아무것도 감지하지 못하는 상태
1	감지 냄새 (Threshold)	무슨 냄새인지 알 수 없으나 냄새를 느낄 수 있는 정도의 상태
2	보통 냄새 (Moderate)	무슨 냄새인지 알 수 있는 정도의 상태
3	강한 냄새 (Strong)	쉽게 감지할 수 있는 정도의 강한 냄새를 말하며, 예를 들어 병원에서 특유의 크레졸냄새를 맡는 정도의 상태
4	극심한 냄새 (Very Strong)	아주 강한 냄새, 예를 들어 여름철에 재래식 화장실에서 나는 심한 정도의 상태
5	참기 어려운 냄새 (Over Strong)	견디기 어려운 강렬한 냄새로서 호흡이 정지될 것 같이 느껴지는 정도의 상태

표 12.3 악취 배출허용기준 및 엄격한 배출허용기준

측정방법	구 분	배출허용기준(희석배수)		엄격한 배출허용기준의 범위(희석배수)	
		공업지역	기타지역	공업지역	기타지역
공기희석 관능법	배출구	1,000 이하	500 이하	500～1,000	300～500
	부지경계선	20 이하	15 이하	15～20	10～15

측정 방법	악취물질명	배출허용기준 (ppm)		엄격한 배출허용기준의 범위 (ppm)
		공업지역	기타지역	공업지역
기기분석법	암모니아	2 이하	1 이하	1～2
	메틸머캅탄	0.004 이하	0.002 이하	0.002～0.004
	황화수소	0.06 이하	0.02 이하	0.02～0.06
	다이메틸설파이드	0.05 이하	0.01 이하	0.01～0.05
	다이메틸다이설파이드	0.03 이하	0.009 이하	0.009～0.03
	트라이메틸아민	0.02 이하	0.005 이하	0.005～0.02
	아세트알데하이드	0.1 이하	0.05 이하	0.05～0.1
	스타이렌	0.8 이하	0.4 이하	0.4～0.8
	프로피온알데하이드	0.1 이하	0.05 이하	0.05～0.1
	뷰티르알데하이드	0.1 이하	0.029 이하	0.029～0.1
	n-발레르알데하이드	0.02 이하	0.009 이하	0.009～0.02
	i-발레르알데하이드	0.006 이하	0.003 이하	0.003～0.006
	톨루엔	30 이하	10 이하	10～30
	자일렌	2 이하	1 이하	1～2
	메틸에틸케톤	35 이하	13 이하	13～35
	메틸아이소뷰티르케톤	3 이하	1 이하	1～3
	뷰티르아세테이트	4 이하	1 이하	1～4

관능시험법이 널리 사용되고 있다.

관능시험법에 따라 평가하는 척도에는 다음 4개의 기본적인 항목을 들 수 있다. 즉,

① 냄새의 질(quality)

② 냄새의 세기(intensity)

③ 냄새의 용인성(acceptability)

④ 냄새의 전파성(pervasiveness)

현행 악취방지법에서는 악취의 배출허용기준 및 엄격한 배출허용기준을 측정하기 위한 악취공정 시험방법인 공기희석관능법, 기기분석법 및 현장연속 측정방법을 적용하고 있다.

배출허용기준의 초과여부를 판정하기 위한 악취의 측정은 공기희석관능법에 의한 복합악

취를 측정하는 것을 원칙으로 하고 있다. 공기희석관능법의 경우 부지경계선 및 피해지점에서 악취시료를 채취하여 이를 희석시켜 가면서 냄새가 나지 않을 때의 희석배수 값을 기준으로 하여 악취배출을 규제하고 있다. 악취물질배출여부를 확인할 필요가 있는 경우에는 지정악취물질을 측정하여 규제하는 기기분석법을 도입하고 있다.

배출구 악취와 같이 부지경계선상에서는 쉽게 감지되지 않으나 확산되어 주택지에 악취를 유발하는 경우에는 배출구에 대한 공기희석 관능법을 활용할 수 있고, 간이악취측정기·악취가스 검지관 등도 보완적으로 활용하여 악취관리의 과학화를 도모하고 있다.

12.7 악취발생원과 기준치

악취물질의 배출은 다음의 3가지의 경우를 생각할 수 있다.

① 사업장의 건물 시설 등 전체에서 방출되는 것

② 굴뚝 기타의 배기장치에서 배출되는 것

③ 배출구에서 배액과 함께 배출되고 격지 내에서 기화하는 것

①에 대한 규제기준 값으로서는 그 지역주민의 대다수가 악취에 대해 불쾌감을 느끼지 않는 농도로 하고 그 측정은 실험에 의한다. 아울러 그 지역에서의 주민이나 조사민이 6단계 취기강도표시법이 2와 3의 중간 2.5에 대응하는 농도를 규제기준의 하한으로 하고 동시에 기타 지역의 상황을 고려하여 취기강도 3.5에 대응하는 농도를 상한으로 하는 것이 적당하다고 한다.

②의 경우에는 배출구에서 악취물질의 유량의 허용농도를 최대착지농도 지역에서 대기 중의 농도가 사업장 타경계선에서의 규제기준 값과 같게 되도록 규정되어 있다.

③의 경우에 대해서는 배액으로부터의 방출, 대기 중에 확산된 악취물질 농도가 그 지역에 관계되는 사업장 경계선에서의 규제기준과 같게 되도록 배수 중의 악취물질의 농도가 허용농도로서 정해져 있다.

악취물질의 대기 중에의 증산 및 확산상황은 배출구의 유속, 온도, pH 배출로의 구조, 기타 풍향, 풍속 등 많은 복잡한 인자가 관계하고 있으므로 이 방법의 채용에 대해서는 문제점이 적지 않다.

12.8 악취방지 대책

악취물질은 물질의 대상이 되는 절대량이 극히 적은 상태에서도 냄새를 발생하는 것이 특징이며 대량의 경우에만 냄새를 느낄 수 있는 것은 악취물질의 대상으로 되지 않는다. 이 같은 미량의 물질을 정량하고 이것과 감각량과의 관계를 분명히 하는 것은 기술적으로 많은 어려움이 뒤따르므로 현 단계에서도 측정상 많은 문제점이 남아 있다. 따라서 대책이 확립되어 있지 않다고 해도 부득이한 점은 있다.

악취발생원이 되는 기업 그 자체가 대부분 중·소규모이므로 아무리 규제법안이 결정되어 있어도 크게 고통을 느끼지 않는 한, 적극적인 대책을 강구하지 않는 것이 오늘의 실정이다. 악취가 생명에 관계될 만큼 격심한 것이 아니라는 안일한 사고 때문에 이 같은 현실은 자초하고 있는 지도 모른다.

양계, 양돈 등의 축산업이 경우 특히 그 경향이 강하며 대부분 이와 같은 사업장은 도시근교에는 별로 볼 수 없으므로 극히 안정된 지역의 사람들에게 영향을 준다는 사정도 있다. 하수처리장이나 쓰레기 소각장도 적어도 설치단계에서는 도심부에서 상당히 떨어진 지역이 선정되지만 도시화가 진행되면 처리 시설의 근처에까지 시민이 접근하여 결과적으로 주민이 곤혹을 당하는 경우도 적지 않다. 축산업 등은 가능한 한 도시 주변을 피하고 배설물 등도 그대로 비료로서 사용할 수 있는 농지로 하는 것이 악취물의 처리와 비료의 확보라는 일석이조를 노릴 수 있는 점에서 바람직하다.

전술한 바와 같이 악취물질은 원칙적으로 미량이며 그 중에는 흡착되기 쉬운 것이 많고 또 산, 알칼리로 포집될 수 있는 것도 적지 않다. 또 높은 굴뚝으로 희석확산을 도모하는 경우도 생각할 수 있으나 산화제(때로는 촉매를 사용한다)에 의한 산화분해, 폐쇄계로 생물적 분해를 행하는 법, 중화 마스킹 법, 코로나 방전에 의한 취기수집 등 여러 가지 방법에 고안되고 있다. 어떤 방법이 적합한가 아닌가는 악취물질의 성질, 배출량 등을 고려하여 실정에 알맞은 방법을 선택해야 한다.

1 발생원 대책

악취의 발생원을 없애거나 감소시키는 방법으로 개방되어 있는 발생시설을 밀폐식으로 바꾼다든지 악취물질의 사용이나 발생을 억제하는 방법은 근본적인 악취방지대책이 된다. 그러나 이 방법을 모든 발생원에 적용할 수는 없고 가능한 한 장치를 개조하거나 작업조건의 개선에 의하여 발생이나 배출을 억제하는 방법이 일반적이다.

일반적으로는 흡착이나 흡수, 토양여과, 미생물 처리 등으로 악취물질을 제거하고 있으며, 그간 많은 기술적 발전을 이루어왔다.

2 직접연소법

직접연소법은 악취성분을 함유한 배기가스를 보조연료를 이용하여 고온에서 연소시킴으로써 탈취하는 방법으로, 가장 확실하고 신뢰성이 높은 것으로 알려져 있다.

악취성 물질은 S나 N을 함유하는 유기물질이 많고 대부분이 가연성이기 때문에 적당한 온도에서 연소시키면 CO_2, H_2O, 기타 무취성 가스로 된다. 이때 발생하는 NO_x나 SO_x의 양이 문제가 될 정도는 안 된다.

연소온도는 물질에 따라 다소 다르지만 보통 680～760℃의 범위이며, 온도가 적당해도 반응속도 즉 접촉시간이 충분치 못하면 완전연소가 되지 않는다.

접촉시간은 0.3～0.5초면 충분하다고 한다. 온도나 접촉시간이 충분치 못하면 제거효율이 저하될 뿐 아니라 부분산화의 결과로 생기는 각종 알데하이드나 케톤, 기타 불포화산이 생겨 냄새가 더 나는 수도 있기 때문에 연소로의 설계나 운전에 주의를 해야 할 필요가 있다.

3 접촉산화법

직접연소법에서는 연료비가 많이 들고 반응온도를 700℃ 정도로 높여 일정시간 접촉시켜야 하는 어려움이 있기 때문에 촉매를 사용하여 산화온도를 저하시켜 주는 방법이다.

촉매로는 백금을 주로 사용하는데 펠렛트형, 공, 와이어(Wire)형, 벌집형 등의 모양을 만들어 사용한다.

4 흡착법

활성탄과 같은 흡착제를 사용하여 악취를 제거하는 방법은 예로부터 잘 알려진 방법이다. 충진탑과 같은 형태에 흡착제를 충진시켜 악취가스를 통과시켜 제거하는 방법으로서 높은 처리효율을 가진다. 단 처리후의 활성탄 등을 재생시킬 필요가 있으며, 처리비용도 높은 것이 단점이다.

흡착법에서는 적당한 흡착제를 선정하는 것이 중요하며 일반적으로 중성가스, 특히 분자량이 비교적 큰 유기물질에는 보통 활성탄이 유효하지만 무기성 또는 저분자량의 악취에는 별로 효과가 없다. 따라서 분뇨처리장의 악취나 암모니아 같은 알칼리성 가스에는 설폰화탄(석탄에 진한 황산을 처리한) 흡착제를, H_2O와 같은 산성가스에는 산화철 계통의 흡착제를 사용하며 경우에 따라서는 2종 이상의 흡착제를 병용할 수 있다.

5 기타 악취제거 방법

(1) 응축법

고농도 탄화수소증기의 배출 시와 같은 경우에 효과가 있는 방법으로 증기를 냉각·응축하여 회수함과 동시에 배출가스 중의 탄화수소 농도를 저감한다. 배출가스 중에는 응축온도에서의 포화증기만큼은 잔존하기 때문에 응축 후의 배출가스는 흡착 등에 의하여 다시 처리한다. 이 방법은 가스가 냉각되기 때문에 흡착의 예상처리로 적당하다.

(2) 오존 산화법

악취물질에 기체상태에서 오존을 작용시켜 상온산화에 의하여 탈취하는 방법으로 분뇨처리장과 같은 곳에서 많이 이용하고 있다. 악취의 농도변화를 위하여 꼭 필요한 양의 오존만을 발생시켜 주지 않으면 과량의 오존 자체가 문제가 된다. 오존산화법은 모든 악취물질에서 다 적용할 수 있는 것은 아니며, 악취농도가 높지 않으면 오존발생량을 아주 적게 해도 충분히 악취를 제거할 수 있기 때문에 전력비나 발생장치의 가격이 비교적 적게 든다.

(3) 마스킹(Masking)

소극적인 방법이지만 악취를 직접 제거하는 대신에 방향이 강한 물질로 악취를 마스킹하는 방법도 많이 이용된다. 보통 Naphthalene, 장뇌, 다이클로로벤젠 등이 사용되고 기타 물질로는 레몬유, 각종 수지, 알코올, 향수 등도 사용된다.

CHAPTER 13

신재생에너지

13.1 서론

산업발전으로 인하여 전 세계적으로 에너지 소비량이 증가함에 따라 한정된 화석연료의 고갈을 가속화하였고 환경오염은 점차 심화되었다. 특히 소비되는 에너지의 거의 전량을 해외에 의존하고 있는 우리나라에서는 유가폭등과 더불어 증가하는 에너지 소비량을 절약에만 의존할 수는 없는 실정이다. 산업통상자원부 통계자료에 의하면 우리나라의 에너지 해외 의존도는 96.2%(2009년 기준)이다. 화석연료의 고갈에 따라 에너지 자원의 다양화와 장기적이고 안정적인 에너지 수급을 위한 대체 에너지 개발이 현재 중요한 현안으로 대두되고 있다. 특히 기후변화에 따라 이에 대처하기 위한 방안으로 신재생에너지에 대한 관심이 고조되었다.

신재생에너지는 「신에너지 및 재생에너지 이용·개발·보급 촉진법 제2조」에 의해 기존의 화석연료를 변환시켜 이용하거나 햇빛, 물, 지열, 강수, 생물유기체 등을 포함하는 재생 가능한 에너지를 변환시켜 이용하는 에너지로 11개 분야가 지정되어있다. 즉 신에너지에는 연료전지, 석탄액화가스화, 수소에너지 등 3개 분야가 있고, 재생에너지에는 태양열, 태양광발전, 바이오매스(Biomass), 풍력, 소수력, 지열, 해양에너지, 폐기물 에너지 등 8개 분야를 포함한다.

신재생에너지는 지속가능한 에너지 공급체계를 위한 미래에너지원으로서 다음과 같은 특징을 가진다. 신재생에너지는 화석연료사용에 의한 CO_2 발생이 거의 없는 환경친화형 청정에너지이고, 연구개발에 의해 에너지 자원을 확보할 수 있는 비고갈성 기술에너지이다. 또한 신재생에너지는 태양빛, 풍력 등 재생 가능한 에너지원으로 구성되고, 시장창출 및 경제성 확보를 위해 장기적인 개발 및 보급 정책이 필요하다.

신재생에너지는 초기투자비용이 큰 단점에도 불구하고 화석에너지의 고갈문제와 환경문제를 해결할 수 있는 방안이다. 그래서 선진 각 국에서는 신재생에너지에 대한 과감한 연구개발과 보급정책 등을 추진해오고 있다. 최근 유가의 상승, 기후변화협약의 규제에 대한 대응 등 신재생에너지의 중요성이 재인식됨에 따라 에너지공급방식이 중앙 공급식에서 지방분산화 정책으로 전환하는 시점이다. 이에 따라 환경, 교통, 안보 등을 고려한 지역 자원의 활용측면에서도 적극적인 추진이 요망되고 있는 실정이다. 기존에너지 자원 대비 가격경쟁력 확보 시 신재생에너지산업은 IT, BT, NT산업과 더불어 미래산업, 차세대산업으로 급신장하고 있다.

13.2 태양광

태양광 발전은 태양광을 직접 전기에너지로 변환시키는 기술이다. 태양전지에 의한 발전 방식은 햇빛을 받으면 광전효과에 의해 전기를 발생한다. 한편 태양광 발전시스템은 태양전지(Solar Cell, Solar Battery)로 구성된 모듈(Module)과 축전지 및 전력변환장치로 구성된다. 부산시 강변하수처리장내의 생물 반응조(25,409 m^2)위에는 1,807 kW급 태양광발전시설이 설치되어있다. 한편 부산 덕산정수장에 설치된 108 kW급 태양광 발전 시설은 정수장의 여과지 위에 녹조생성을 방지하는 덮개에 태양전지모듈을 설치하였다(그림 13.1). 그래서 녹조방지와 더불어 전력생산을 할 수 있는 장점이 있다. 고유가 시대를 맞이하여 태양광 발전시스템은 공공기관은 물론 개인주택에도 설치되고 있다. 태양광 발전시스템의 장·단점은 표 13.1과 같다.

(a) 부산 덕산 정수장의 태양광발전시설로 구성된 덮개

(b) 대구시신천하수처리장내의 태양광발전시설

(c) 부산시 강변하수처리장내의 생물반응조위에 설치된 태양광발전시설

그림 13.1 태양광 발전 시설 예

표 13.1 신재생에너지 분야별 장·단점

신재생에너지 분야	장 점	단 점
태양광	긴 수명(20년 이상) 에너지원이 청정·무제한 유지보수가 용이, 무인화 가능 필요한 장소에서 필요량 발전가능	한정된 설치장소 고가의 시스템 비용 높은 초기투자비와 발전단가 전력생산량 : 지역별 일사량에 의존 낮은 에너지밀도 : 큰 설치면적 필요
태양열	저가의 유지보수비 다양한 적용 및 이용성 무공해, 무제한 청정에너지원 화석에너지에 비해 지역적 편중 덜함	높은 초기 설치비용 밀도가 낮고, 간헐적임 계절에 따른 일사량 변화 가름값의 변동에 따라 영향이 큼

태양전지는 전기적 성질이 다른 N (Negative)형의 반도체와 P (Positive)형의 반도체를 접합시킨 구조로 되어있고 2개의 반도체 경계부분을 PN접합(PN-Junction)이라고 한다(그림 13.2). 이러한 태양전지에 태양빛이 닿으면 태양빛은 태양전지 속으로 흡수되며, 흡수된 태양빛이 가지고 있는 에너지에 의해 반도체내에서 정공(Hole)(+)과 전자(−)가 여기 되어 반도체 내부를 자유로이 이동한다. 전자(−)는 N형 반도체 쪽으로, 정공(+)는 P형 반도체 쪽으로 모이게 되어 전위가 발생하게 된다. 그래서 앞면과 뒷면에 붙여 만든 전극에 전구나 모터와 같은 부하를 연결하게 되면 전류가 흐르게 되는 데 이것이 태양전지의 PN접합에 의한 태양광발전의 원리이다.

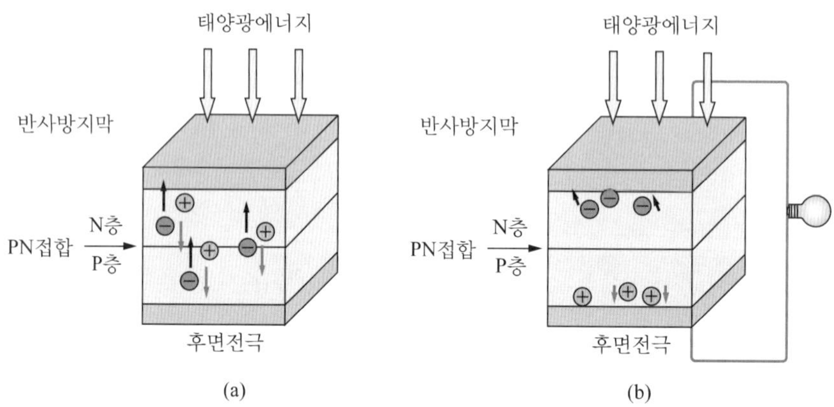

(a) 태양전지에 빛(태양광에너지)이 조사되면 반도체내의 전자(−)와 정공(+)이 여기되어 반도체 내부를 자유로이 이동한다.
(b) PN접합에 의해 생긴 전계에 들어오게 되면 전자(−)는 N형 반도체에, 정공(+)은 P형 반도체에 각각 모이게 됨. P형 반도체와 N형 반도체 표면에 전극을 형성하여 전자를 외부 회로로 흐르게 하면 전류가 발생된다.

그림 13.2 PN접합에 의한 태양광 발전의 원리

국내외 태양광 기술개발현황 및 동향을 보면 미국은 국가차원에서 첨단기술의 전략적 개발과 시장개척 및 상업화를 지원하고 있다. 일본은 정부주도의 상용화 기술개발과 보급촉진 및 수출시장을 확대하고 있다. 유럽은 분야별 컨소시움(Consortium) 또는 유럽공동체(EC)를 통한 기술개발 및 실증시험 등을 공동 수행하고 있다. 태양광 발전시스템의 세계시장은 1995년 이후 연평균 33% 이상의 급신장추세이다. 한편 국내의 기술개발현황은 1970년대 초부터 대학과 연구소를 중심으로 연구를 시작하여 1988년부터 대체에너지개발촉진법에 따라 정부차원에서 기술개발을 하고 있으며 저가화와 효율향상을 위한 태양전지 제조기술개발 및 시스템 이용기술개발을 병행하여 추진하고 있다.

13.3 태양열

태양열 이용기술은 태양광선의 파동성질을 이용하는 태양에너지 광열학적 이용분야로 태양열의 흡수·저장·열변환 등을 통하여 건물의 냉난방 및 급탕 등에 활용하는 기술이다. 태양열 이용시스템은 집열부, 축열부, 이용부로 구성된다. 태양열에너지는 에너지밀도가 낮고 계절별, 시간별 변화가 심한 에너지이므로 집열과 축열기술이 가장 기본이 되는 기술이다. 태양열의 시스템 구성도에서 집열부는 태양으로부터 오는 에너지를 모아서 열로 변환하는 장치로 부분으로서 가장 중요하다. 한편 축열부는 열교환되어 활용될 매체(난방용 온수 등)를 저장 한다. 태양열 이용기술의 장·단점은 표 13.1과 같다.

선진국에서는 국가별 특성에 맞는 태양열이용기술을 중점적으로 개발, 보급하고 있다. 예로서 미국에서는 태양열발전, 일본과 호주에서는 온수기, 유럽에서는 대규모 집단난방 및 급탕시스템 등을 중점 개발하여 보급하고 있다. 또한 저온 태양열 시스템 보급의 활성화를 위한 인증시험 및 평가, 신뢰성 향상 등에 지속적인 연구를 추진하고 있다.

한편 국내의 기술개발 현황을 보면 1970년대 초부터 대학과 연구소를 중심으로 연구를 시작하여 1988년부터 대체에너지개발촉진법에 따라 정부차원에서 기술개발이 진행되었다. 기술개발 동향은 보급, 확대를 위한 태양열 온수기 등 저온활용 요소기술에 대한 효율 향상과 중·고온 시스템 개발에 중점 추진 중이다. 향후 기술개발 추진 방향은 보급되고 있는 태양열 온수기 제품의 품질 향상을 위한 기술개발을 기업체 자체적으로 추진하고, 중대형 태양열 온수급탕 시스템을 최적화하며, 건물 태양열 복합이용 기술 및 중·고온분야(산업용 태양열 시스템, 태양열 발전시스템)개발은 정부주도로 지속적으로 추진하는 것이다. 아울러 대규모 지역 냉난방 분야에 대한 태양열 시스템 적용방안에 대한 연구는 계속 추진될 전망이다.

13.4 풍력

풍력발전은 바람의 힘을 회전력으로 전환시켜 발생되는 유도전기를 전력계통이나 수요자에게 공급하는 기술이다(그림 13.3). 1980년대 초부터 풍력발전의 제작기술이 급속히 발전하여 2004년도에는 전 세계적으로 47,912MW 정도의 규모로 설치되어 있다. 풍력발전 보급현황을 보면 세계시장은 1989년 이후 매년 증가하고 있고 2004년에는 유럽이 전 세계 풍력발전기 보급량의 73%를 차지하였다.

풍력발전시스템 구성은 풍력이 가진 에너지를 흡수, 변환하는 운동량변환장치, 동력전달장치, 동력변환장치, 제어장치 등으로 구성되어 있으며 각 구성요소들은 독립적으로 그 기능을 발휘하지 못하며 상호 연관되어 전체적인 시스템으로서의 기능을 수행한다. 기계 장치부는 바람으로부터 회전력을 생산하는 회전날개, 회전축을 포함한 회전자로 구성되어있다. 이 장치부를 적정 속도로 변환하는 증속기(Gearbox)와 기동·제동 및 운용 효율성 향상을 위한 제어장치부가 있다. 제어장치부는 풍력발전기가 무인 운전이 가능토록 설정, 운전하는 제어계 및 Yawing & Pitching Controller와 원격지 제어 및 지상에서 시스템 상태 판별을 가능하게 하는 관측계로 구성된다. 한편 전기장치부는 발전기 및 기타 안정된 전력을 공급하도록 하는 전력안정화 장치로 구성되어 있다.

그림 13.3 수평축 풍력발전기

(a) 덴마크 서해안의 Horns Rev 풍력단지 (b) 한국 대관령 풍력발전단지

그림 13.4 풍력단지

바다가 육지보다 바람이 훨씬 더 세고 풍력발전에 좋지 않은 난기류가 적기 때문에 풍력발전소를 세울 곳도 많다. 그래서 '해상풍력(Offshore Wind Power)'이 풍력발전 산업의 최대 관심으로 부상하고 있다. 덴마크 서해안의 호른스 레우(Horns Rev) 풍력단지는 해상풍력 발전으로 유명하다. 육지에서 14～20 km 떨어진 북해 한가운데에 80개의 풍력발전기가 560 m 간격으로 20 km^2에 걸쳐 줄지어 설치되어 있다(그림 13.4a). Horns Rev의 발전량은 160 MW로서 15만가구가 쓸 수 있는 전력이다. 덴마크 정부는 2030년까지 해상풍력 발전량을 4000 MW로 늘리고 이를 통해 신재생에너지의 비중을 현재 15.5%에서 2025년까지 33%로 끌어올릴 계획이다.

영국에서는 300 MW급 해상풍력단지를 짓고 있는데 완공되면 Horns Rev를 제치고 세계 최대 규모의 풍력발전단지가 될 것이다. 영국 해안 도시인 노폭(Norfalk) 북부 지역에서 약 20 km 떨어진 곳에 위치한 쉐링햄 쇼울(Sheringham Shoal) 해상풍력단지는 35 km^2의 면적으로서 평균 수심이 20 m인 얕은 곳에 위치하고 있다.

우리나라는 1990년대 중반부터 본격적으로 기술개발을 수행하고 있다. 향후 기술개발 추진계획을 보면 풍력발전시스템 구성에 필요한 요소기술개발 및 시스템 개발을 지속적으로 추진 중이며 풍력단지 용량별 계통연계 기술 및 설비를 표준화하고 국내 풍력발전 시스템 표준 성능시험 기술을 개발하며 MW급 이상 대용량 발전 시스템을 개발할 것이다. 2006년에 완공된 대관령풍력발전단지(그림 13.4b)는 연간 24만4천400 MWh의 전력을 생산하여 연간 5만 가구에 무공해 전력을 공급할 수 있는 국내 최대이자 세계 15위 규모이다. 최근에는 2008년도부터 제주도에도 풍력발전시설을 준공하였으며 바람이 많아 기존에 방풍림을 조성하여 바람의 피해를 막고자하던 입장에서 벗어나 바람을 적극적으로 이용하기 시작했다(그림 13.5).

그림 13.5 방풍림 사이로 보이는 제주도의 풍력발전시설

13.5 연료전지

연료전지는 연료의 산화에 의해서 생기는 화학에너지를 직접 전기에너지로 변환시키는 전지이다. 일종의 발전장치이며 산화·환원반응을 이용한 점 등 기본적으로는 보통의 화학전지와 같다. 그러나 닫힌 계 내에서 전지반응을 하는 화학전지와 달라서 반응물이 외부에서 연속적으로 공급되고, 반응생성물이 연속적으로 계 외로 제거된다. 가장 전형적인 것에 수소-산소 연료전지가 있다(그림 13.6). 수소 외에 메탄과 천연가스 등의 화석연료를 사용하는 기체연료와, 메탄올 및 히드라진과 같은 액체연료를 사용하는 것 등 여러 가지의 연료전지가 나왔는데 이 중에서, 작동온도가 300℃ 정도 이하의 것을 저온형, 그 이상의 것을 고온형이라 한다. 발전효율의 향상을 한 것이나, 귀금속 촉매를 사용하지 않는 고온형의 용융탄산염 연료전지를 제2세대, 보다 높은 효율로 발전을 하는 고체전해질 연료전지를 제3세대 연료전지라고 한다.

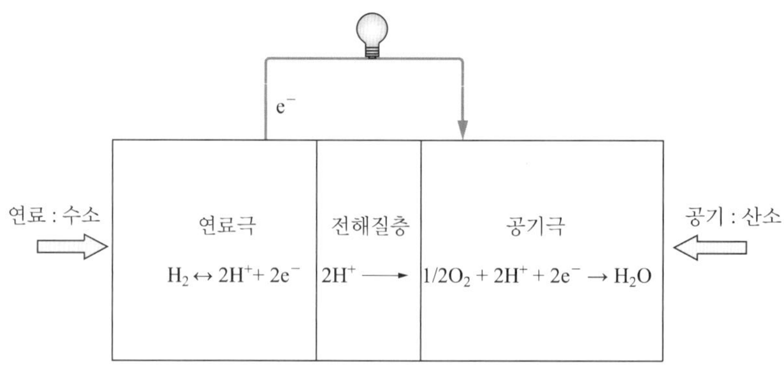

그림 13.6 수소-산소연료전지

연료전지의 발전효율은 40～60%이며, 열병합 발전 시 80% 이상 가능하다. 연료전지는 천연가스, 메탄올, 석탄가스 등 다양한 연료사용이 가능하고, 배기가스 중 NO_x, SO_x 및 분진이 거의 없다. CO_2 발생량에 있어서도 미분탄 화력발전에 비하여 20～40% 적다는 점에서 연료전지는 환경오염을 덜 발생시킨다. 연료전지는 회전부위가 없어 소음이 없으며, 기존 화력발전과 같은 다량의 냉각수가 불필요하다. 도심부근에 설치가 가능하여 송배전시의 설비 및 전력 손실이 적다. 부하변동에 따라 신속히 반응하며, 설치형태에 따라서 현지 설치형, 분산 배치형, 중앙집중형 등의 다양한 용도로 사용이 가능하다.

선진국 연료전지기술은 이미 실증연구 및 실용화단계에 와 있으며, 미국과 일본이 실용화 기술을 보유하고 있는 실정이다. 미국은 1970년대, 일본은 1980년대 초부터 본격적인 개발에 착수하였다. 기존 기술과 경쟁성 확보를 위해 설비 단가를 감소시키는 등 경제성 확보에 주력하고 있는 상황이다. 한편 우리나라에서는 2004년부터는 자동차용, 가정용(RPG), 발전용, 소형 이동전원용 등 다양한 분야에 기술개발 추진 중이다.

13.6 수소

수소는 무한정인 물 또는 유기물질을 원료로 하여 제조할 수 있으며, 사용 후에 다시 물로 재순환 되므로 자원 고갈 우려가 없다. 자원 고갈 우려가 없으므로 화석연료 자원이 빈약한 국가에 적합한 에너지원 수소는 물의 전기분해로 가장 쉽게 제조할 수 있으나 입력에너지(전기에너지)에 비해 수소에너지가 경제성이 너무 낮아 대체전원 또는 촉매를 이용한 제조기술 연구를 추진하고 있다.

수소에너지 기술은 제조/분리, 저장, 응용분야로 구성된다. 수소는 가스나 액체로서 쉽게 수송할 수 있으며 고압가스, 액체수소, 금속수소화물 등의 다양한 형태로 저장이 용이하다. 현재 수소는 기체로 저장하고 있으나 단위 부피당 수소저장밀도가 너무 낮아 경제성과 안정성이 부족하여 액체 및 고체저장법을 연구하고 있다. 수소는 연료로 사용할 경우에 연소 시 극소량의 NO_x를 제외하고는 공해물질이 생성되지 않는다. 석탄의 이산화탄소 배출량을 100으로 할 때 석유와 천연가스는 각각 80 및 60의 CO_2를 배출하는데 반해 수소는 CO_2를 전혀 배출하지 않으므로 지구온난화 우려를 최소로 한다.

수소는 산업용의 기초 소재로부터 일반 연료, 수소자동차, 수소비행기, 연료전지 등 현재의 에너지시스템에서 사용되는 거의 모든 분야에 이용가능하다. 수소는 물 전기분해시 순수(純水) 사용과 전기요금, 부생가스의 고순도 제조 시 장치비 등으로 가격이 고가여서 특수분야인 고온 용접기, 반도체분야에 이용되나 화석연료에 비해 경제성이 확보되면 일반연료, 동력원 등으로 사용가능하다.

해외의 수소에너지 개발 현황을 보면 미국은 2040년경에는 수소·연료전지가 현재 미국의 1일 석유수입량수준인 1,100만 배럴의 석유 수요를 대체할 것으로 추산하고 있다. 독일은 독일수소에너지사업(German Hydrogen Energy Project)을 통해 정부의 수소 및 연료전지 관련

기술개발연구에 매년 투자비가 증가하였다. 국내의 수소에너지 개발 추진현황을 보면 국내의 수소에너지는 제조, 저장 및 이용 분야에 기초단계 수준을 확보하여 실용화를 연구할 수 있는 기반을 구축하였다. 그러나 지금까지 연구개발은 수소제조의 기초연구와, 저장기술로 실험실 규모로 연구되었으나 향후 실험실규모가 아닌 Pilot Plant규모의 연구를 수행토록 하여 기업에서 실용화할 수 있는 연구가 필요하다.

13.7 바이오에너지

태양광을 이용하여 광합성되는 유기물(주로 식물체) 및 동 유기물을 소비하여 생성되는 모든 바이오매스의 에너지를 바이오에너지라 한다. 바이오에너지 생산기술이란 동·생물 유기체를 각종 가스, 액체 혹은 고형연료로 변환하거나 이를 연소하여 열, 증기 혹은 전기를 생산하는데 응용되는 화학, 생물, 연소공학 등을 말한다. 바이오에너지의 장·단점은 표 13.2와 같다.

표 13.2 바이오에너지의 장·단점

장 점	단 점
• 환경 친화적 • 풍부한 자원과 큰 파급효과 • 환경오염 저감 : 유해가스, 온실가스 등 • 다양한 형태의 에너지의 생산 : 연료, 전력, 천연화학물 등	• 과도 이용 시 환경파괴 가능성 • 단위 공정의 대규모 설비투자 • 자원의 산재 : 불편한 수집, 수송 불편 • 다양한 자원에 따른 이용 기술의 다양성과 개발의 어려움

지금까지 바이오매스자원을 이용하여 주로 연료(Bio-ethanol, 수소 등)나 화학원료(유기산 등)의 생산기술은 석유자원을 이용한 화학적 합성공정에 의존하였으나 이로 인한 환경문제 및 자원고갈 등의 문제가 대두되었다. 그래서 최근 바이오에너지 기술 개발의 추세는 이러한 공해 유발형 및 고에너지 소비형 화학원료 생산 공정을 재생가능한 자원인 바이오매스를 이용한 생물 공학적 발효공정으로 대체하여 탈공해 및 저공해의 청정생물공학기술을 이룩하려는 연구가 활발히 진행되고 있다. 그러나 아직까지 인프라가 잘 구축되어 값싸게 공급되는 석유화학제품에 비해 경제성 면에서 극복하지 못하고 있다. 미국의 카길사(Cargill corp.)는

옥수수를 원료로 젖산 등의 화학제품과 생분해성 플라스틱인 Polylactic Acid를 생산 하고 있다. 바이오매스를 이용한 범용 화학제품의 생산은 비 연료유용 석유(나프타)의 소비를 절약할 뿐만 아니라 공정자체의 에너지소비를 줄일 수 있어 석유소비를 감소시키고, 유화계 플라스틱 등을 대체하여 환경오염을 줄인다. 기술개발 결과 전분계 에탄올 연속생산 기술은 실용화 가능 단계에 있고 목질계 에탄올 연속생산 기술은 기반기술 확립 단계이며 유가 상승 시 추가 기술개발 및 상용화가 가능하다. 고효율 메탄발효 공정은 상용화 단계로서 보급이 추진되고 있는데 각종 산업폐수, 음식물 쓰레기 처리에 적용되고 있다.

13.8 폐기물

사업장 또는 가정에서 발생되는 가연성 폐기물 중 에너지 함량이 높은 폐기물을 다양한 가공·처리 방법을(열분해에 의한 오일화 기술, 성형고체연료의 제조기술, 가스화에 의한 가연성 가스 제조기술 및 소각에 의한 열 회수 기술 등) 통해 고체 연료, 액체 연료, 가스 연료, 폐열 등을 생산하고, 이를 산업적 생산 활동에 필요한 에너지로 이용될 수 있도록 한 재생에너지를 폐기물에너지라고 한다. 국내 신재생에너지 생산단가 중 폐기물에너지 생산단가는 kWh 당 71원으로 태양광의 10%, 풍력의 66% 수준이며, 2006년 기준으로 신재생에너지 중 폐기물 에너지의 비율은 76%로 폐기물 에너지화는 신재생에너지 중에서 가장 효율적이다.

폐기물 에너지의 특징은 비교적 단기간 내에 상용화 가능하다. 기술개발을 통한 상용화 기반 조성이 돼있고 타 신재생에너지에 비하여 경제성이 매우 높고 조기보급이 가능하기 때문이다. 폐기물 에너지는 또한 폐기물의 청정 처리 및 자원으로의 재활용 효과가 있다는 특징이 있다. 그래서 폐기물 자원을 적극적으로 에너지자원으로 활용할 수 있고, 폐기물에 의해 초래되는 환경문제를 감소할 수 있다.

폐기물 신재생에너지의 종류는 고형연료(예, RDF), 폐유 정제유, 플라스틱 열분해 연료유, 폐기물 소각열 등이 있다. RDF (Refuse Derived Fuel)는 종이, 나무, 플라스틱 등의 가연성 폐기물을 파쇄, 분리, 건조, 성형 등의 공정을 거쳐 제조된 고체연료가 해당된다. 폐유 정제유는 자동차 폐윤활유 등의 폐유를 이온정제법, 열분해 정제법, 감압증류법 등의 공정으로 정제하여 생산된 재생유이다. 플라스틱 열분해 연료유는 플라스틱, 합성수지, 고무, 타이어 등의 고분자 폐기물을 열분해하여 생산되는 청정 연료유이다. 폐기물 소각열은 가연성 폐기물 소각열 회수에 의한 스팀생산 및 발전, 시멘트 킬른 및 철광석소성로 등의 열원으로의 이용된다.

우리나라 환경부는 현재 매립되거나 해양투기되고 있는 가연성 및 유기성 폐기물을 점차적으로 에너지화하여 2020년까지 전량 에너지화하는 목표를 세우고, RDF시설 및 전용발전시설, 바이오가스화 및 발전시설 등을 점차 확충하고 매립가스와 소각여열 회수지원사업도 병행추진하고 있다. 이에 따라 경제적 효과와 일자리 창출의 효과를 기대하고 있다. 유럽연합은 지구온난화와 자원고갈문제를 동시에 해결할 수 있도록 폐기물 직매립을 억제하고 대신 에너지화를 추진하도록 정책적으로 유도하고 있다. 독일은 가연성 폐기물을 이용한 RDF를 연간 300만 톤을 생산하고 있다. 일본은 유기성 폐기물의 Biomass Town건설을 통해 에너지 생산 및 CO_2 생산을 감소할 계획이다. 미국은 RDF와 석탄을 혼합사용하는 30여 개소의 발전소가 가동 중이다.

13.9 석탄가스화 / 액화

가스화 복합발전기술은 석탄, 중질잔사유 등의 저급원료를 고온·고압의 가스화기에서 수증기와 함께 한정된 산소로 불완전연소 및 가스화시켜 일산화탄소와 수소가 주성분인 합성가스를 만들어 정제공정을 거친 후 가스터빈 및 증기터빈 등을 구동하여 발전하는 신기술이다. 한편 석탄액화는 고체 연료인 석탄을 휘발유 및 디젤유 등의 액체연료로 전환시키는 기술이다. 이에는 고온 고압의 상태에서 용매를 사용하여 전환시키는 직접액화 방식과, 석탄가스화 후 촉매상에서 액체연료로 전환시키는 간접액화 기술이 있다. 석탄가스화/액화 기술의 장단점은 표 13.3과 같다.

표 13.3 석탄가스화/액화기술의 장·단점

장 점	단 점
• 고효율 발전 • 환경친화기술 : SO_x는 95% 이상, NO_x는 90% 이상 저감 • 다양한 저급연료(석탄, 중질잔사유, 폐기물 등)를 고부가가치의 에너지화	• 복잡한 설비구성과 제어 : 설비최적화, 고효율화 및 저비용화가 요구됨 • 높은 투자비용 : 넓은 소요 면적, 고가 시스템 비용

석탄가스화/액화기술은 전력을 안정적으로 공급하고 환경오염을 감소시킬 수 있으므로 기술개발에 따른 파급효과가 큰 기술로 인식이 확산되고 있다. 발전시장에서 매우 중요한 비중을 차지할 것으로 예상되며 유럽, 미국 등에서 100～250 MW급 대용량 석탄가스화복합발전시스템을 개발, 운전하여 경험 축적으로 미래시장에 대비하고 있다. 유럽, 미국, 일본 등지에서 이미 100～250 MW급 대용량 석탄가스화 복합발전시스템을 개발, 건설 계획이다.

국내 기술이 아직 초기단계로 보급실적이 전무하나 한전의 장기전력수급계획에 따르면 향후 상용플랜트를 건설하여 운전할 예정으로, 미분탄 화력의 상당부분을 대체 가능하다. 중질잔사유를 이용한 가스화복합발전의 건설을 몇 년 전부터 대기업에서 타당성조사를 실시하고 있어 대체에너지개발 및 이용보급촉진법에 중질잔사유를 이용한 가스화에너지가 대체에너지원으로 포함될 경우 조기에 플랜트 건설이 이루어질 것으로 예상된다. 이 경우 저급원료인 중질잔사유의 원료성분분석, 가스화 기초실험을 기술개발 결과로 활용이 가능하며, 석탄가스화와 같이 상용화 설비 도입시 기술도입비 절감 및 대상공정 중 주요부위 판단 기준 제공이 가능하다.

13.10 지열

지열이란 지표면의 얕은 곳에서 부터 수 km깊이에 존재하는 뜨거운 물과 암석을 포함하여 땅이 가지고 있는 에너지를 말한다. 통상 후자에 있어 뜨거운 물을 온천, 녹아 있는 암석을 마그마라고 한다. 태양열의 약 47%가 지표면을 통해 지하에 저장되며, 이렇게 태양열을 흡수한 땅속의 온도는 지형에 따라 다르지만 지표면 가까운 땅속의 온도는 개략 10～20℃ 정도로 연중 큰 변화가 없으나 지하 수 km의 지열온도는 40～150℃이상을 유지한다.

지열은 태양과 지구가 존재하는 한 계속 생성되므로 지열에너지원은 무궁무진하다. 우리나라의 경우 일본, 이태리 등과 같은 화산지대가 거의 존재하지 않아 심층지열 이용은 매우 어려운 것으로 나타나고 있으며, 이에 따라 현재는 지하 100～150 m 깊이의 지열을 이용하는 시스템의 개발 보급이 점차적으로 활성화되고 있다.

대체에너지원으로 활용하기 위한 지열원으로는 지표면으로부터 수내지 수십 미터 깊이의 흙, 또는 지하수, 호수나 강물 등을 들 수 있다. 이러한 지열은 통상 건물의 냉난방 열원으로 활용되는데, 이를 위한 주요설비로는 지열을 회수하기 위한 열교환기와 회수한 저온의 지열을 유효에너지로 변환시키기 위한 열펌프(Heat Pump)가 있다. 열펌프는 지열과 같은 저온의 열원으로부터 열을 흡수하여 고온의 열원에 열을 주는 장치로서 열을 빼앗긴 저온측은 여름철 냉방에, 열을 얻은 고온측은 겨울철 난방에 이용할 수 있는 설비이다.

지열시스템에서 가장 중요한 설비인 지열원 히트펌프에 대한 연구는 1940년대 후반과 1950년대에 미국과 유럽에서 시작되었다. 본격적으로 난방을 목적으로 사용되기 시작한 것은 1970년대 유가파동 이후로서 현재는 미국 내에서만 매년 수만 기의 지열원 열펌프가 설치되고 있으며, 유럽국가에서도 사용이 급증하고 있는 추세이다. 특히 미국은 지열협회(ISGHPA)를 중심으로 연구를 시작하여 1980년대부터 실용화 보급을 실시하고 있다. 일본은 지질구조상(지진 관련) 지열이용이 바람직하지 않은 것으로 여겨졌으나 미국회사와 공동으로 인공연못을 활용하는 지열교환기를 개발하여 지열냉난방 시스템을 완성하였고 현재 계속 연구 진행 중에 있다.

미국, 스위스, 스웨덴, 독일 등이 지열원 열펌프를 사용하는 대표적인 사용국이다. 연속 냉난방 보급이 보편화되어 있는 미국, 유럽 등 선진국에서는 일반가정 및 중소규모의 건물, 스포츠센터, 원예단지를 대상으로 냉난방시스템에 지열을 이용하는 열펌프시스템이 일반적으로 설치되어 운용되고 있다. 미국에서는 일반주택을 중심으로 냉·난방시스템 및 항온·항습용의 보조에너지 개념으로 널리 이용되고 있으며, 미국 전역에 지열시스템을 설치한 수백개소의 학교가 있다. 한편 일본에서는 전력소비가 많은 주간의 전력부하 경감을 위해 심야전기를 이용하는 열펌프를 설치하여 좋은 결과를 얻었으며 주거용 에너지시스템으로도 보급시키고 있다.

국내에서의 향후 경제성 확보를 위한 히트펌프의 성능계수 향상과 지중열교환기의 효율향상 등의 기술개발과 아울러 이미 설치되어 운전되고 있는 건물의 지열이용시스템에 대한 성능평가 및 효과측정 등을 추진할 계획이다. 열펌프를 이용하는 지열이용시스템은 운영비가 기존의 설비에 비해 적은 반면 초기투자비가 커 경제성이 다소 약한 것이 단점이다. 그러나 앞으로 고성능 열펌프의 개발과 지중열교환기 효율이 높아진다면 열펌프를 이용한 지열이용시스템의 보급은 점차적으로 증가할 것으로 예상된다.

13.11 수력

물의 유동에너지를 변환시켜 전기를 생산하는 것을 수력발전이라고 한다. '대체에너지 개발 및 이용, 보급 촉진법(2003년)'에는 소수력만을 신재생에너지로 정의하고, 같은 법 시행규칙에서 소수력 설비를 시설용량 10,000 kW 이하의 설비로 규정하였다. 2004년 말 12월에 이 법을 '신에너지 및 재생에너지 개발, 이용, 보급 촉진법(2004년)'으로 개정하여 대수력을 포함한 수력으로 정의한다. 현재 수력발전 중 소수력 발전에 대하여 다양한 연구개발 및 정부지원 정책과 제도를 시행하고 있다. 소수력발전은 물의 유동을 이용한 시설용량 10,000 kW이하의 수력발전을 말하는데(대체에너지개발 및 이용보급촉진법시행규칙 개정 2003.1.3) 주로 소규모 하천의 물을 인공적으로 유도하여 저낙차 터빈을 이용한 발전방식이다.

미국과 중국의 경우는 시설용량 15,000 kW 이하와 25,000 kW 이하를 각각 말한다. 국내 소수력발전은 1982년 이후 정부의 지원으로 현재까지 40개 지역에(시설용량 약 53,408 kW) 설치되어 연간전력생산량은 약 1억 kWh에 달하고 있다. 소수력발전은 전력생산 외에 농업용 저수지, 농업용 보, 하수처리장, 정수장, 다목적댐의 용수로 등에도 적용할 수 있다. 따라서 국내의 개발 잠재량은 풍부하며, 또한 청정자원으로서 개발할 가치가 큰 부존자원으로 평가받고 있다. 한탄강 소수력발전소(그림 13.6)는 연간 전력 생산량이 5.251 MKWh인데 이는 1600가구가 사용가능한 전력에 해당한다.

그림 13.6 한탄강 소수력발전소 전경.

소수력 발전 시스템이 구성하는 가장 중요한 설비는 수차(Turbine)이다. 소수력 발전은 설비용량, 낙차 및 발전방식에 따라 분류된다. 수로식 발전방식은 하천을 따라 완경사의 수로를 결정하고 하천의 급경사와 굴곡 등을 이용하여 수로에 의해 낙차를 얻는 방식으로 하천 경사가 급한 상·중류에 적합한 형식이다. 댐식은 주로 댐에 의해서 낙차를 얻는 형식으로 발전소는 댐에 근접해서 건설하고 하천경사가 작은 중·하류로서 유량이 풍부한 지점이 유리하며, 하천의 구배가 완만하나 유량이 풍부한 곳과 낙차는 크나 하천의 수위변동이 심한 지역을 택한다. 터널식은 댐식과 수로식을 혼합한 방식으로 지형상 지하 터널로 수로를 만들어 큰 낙차를 얻을 수 있는 곳에 설치하게 되므로 수로식 소수력발전의 변형이다. 우리나라는 대부분 토건비 부담 등의 이유로 수로식이나 터널식보다 경제성이 있는 농사용 댐 등을 주로 이용하고 있다.

소수력 발전의 장점은 국내 부존자원을 활용할 수 있다는 점과 전력생산 외에 농업용수 공급, 홍수조절에 기여할 수 있고 일단 건설 후에는 운영비가 저렴하다는 것이다. 한편 단점은 대수력이나 양수발전과 같이 첨두부하에 대한 기여도가 적고 초기 건설비 소요가 크고, 발전량이 강수량에 따라 변동이 많다.

수력기술개발은 완료되어 상용화 보급되었다. 해외 소수력 보급현황을 보면 소수력 발전소는 전 세계적으로 매우 광범위하게 운영되고 있다. 아시아권에서는 중국이 58,000개소(13,250 MW), 일본이 600개소(538 MW)로 가장 많이 운영되고 있으며, 미국은 1,715개소(3,420 MW), 유럽의 경우 독일 5,882개소(341 MW), 프랑스1,479개소(1,646 MW), 이태리 1,420개소(1,969 MW) 등으로 매우 많은 소수력발전소가 건설, 운영되고 있다. 1개소 당 발전용량을 살펴보면 중국은 228 kW, 일본은 896 kW, 유럽은 평균 1,200 kW인 반면 우리나라의 경우에는 1개소 당 평균발전용량이 약 1,500 kW로 외국에 비하여 비교적 큰 편이다. 특히 독일의 경우 소수력 발전소 1개소 당 평균발전용량은 58 kW로 매우 작다. 이는 주어진 부존에너지를 최대한 활용하고 소수력 발전소 건설 및 운영에 대하여 정부에서 많은 지원을 하기 때문이다. 보통 소수력발전은 자연낙차가 크고 발전용량이 증가할수록 경제성이 향상되지만, 외국의 경우처럼 소규모용량의 소수력발전이 활성화 된 것은 중·저낙차 소용량이면서 대용량에 비하여 경제성면에서 뒤떨어지지 않는 중·저낙차용 수차를 개발, 보급하여 경제성을 향상시켰기 때문이다.

우리나라의 소수력 개발은 1982년 제정된 '수력 개발 활성화 방안'이 공포되면서부터 시작되었다. 현재 전국에 40개소의 소수력발전소가 운영되고 있으며, 설치장소는 하천(15개소), 기존댐(11개소)이 주를 이루고 있으며, 저수지(5개소), 하수처리장(3개소)에도 일부 설치되어 있다. 설치된 발전설비 용량은 총 53,408 kW인데 이는 외국에 비하면 아직은 미미한 형편이다. 그러나 일반 하천뿐만 아니라 경제성향상을 위하여 기존댐 등의 구조물을 이용한 수력개발과, 지방자치단체, 수자원공사, 농업기반공사 등 공공기관이 사업주체가 되어 적극적인 개발을 추진하고 있으며, 특히 중·저낙차 수력개발 입지인 농업용 저수지와 다목적댐의 소수력 개발에 주력하고 있다.

우리나라는 수력자원면에서 유럽의 여러 나라에 뒤지지 않는다. 그러나 소수력 발전소 건설이 활성화되지 않는 이유는 수력발전소 운영에 따른 경제성이 향상되지 않기 때문이다. 그래서 소수력발전소의 경제성을 향상시키기 위해서는 우리나라의 수력자원 특성에 적합한 중·저낙차용 수차발전기를 국산화 개발과 이에 따른 수차발전기의 제작비용 및 수력발전소 건설비를 절감하고, 또한 수차발전기 운영에 따른 유지비의 절감이 필요한 실정이다. 경제성 부족 등의 요인으로 수력발전소의 신규개발이 거의 중단되었으며, 최근에는 기존 농업용 댐 등을 이용하는 사업이 일부 추진되고 있는 실정이다.

13.12 해양에너지

해양으로부터 얻을 수 있는 에너지는 이용방식에 따라 조력, 파력, 온도차발전으로 구분된다. 기타 해류발전, 근해 풍력발전, 해양 생물자원의 에너지화 및 염도차 발전 등도 있다. 조력발전은 조석을 동력원으로 하여 해수면의 상승하강운동을 이용하여 전기를 생산하는 발전기술이다. 평균조차가 3 m 이상을 입지조건으로 한다. 한편 파력발전은 입사하는 파랑에너지를 터빈 같은 원동기의 구동력으로 변환하여 발전하는 기술이다. 온도차발전은 해양 표면층의 온수(예, 25～30℃)와 심해 500～1000 m 정도의 냉수(예, 5～7℃)의 온도차를 이용하여 열에너지를 기계적 에너지로 변환시켜 발전하는 기술이다.

해양에너지의 보급으로 기대되는 효과는 해양자원의 다각적 이용, 연안 및 낙도에 전력공급과 해양 환경제고 및 수산자원 활용의 극대화 도모이다. 국내에서 해양에너지를 활용한 대표적 프로젝트는 시화호에 건설 중인 조력발전소이다. 서해안의 경우 조수 간만의 차가 최대 9 m이다. 그래서 세계 최고 수준으로 조력발전소를 짓기 위한 최상의 조건을 갖춘 곳이다. 시화호 조력발전소는 하루 전기생산량만 552,000 kW로 세계 최대 조력발전소이다. 한편 조수 간만의 차이에서 생기는 힘으로 터빈을 돌려 전기를 만드는 조력발전소와는 달리 조류발전소는 빠른 바닷물의 흐름을 동력으로 이용해 전력을 생산한다. 바다의 빠른 물살을 이용한 조류발전은 세계적으로 유례를 찾기 힘들다. 전라남도 진도군과 해남군 사이 울들목 해상에 건설 중인 조류발전소는 세계 최대 규모(구조물과 상부하우스를 포함해 가로 16 m, 세로 36 m, 높이 48 m, 총 중량 1000 t)의 시험발전소가 될 전망이다.

CHAPTER 14 방사능오염

14.1 개설

우리들 인간이 받고 있는 방사선은 자연방사선과 인공방사선으로 구별된다. 자연방사선은 태고 때부터 인류가 지속적으로 받아왔던 것이고, 우주선과 천연방사능물질 등에서 방출되는 방사선이 인공방사선이다. 이들 방사선의 강도는 시간적, 공간적으로 변화하고 또 인간의 활동에 따라서도 증감한다.

인공방사선은 1895년 Röntgen이 X선을 발견함과 동시에 생긴 것으로, 그 후 의학이용, 공학이용, 핵폭발실험, 원자력에너지의 이용 등 인간활동에 따라 증가하여 인간에 대한 피폭선량도 증대되고 있다.

방사능이란 불안정한 원소의 원자핵이 방사선을 방출하여 스스로 붕괴되고 안정된 다른 원자핵으로 변화하는 현상을 가리킨다. 방사능에 대한 일반사람들의 인식이 깊게 나타난 것은 2차 세계대전에서의 원폭투하였다. 핵분열의 거대한 에너지를 순간적으로 이용하여 대단한 파괴력을 지닌 무기로서 발전하였다.

이러한 원자력에 무기로서의 이용에 경종을 울림과 동시에 에너지로의 평화이용의 목소리가 높아지고, 오늘날에 와서는 전력, 선박, 우주개발, 의학이용, 과학이용 등에 광범위하게 사용되고 있다.

그림 14.1 원자력 발전소의 냉각탑

14.2 방사선과 방사성원소

방사선이란 공간을 전파, 이동하는 에너지의 흐름이다. 이것을 입자선과 전자방사선으로 분류할 수 있다(그림 14.2). 입자선은 원자, 분자 등의 미립자의 작은 덩어리로써 일정한 방향으로 흐름을 말한다.

전자방사선이라는 것은 전자장의 주기적인 변화가 파동으로서 전파하는 것으로서 라디오나 TV의 전파, 가시광선, X선, γ선, 우주선 등의 모든 전자방사선이다. 우라늄, 토륨, 라듐 등과 같은 원자핵은 방사선을 방출하고 붕괴한다. 그리고 보다 안정한 원자핵이 되려고 한다. 이와 같이 원자핵 자신으로부터 방사선을 방출해서 다른 핵종으로 변화하는 과정을 방사선붕괴(Radioactive Decay)라고 한다. 또 이러한 성질을 지닌 핵종을 방사성원소(Radioactive Element, Radioelement)라고 한다. 이들 원자핵 및 원소를 포함하고 있는 물질을 방사성물질(Radioactive Substance)이라고 한다. 그리고 방사성핵종에서 방출되는 방사선에는 α선, β선, γ선이 있다.

이 외에 방사능의 의미에는 “방사선을 방출해서 붕괴하는 성질”외에 “방사선을 내고 붕괴하는 경우”, 즉 「방사능 강도」로서도 사용된다. 이 경우에는 단지 용어상으로 “Activity”라고 한다.

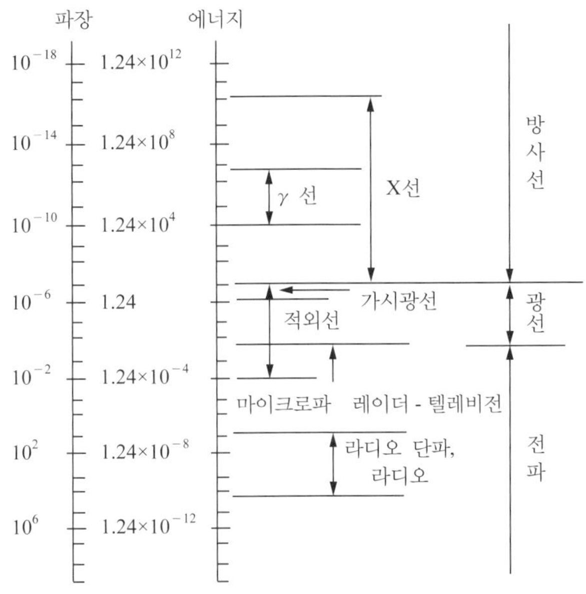

그림 14.2 전자방사선의 분류

1 α선

α선은 2개의 중성자와 2개의 양자(He 핵)로 되어 있으며, 물질 중에 투과할 때에 원자를 전리(Ionization) 또는 여기(Excitation)시켜, 거의 똑바로 진행하면서 감속한다. 에너지가 약하게 되면 원자와의 상호작용의 기회가 많게 되어 전리 또는 여기가 빈번히 일어나게 된다. 전리현상은 안개상자나 사진건판에서 흔적(Track)으로 관찰할 수 있다. 이 흔적의 단위길이 당 형성된 이온대의 수를 선 이온수(Linear Iondensity) 또는 비전리(Specific Ionization)라고 한다.

1 MeV의 α선의 비정은 공기 중에 있어서 수 cm 생체조직 중에 있어서는 수 μm 정도로서, 외부로부터 인체에 조사한 경우에는 거의 피부표층에서 정지하고 만다. 인간의 피부표면의 50～100 μm의 두께에서는 방사성에 대하여 감수성이 없고 필터로서의 역할을 하고 있다. 그러나, α선을 방출하는 방사성핵종이 체내에 들어가 중요한 기관에 축적될 경우에는 장기간에 걸쳐 국소적인 장소에 모든 에너지를 방출하는 결과로 되기 때문에 장해가 발생한다.

2 β선

β선은 방사성핵종의 붕괴에서 방출되는 고속의 전자이다. β선의 에너지는 연속적으로 분포하고 있으며, 이것이 α선, γ선과 다른 점이다. β선 에너지는 일반적으로 그 최대치를 나타내며, 평균에너지는 최대치의 1/3 정도이다. β선은 γ선과 같이 전리와 여기에 의해 그 에너지를 잃어간다. β선은 α선에 비해 질량이 작고, 부의 전하를 가지고 있다. 그 때문에 원자핵이나 궤도전자 등에 의해 구부러져 흐트러진 비적을 나타낸다. 이 길이도 α선에 비해 100배나 길다. 생체조직에서는 수 mm 정도로 외부피복의 경우 부의 감수성층이 달하는 피부피폭으로는 문제가 되지 않으나 체내의 중요한 기관에까지 달하는 경우는 적다. β선의 차폐는 수 mm의 알루미늄판 또는 수 cm의 플라스틱판으로 충분하다. β선을 방출하는 방사성핵종이 체내에 들어가 중요한 기관에 축적되었을 경우 α선과 같이 국소적인 조사는 문제시 되지 않으나 장기간에 걸친 체내의 중요한 기관에 피복하게 된다.

3 X선과 γ선

X선은 고속의 전자를 타깃에 충돌시킴에 의해서 발생하는 것으로써 연속 X선(General X

- rays)과 특성 X선으로 나눌 수 있다. 연속 X선은 연속적인 에너지의 스펙트럼을 가지고 있으며, 특성 X선은 궤도전자가 낮은 에너지의 궤도로 옮겨갈 때 발생하는 것이다. γ선은 방사성 핵종이 붕괴할 때 발생하는 전자파이다. 즉, α붕괴, β붕괴를 한 후에 원자핵은 대단히 짧은 시간(10^{-12}) 여기상태가 되며, 이 여기에너지를 전자파로서 방출해서 안정한 상태로 옮겨진다. 이때의 전자파를 γ선이라고 한다. γ선은 X선과 똑같은 성질의 것으로서 원자핵의 여기에너지로서 발생하는 것을 γ선, 그 외에 원인에 의해서 발생하는 것을 X선이라고 한다.

4 기타

중성자선은 양자와 거의 같은 질량을 지닌 것이지만 전하를 가지지 않으므로 물질 내 원자의 궤도전자와는 작용을 하지 않고 원자핵과 충돌하여 산란 및 핵반응을 일으켜서 하전입자를 생기게 하고 간접적으로 전리작용을 일으킨다. 그러나 원자핵과 작용하는 확률은 그다지 크지 않으므로 γ선과 같이 투과력이 강하고, 신체의 심부까지 달하여 중요한 기관을 피복하게 한다. 생체는 많은 원소로서 구성되어 있지만 주된 원소는 수소이다. 여기에서, 생체와 중성자선과 상호작용을 하게 된다.

14.3 방사능과 원자력

인공방사선에 의한 피폭에는 원자력의 평화적인 이용을 위한 핵발전과 핵폭발실험, 원자력산업 등에 의한 것이다. 핵발전은 안정한 에너지를 얻기 위한 수단으로서 방사선을 제어하면서 안전하게 조업을 하는 것을 목표로 하고 있다. 반면에 핵폭발실험 등은 환경오염을 일으키며, 불특정 다수의 사람들에 대해 피복을 일으킨다. 오늘날에는 원자력의 안정한 이용을 목표로 하는 의학적인 치료, 개발, 공업적인 제품의 생산, 과학실험이용 등에 크게 기여하고 있다.

1 핵폭발 실험

1945년 7월 16일 미국의 뉴멕시코주의 로스아라모스에서 인류최초의 핵폭발실험이 이루어졌다. 같은 해 8월에는 히로시마와 나가사키에 원자탄이 투하되어 태평양전쟁은 종식하게 되었다. 전후에 1973년까지 미, 소 양국이 800회 이상의 핵폭발실험을 하였으며, 중국, 프랑스, 인도 등의 국가들이 대기권내의 소규모실험을 하고 있다. 핵폭발에 의한 에너지는 핵분열 또는 핵융합에 의한 것으로 폭풍에 의한 것이 50%, 열방사에 의한 것이 35%, 방사선에 의한 것으로 15%로 되고 있다. 핵폭발은 매우 고온의 분열생성물을 구름 내로 끌어들여 내부에서 미세한 고체입자를 방사화한다. 이 때 생성된 각종 분진들이 비, 침강 등을 통해 지표로 낙하하여 이른바 방사성 강하물로서 광범위하게 확산되고 환경오염을 전 지구적으로 확대시킨다.

2 원자력발전

원자력발전은 화석연료의 사용으로 인해 미래의 에너지로서 주목이 되고 있다. 현재 지구상에 남아 있는 천연의 석탄, 석유 등의 화석연로의 잔류량을 생각할 때 대체에너지의 개발이 서둘러지고 있는 실정이다. 현재까지는 가능성이 있는 에너지원으로 각광을 받고 있으나 핵폐기물 등의 방사능오염 문제로 각국에서 많은 반대를 겪고 있는 상태이다. 1981년 당시의 조사에 의하면 세계 전체 원자력발전소의 수는 운전 중의 것이 159기, 건설 중인 것이 247기, 발주완료가 42기, 계획 중의 것이 156기로서 총 704기가 발전용량 6억84만 5,400 kWe(글로스출력)이었다. 운전 중의 원자력발전소를 가진 나라가 22개국이고, 건설, 계획, 발주의 나라를 포함하면 41개국이 되고 있다. 로의 형태로는 경수로(Light Water Reactor, LWR)가 가장 많고 가압수령원자로의 순으로 되어있다.

원자력발전에 의한 환경오염에는 원자력발전소에서 사용 후 생기는 핵폐기물에 의한 것이 대부분이며 그 발생원은 다음과 같다.

① 원자로의 냉각재 중에 들어간 부식생성물이 방사화된 것
② 보급냉각재 중에 존재하는 불순물과 냉각수자체가 방사화된 것
③ 연료피복제의 파손 등에 의해 1차 냉각재 중에 누출되는 핵분열생성물

이들 방사성폐기물은 철저한 관리 하에 있으며 일부가 사고 등으로 기체상, 액체상의 형태로 환경 중에 방출되어 간다.

14.4 방사선의 관리

방사선업무의 관리의 목적은 첫째로, 방사선시설 내에서 근무하는 작업자의 건강과 안전을 지키기 위해서이고, 둘째로는 방사선시설주변에서 거주하고 있는 사람들의 건강과 재산의 위험을 최소로 하게 하기 위한 것이다. 전자는 시설내의 관리, 개인의 관리, 작업관리 등이 이에 속하며, 후자는 시설 외에 있어서의 관리이다. 그리고 특별한 경우로서, 긴급시의 관리, 운반의 관리, 폐기물의 관리를 들 수 있다. 개인의 관리로서는 작업장 내에서 건강상의 관리에서는 개인의 건강관리와 사고로 인한 피폭 시에 대책을 수립하여야 한다. 또한 작업장 내의 선량의 분포 등을 조사하여 두어, 만약의 사고발생을 미연에 방지하는 예방대책도 강구해 두어야 한다. 이를 사고방지를 위한 예방적(Preventive)관리라고 한다.

방사선오염을 관리하기 위해서는 그 측정은 필수적이다. 우리의 신체의 일부로서 방사선을 직감하여 감지하는 것은 불가능하며, 다른 매체를 통해서 방사능의 존재를 확인 할 수 있다. 이 매체를 방사선검출기(Radiation Eetector)라고 한다. 이 경우에 방사선검출기는 방사선과 상호작용을 하며 이 작용을 명확하게 구분할 수 없으나 ① 전리작용, ② 여기작용, ③ 화학작용, ④ 핵반응, ⑤ 생물작용으로 구분할 수 있다. 전리작용을 이용한 것은 전리상자, 비례계수관, GM 계수관, 반도체검출기 등이며, 여기작용을 이용한 것은 신칠레이션검출기, 형광유리선량계, 열형광선량계 등이다. 화학작용을 이용한 것은 사진의 필름, 화학선량계, 핵반응을 이용한 것에는 고체비적검출기, 방사화검출기, 칼로리미터 등이 있다. 방사성물질을 취급하는 작업장, 특히 γ선 방출물질을 취급하는 업무에 종사하는 사람들의 경우, 작업자와 주위사람들에 대한 방사선장해로부터 보호하지 않으면 안 된다. 이를 위해서는 방사선의 발생원, 방사선발생장치에서의 선량, 주변환경의 누출선량, 공기, 물 중의 방사성 물질의 농도를 항시 감시할 필요가 있다.

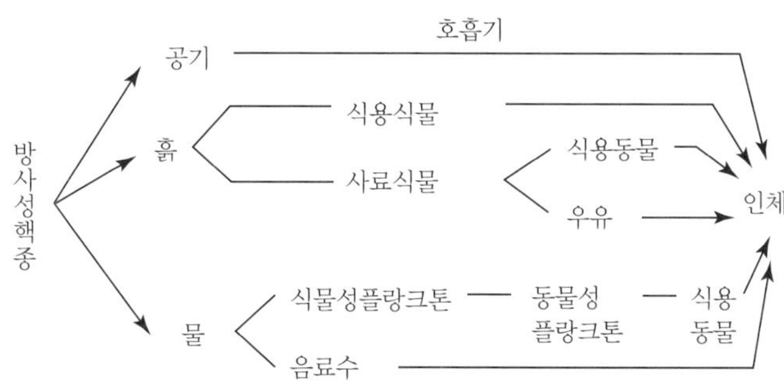

그림 14.3 방사성핵종의 인체침투경로

표 14.1 각종 방사선의 단위

부과된 에너지	J	g rad
흡수선량	Gy	rad
흡수선량률	Gy S^{-1}	$rads^{-1}$, etc
조사선량	C Kg^{-1} SI	R(뢴트겐) 특별단위
조사선량률	A Kg^{-1}	Rs^{-1}, etc
방사능	Bq	Ci
방사정수	Cm^2 kg^{-1}	Rm^2 h^{-1} Ci, etc

이러한 일련의 감시작업을 방사선 모니터링(Radioactivity Monitoring) 또는 모니터링 서베이(Monitoring Survey)라고 한다. 모니터링이란 방사능을 측정하고 그 정보를 제공하여 위험정도를 알리는 것인데, 방사능이 상시적인 측정, 데이터의 관리 등이 목적이다. 방사선의 피폭정도, 피해정도를 식별하기 위해서는 수치적인 단위의 개념이 필요하게 되며 방사선에서는 측정용기기의 종류나 원리, 사용방법 등에 따라 그 단위도 달라진다. 표 14.1은 각종 방사선의 단위를 표시한 것이다.

(1) 조사선량

조사선량의 단위는 뢴트겐(Röntgen)이다. 이 단위는 「X선 또는 γ선을 조사하여 건조공기 1 mL에 대해 발생된 2차 입자선이 공기 중에 1정전단위(iesu)의 전하를 발생시키는 X선 또는 γ선의 량」으로 규정하고 있다. 단위시간당의 조사선량을 조사선량률이라고 한다.

(2) 방사선의 강도(방사선 속밀도)

단위시간당 흐름방향으로 수직의 단위면적당의 통과에너지를 말한다. 매초 1 cm^2당의 에너지를 에르고(erg)로, 또는 1 cm^2당의 와트로 표시한다.

(3) 흡수선량

조사되어 위치에서 물질의 단위질량당이 하전입자에 의해 주어지는 에너지이며, 1 g의 조직이 100 erg의 에너지를 흡수하는 선량을 1 래드(rad)로 정한다. 단위시간당의 흡수선량을 흡수선량률이라고 부르고 단위시간당의 rad로 나타낸다.

(4) 생체효과선량

종류가 다른 방사선의 전리능, 에너지 등의 차를 보정하기 위한 실효 선량이라고도 불리는 것으로 그 단위는 rem이다. 1 rem이란 「1 r의 X선 또는 γ선에 의해 인체에 일어나는 효과와 동일한 생물효과를 주는 모든 방사선의 양」이라고 규정되어 있다. 실측은 할 수 없으므로 rad로 기초로 하여 계산된다. X선, γ선, 전자선은 1 rad가 1 rem, 중성자선, 양자선은 0.1 rad, 중양자선은 0.05 rad의 흡수선량이 1 rem에 상당한다.

(5) 방사선물질의 양

단위는 큐리(Ci)이며, 1 Ci란 1초당 파괴된 입자수가 3.7×10^{10}개의 방사선 핵종의 양이다.

(6) 생물학적 효과비율(RBE, Relative Biological Effectiveness)

약 200 KeV의 X선 또는 γ선의 생물학적 장해에 방사선이 몇 배의 영향을 미치는가의 수치, 즉

$$\text{RBE} = \frac{\text{어떤 효과를 얻는데 필요한 X선 또는 } \gamma \text{선의 선량}}{\text{같은 효과를 얻는데 필요한 방사선의 선량}}$$

표 14.2 RBE와 LET의 관계(LET는 선에너지 투여이다)

RBE	LET (rev / μm물 중)
1	3.5 이하
1~2	3.5~7.0
2~5	7.0~23
5~10	23~53
10~20	53~175

14.5 방사능 오염의 영향

자연방사선으로 우주선이나 천연상태에서 존재하는 방사선핵종 등에서 방출하는 방사선은 초기의 과학적인 발견에서는 그 존재를 확인하기에 급급한 결과, 방사선의 피해에 대한 예상을 할 수 없었다. 이와 같은 사실에 근거하여 볼 때 오늘날의 고도의 과학기술, 특히 물리학의 눈부신 발전의 결과로서 방사능오염은 수반되어 왔으며, 장래에 있어서도 과학의 발달과 방사능오염은 끊을 수 없는 관계를 가지고 있다.

방사선의 생물에 대한 영향은 미소한 흡수에너지로도 큰 생물학적인 장해를 일으킬 수도 있다는 점이다. 이것은 단순히 물리적인 현상만으로 설명할 수 없는 일이며, 세포 및 생체의 특이성 때문에 일률적으로 그 피해 정도를 단정 지을 수 없다. 일반적으로 생체에 방사선을 쬐게 되면 우선, 물리적 단계, 화학적 단계, 생물학적인 단계를 거치고 그 증상이 나타난다. 이들 각 단계에서 증폭효과가 생기며 큰 장해를 일으키게 된다. 그 단계를 보면 그림 14.4와 같다.

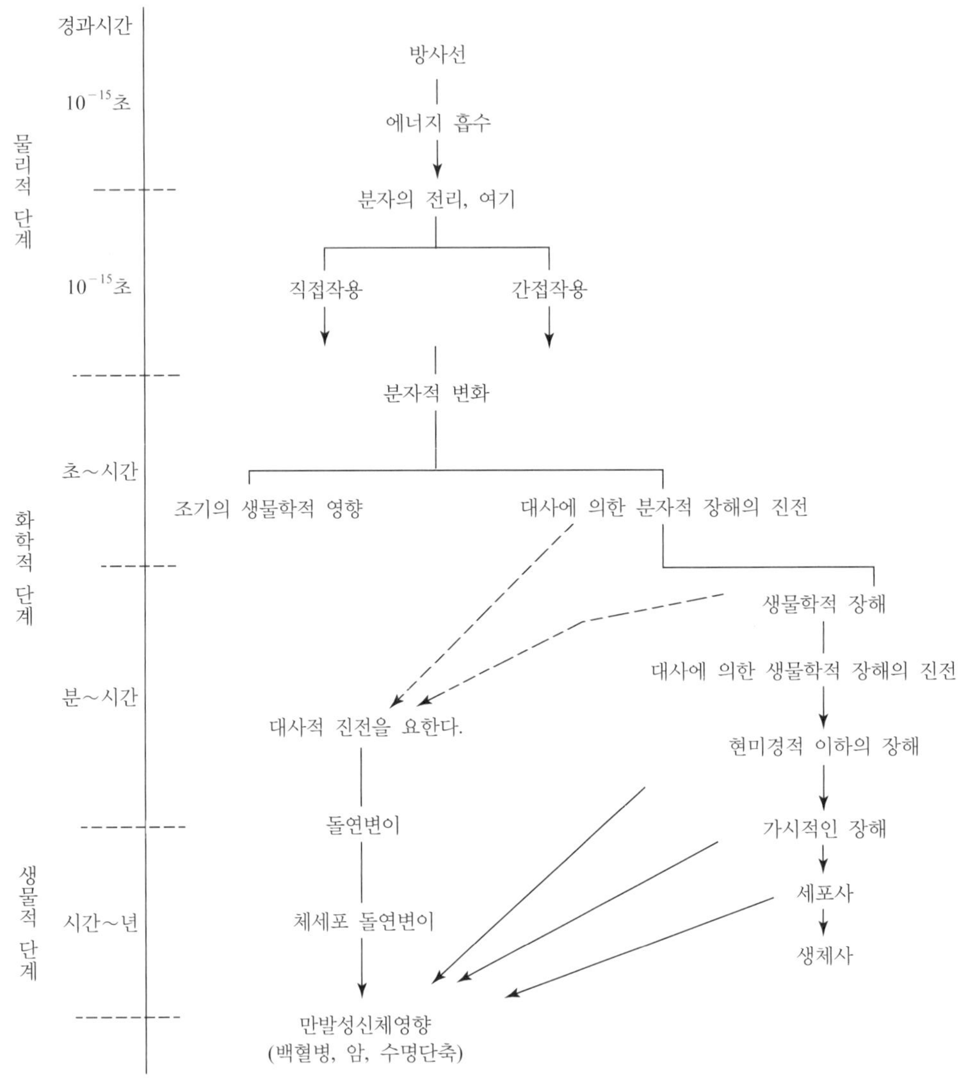

그림 14.4 방사선에 의한 장해과정의 개념도

방사선의 생물장해는 그 종류에 관계없이 피복된 세포조직을 이온화하는 것에 기인한다. 따라서, 그 장해의 정도는 전이의 강도에 비례한다고 볼 수 있으므로 피폭흡수선이 크면 그것과 병행하여 큰 장해를 일으키게 된다. 같은 선량을 받을 경우 방사선의 에너지가 클수록 그 피해는 커지지만 피폭되는 조직이나 방사선의 종류에 의해서도 달라진다는 점에 주의하여야 한다. 방사선의 피폭에서 더욱 주의해야 할 영향은 피폭된 사람의 신체장애에만 그치지 않고 후세대의 유전자에 돌연변이를 야기하여 그 영향이 자손에게까지 미칠 가능성이 높다는 점이다. 생물학적 영향은 이와 같이 방사선의 피폭의 강약에 의한 피폭선량 피해를 고찰하는 것 외에 피폭의 시간적인 면을 고려하여 단기, 장기피폭에 대한 연구도 진행 중에 있다. 방사선피폭의 종류로서 생물체의 외부와 내부에 피폭되는 경우를 구분하여 전자를 외부피폭, 후자를 내부피폭이라고 불린다.

(1) 외부피폭

외부피폭은 인체 내 각 기관에 선량당량을 총합하고, 선량당량강도 이하인 것을 확인하지 않으면 안 된다. 외부피폭은 큰 전자기파방사선, X선 또는 γ선, 우주선이나 중성자선이 이에 속한다. 외부피폭에서 주의해야 할 점은 동일선량을 받아도 전신피폭과 국소피폭에서는 다른 영향이 나타난다는 점이다.

(2) 내부피폭

내부피폭은 방사성물질이 체내(조직 내)로 들어가 국소적인 부위에서 조사되는 경우이며, 공간적인 분포 등과는 관계가 없으므로 α선과 β선과 같은 전리작용이 강한 것일수록 장해는 커진다. 오염경로는 방사능에 오염된 음식을 섭취하여 소화기에 체류하는 것과 다른 기관으로 이동한 경우가 이에 속한다.

(3) 급성피폭

급성피폭은 원자로 사고나 핵실험, 실험사고 등의 특별한 경우를 들 수 있다. X선이나 라듐 등의 방사선의 생리적인 영향이 충분히 인식되지 않았던 시대에는 직업상의 강한 방사선에 노출되어 탈모나 피부의 종양, 암이나 무거운 골수질환, 관절염 등 갖가지 영향을 나타내고 많은 사망자를 내었다. 급성피폭의 한계로는, 전신에 400 rad 이상을 받게 되면 1개월 이내에 사망하게 되며, 1,000～2,000 rad의 피폭에는 수일 이내, 20,000 rad 이상은 단시간에 사망하게 된다.

14.6 방사선의 방지·보호 대책

방사선에 대한 피해는 대부분이 만성적이고 또 그 피해효과도 명확하지 않는 점 등을 고려할 때, 우선 피폭의 범위와 양을 줄이는데 노력하여야 한다. 실제로 이들 방사선의 피해는 특수한 환경 하에서 불가피적으로 발생할 수 있다는 점을 인식하여야 하고, 충분한 관리와 대책을 마련하여야 한다. 방사선으로부터 피폭을 줄이기 위해서는 다음의 3가지 원칙을 들 수 있다.

1. 방사선원으로 부터의 거리를 충분히 둘 것
2. 선원과의 사이에 차폐물을 설치할 것
3. 방사선의 피폭시간을 가능한 한 짧게 할 것

(1) 거리

방사선의 강도는 거리의 2승에 반비례하여 감소한다. 이 때문에 방사선의 발생선원을 직접 손 등으로 접촉하는 일을 피해야 한다(거리가 0이 되므로 방사선의 강도는 무한히 크게 된다). 따라서, 핀셋이나 인공손 조작기구 등을 이용하여 원거리에서 작업을 하므로 대량의 피폭을 피할 수 있다.

(2) 시간

피폭선량은 시간에 비례한다. 이 때문에 방사선을 다루는 곳에서는 가능한 한 피폭시간을 줄이도록 노력하여야 한다. 따라서 작업의 숙련을 요하는 경우에는 사전에 훈련 등을 통해 숙련도를 높인 후에 실제 환경에 적응하므로서 피폭시간을 줄일 수 있다. 시간적인 간격이 클 경우에는 교대를 통하여 개인당의 피폭량을 격감할 수 있다.

(3) 차폐

차폐는 α선과 β선 등은 플라스틱, 유리 등으로 감소시킬 수 있다. 차폐는 가능한 한 선원 근처에서 하는 것이 좋으며, 선원이 중복되는 경우도 있으므로 그 때는 선량이 큰 쪽의 차폐를 우선한다.

(4) 공기오염의 방지

공기 중에 부유하는 방사성물질은 호흡을 통해 체내로 흡수되어 내부 피폭의 원인 될 수 있다. 여기서 공기오염의 발생원이 되는 방사성물질의 오염원을 밀봉하는 것과 불가피한 경우에는 호흡마스크의 착용을 통해 체내 흡입을 막는다. ICRP Pub. 12에 의하면「공기오염의 모니터링은 대량의 방사성물질을 다루는 시설에 있어서만 필요하게 되며, 소규모의 실험실 등에서는 작업환경이 양호하게 유지되는가의 확인은 표면오염 모니터링으로 충분히 판단할 수 있다」라고 보고하고 있다. 따라서 방사성물질을 사용하는 시설, 방사선 시설 등이 있는 시설에는 상시의 감시를 통해 공기의 오염, 표면오염조사 등이 의무화되고 있다.

14.7 지구온난화와 핵발전

21세기의 지속가능사회를 구현하기 위해서는 지구온난화 방지는 인류의 생존과 생태계의 보전의 관점에서는 필수적이다. 지구상의 CO_2 농도는 매년 증가하고 있으며, 중국 등 개발도상국의 배출원 증가와 자동차 사용 증가는 과거의 CO_2 배출량에 비해 상상할 수 없을 정도로 증가할 것으로 보인다. IPCC등에 의하면 2100년에는 CO_2 농도가 900 ppm을 넘어 기온도 5℃ 이상 상승할 것으로 예측하고 있다. 그림 14.5는 일본의 경우 전력발전으로 발생하는 CO_2량은 0.011～0.022 kg - CO_2/kWh로 다은 석탄이나 석유에 비해 훨씬 적다.

따라서, 현 시점에서 신재생에너지의 사용은 시급하며 원자력 발전은 방사능의 피해에도 불구하고 가능한 에너지로 재평가되고 있다. 그림 14.6은 연료별 최종용도 CO_2 발생량을 나타낸 것으로 원자력의 경우 감소분은 10% 정도가 된다.

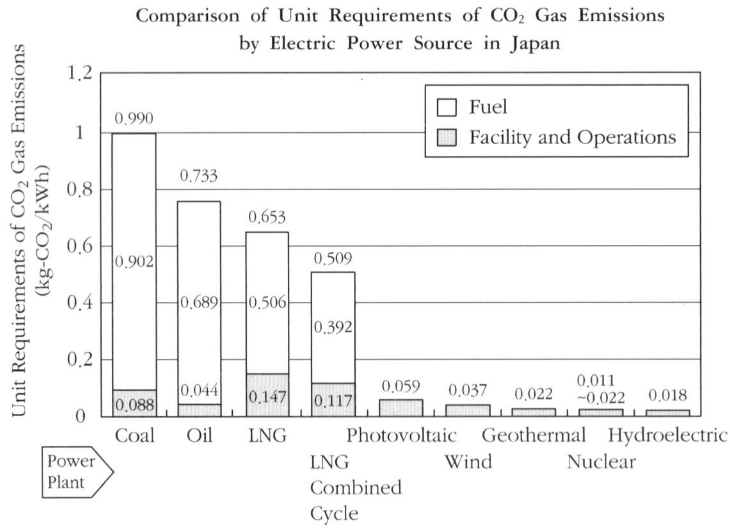

* Calculations include all CO_2 emissions generated during the entire life cycle of the respective processes being studied, from acquisition of raw materials through construction, transport, refining, operations, and maintenance.

(Based on a report published by the Central Research Institute of the Electric Power Industry.)

그림 14.5 발전 배출원별 CO_2 발생량

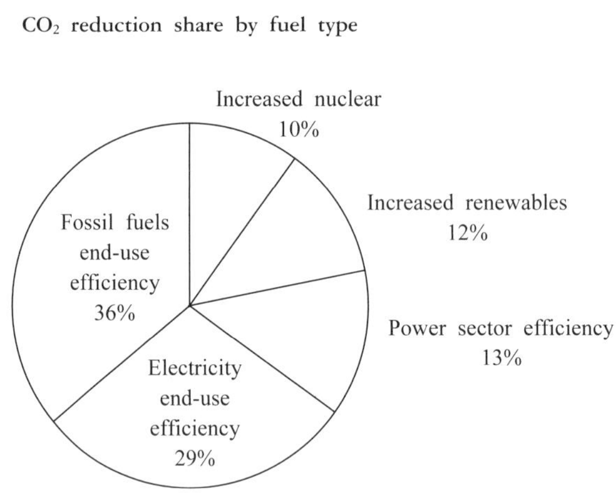

Graph 1 : Proportional effect of measures to mitigate the main cause of global warming, the emission of CO_2 by the year 2030, 100% = effect of all proposed measures together.
Data source; International Energy Agency(IEA). http://iea.org

그림 14.6 연료별 최종용도 CO_2 발생량

CHAPTER 15

환경의 안전성

15.1 안전성(Risk)의 개념

방사능의 위험성에 대한 국제방사능선방호위원회(ICRP)는 1965년 권고를 하고 있다. 그 1장에서는 원어로서 “Risk의 개념”이 서술되어 있지만 “위험의 개념”으로서도 번역될 수 있다. “위원회의 권고는 방사능에 대한 어떠한 피폭에도 백혈병 또는 기타 악성종양을 포함하는 신체적 효과 및 유전적 효과를 일으킬 위험이 어느 정도 있다고 하는 신중한 가정에 근거하고 있다.” Risk의 개념에 대해서도 그 해석이 각양각색으로, 웹스터사전의 해석을 빌리면 “the Possibility of Loss, Injury, Disadvantage, or Destruction”과 같이 표시하고 있다.

1977년 6월 헝가리에서 열린 환경문제과학위원회(SCOPE)의 「환경 Risk Assessment에 관한 국제 Working Seminar」에서 Risk에 대한 여러 가지 토론이 이루어졌다. Risk의 개념이란 다양하였고, 어느 정도까지는 위험한 것과 동일한 의미를 지니며, 좁은 의미에서 나쁜 결과를 가져올 수 있는 사실이나 행동을 말하며 또 일어날 수 있는 확률을 의미하는 것으로 그 내용이 집약되었다. 그러나, 후자의 경우는 Risk의 확률이라는 용어로 따로 사용하였다.

작업상의 Risk로서는 노동시간 내에 한하여 평가된다. 따라서, 그 표시가 연간 100만인 당으로 표시된다고 해도, 연간의 노동시간(편의상 2,000시간)으로 나누면 자발적 행위에 의한 Risk 등과는 그 값을 비교할 수 없게 된다. 표 15.1은 영국의 산업에 대한 사고·사망의 Risk를 나타낸 것이며 좌측은 사고·사망의 수, 우측은 몇 명당 1인이 사망하는 가를 비율로 나타낸 것이다.

연간 사고·사망수는 표 15.1의 좌측항에서 수치로서 간단히 표시되어 있지만 전문가들 사이에는 320인/100만인·년의 표시가 표기하기 쉽고 여러 가지 자료와 비교할 때에도 편리하므로 통용되고 있다.

표 15.1 영국의 산업에 있어 사고·사망의 Risk

산 업	연간 100만 인당 사고·사망 수	사고·사망의 Risk
채 석	320인	3,100분의 1
지하탄광	190인	5,300 〃
화 학	172인	5,800 〃
농 업	109인	9,200 〃
음식, 담배	46인	21,700 〃
의료, 의복	2인	500,000 〃

15.2 인간과 환경계의 평가

부럼(Blum, 1974)은 현재 환경문제와 인간과의 관계를 그림 15.1에 도식화하였다. 원래 인간의 건강에 관련하는 인자는 많으나, 그 중 중요한 것은 의료서비스, 유전, 환경, 인간활동이다. 이 4대 요소를 둘러싸고 있는 것은 인구, 자연자원, 생태학적 균형, 문화시스템이다. 이 4요인은 시대에 따라 변화하며 그 중요성도 차이를 보인다. 이중 가장 큰 영향력을 가지는 것이 환경요인이다. 여기서 말하는 환경의 평가라고 하는 것도 공중위생학적인 입자에서의 인간-환경간의 평가를 의미하며, 달리 말하면 인간환경의 평가라고 할 수 있다.

반대로 자연계에서 볼 때에는 자연-환경의 평가관계가 된다. 인간-환경의 관계를 연구한다고 해도 현재까지는 얼마의 필요조건만을 알고 있을 뿐 충분하다고는 할 수 없다. 또, 인간-환경계에 있어서 개인, 인간집단, 인류의 각각 개개의 레벨로서 통일된 판단이 내려지고 있다고는 할 수 없다.

대기오염의 경우, 그 영향에 대해서 구성인자가 SO_2, 미립자, NO_2 중 각 한가지물질에 대해 그 인자와 사람의 건강과의 관계를 고찰하고 있으며, 대기오염총체와 인간과의 관계를 총괄적으로 설명하기란 곤란하다. 예를 들면 SO_2는 개인에 대해 특이반응으로서 중독 등으로 판단되지만, 집단으로서는 기침, 가래 등의 증상과 같은 비특이적인 발병률의 크기로 판단된다.

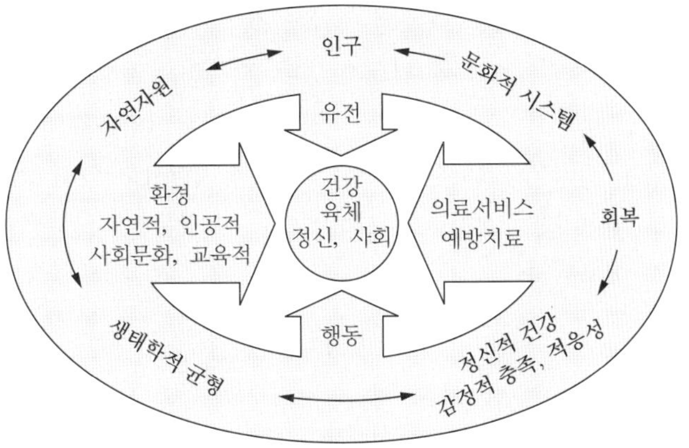

그림 15.1 건강에 영향을 미치는 영향(Blum, 1974)

15.3 사람의 건강과 안전성

환경기준 등의 기준설정시 판정조건이 차후의 수치결정에 큰 영향을 미친다. 여기서 판정조건은 주목해 온 환경인자와 사람의 건강에 대한 영향과의 관계를 나타내는 정보의 집합이다. 사람의 건강에 관한 입자에서 중요한 것은 ① 양 – 효과관계(dose-effect) ② 양 – 반응관계(dose-response), ③ 폭로 – 효과관계 ④ 폭로 – 반응관계 등이다. 모든 물질은 어떤 적량 이상이면 사람의 건강에 영향을 준다. 즉, 사람의 건강면에서 그 물질은 유해, 무해와는 관계없이, 어떤 물질의 양이 사람에게 작용해서 바람직하지 않은 영향이 출현할 때 비로소 유해물질이라고 말할 수 있다. 따라서, 영향을 논하게 될 때에는 양과의 관계를 반드시 언급하여야 한다. ① 양 – 효과관계는 양에 대해서 나타나는 각종효과를 설명하는 것이며, 개인 또는 동물개체에 적용된다. ② 양 – 반응관계는 양적반응이라고도 하며, 어떤 모집단이 폭로 될 경우에 그 집단 중에 양에 대응하여 어느 정도의 영향이 출현하는 가를 나타낸다. 인간에 대하여 보면 ①은 개인집단(임상의학)이며, ②는 역학적 연구에서 알 수 있다. 여기서 말하는 양이란 영향이 문제시되는 개체전체 또는 부위에 대한 양이다. 지역사회에서는 사람에 대해 이 양을 실측하기란 실제로 불가능하며 대신에 폭로로서 대체하여 폭로조건을 가지고 그 양으로 평가한다.

한편, 안전성(Risk) 영향을 일으킬 확률을 말하며, 일반적으로는 피폭집단 중에 어떤 영향을 나타낼 확률을 말한다. 이 경우 그 관계를 나타낼 역학적 자료는 극히 적으며, 지역사회와 같이 폭로되는 사람의 수가 많을 때에는 조기에 소수의 사람에 대한 영향을 발견하여 인구집단에 대한 영향을 확률로서 예측할 필요가 있다. 확률적으로 영향이 없다고 생각될 경우에도 그 집단이 크면 영향을 받는 자의 출현이 있을 수 있다. 이와 같이 Risk가 갖는 의미는 중요하다고 할 수 있다. 미국의 EPA(환경보호국)에서는 지역사회 환경오염에 있어서 건강장해의 판단을 위한 모식도(그림 15.2)를 제시하였으며, 이것은 인구집단의 건강장해에 대한 판단의 기초자료로서 이용된다.

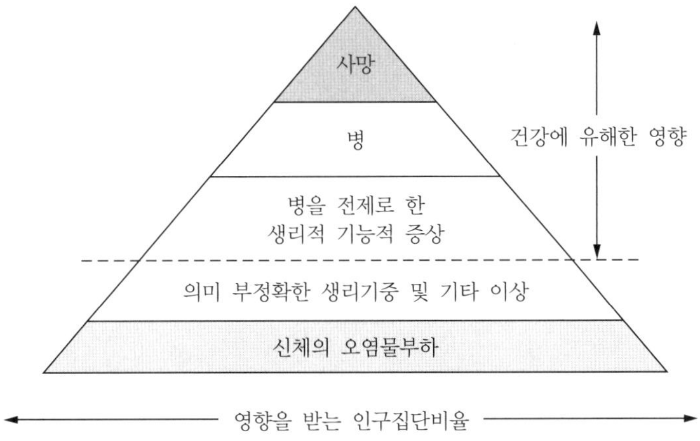

그림 15.2 오염폭로에 대한 생물학적 반응의 모식도

부록

환경기준

1. 대기
2. 소음
3. 수질 및 수생태계
4. 토양

1. 대기

항 목	기 준	측정방법
아황산가스 (SO_2)	• 연간평균치 0.02ppm 이하 • 24시간평균치 0.05ppm 이하 • 1시간평균치 0.15ppm 이하	자외선형광법 (Pulse UV Fluorescence Method)
일산화탄소 (CO)	• 8시간평균치 9ppm 이하 • 1시간평균치 25ppm 이하	비분산적외선분석법 (Non-Dispersive Infrared Method)
이산화질소 (NO_2)	• 연간평균치 0.03ppm 이하 • 24시간평균치 0.06ppm 이하 • 1시간평균치 0.10ppm 이하	화학발광법 (Chemiluminescent Method)
미세먼지 (PM-10)	• 연간평균치 50 $\mu g/m^3$ 이하 • 24시간평균치 100 $\mu g/m^3$ 이하	베타선흡수법 (β-Ray Absorption Method)
오 존 (O_3)	• 8시간평균치 0.06ppm 이하 • 1시간평균치 0.1ppm 이하	자외선광도법 (UV Photometric Method)
납 (Pb)	• 연간평균치 0.5 $\mu g/m^3$ 이하	원자흡광광도법 (Atomic Absorption Spectrophotometry)
벤 젠	• 연간평균치 5 $\mu g/m^3$ 이하	가스크로마토그래프법 (Gas Chromatography)

비고
1. 1시간 평균치는 999천분위수의 값이 그 기준을 초과하여서는 아니 되고, 8시간 및 24시간 평균치는 99백분위수의 값이 그 기준을 초과하여서는 아니 된다.
2. 미세먼지는 입자의 크기가 10μ m 이하인 먼지를 말한다.

※ 벤젠의 대기환경기준은 2010년부터 적용

2. 소음

(단위 : Leq dB(A))

지역구분	적용대상지역	기 준	
		낮 (06 : 00~22 : 00)	밤 (22 : 00~06 : 00)
일반지역	"가"지역	50	40
	"나"지역	55	45
	"다"지역	65	55
	"라"지역	70	65
도로변지역	"가" 및 "나"지역	65	55
	"다"지역	70	60
	"라"지역	75	70

비고

1. 지역구분별 적용대상지역의 구분은 다음과 같다.
   가. "가"지역
      (1) 「국토의 계획 및 이용에 관한 법률」 제36조 제1항의 규정에 의한 관리지역 중 보전관리지역과 자연환경보전지역 및 농림지역
      (2) 「국토의 계획 및 이용에 관한 법률」 제36조 제1항의 규정에 의한 도시지역 중 녹지지역
      (3) 「국토의 계획 및 이용에 관한 법률 시행령」 제30조의 규정에 의한 주거지역 중 전용주거지역
      (4) 「의료법」 제3조의 규정에 의한 종합병원의 부지경계로부터 50 m 이내의 지역
      (5) 「초·중등교육법」 제2조 및 「고등교육법」 제2조의 규정에 의한 학교의 부지경계로부터 50 m 이내의 지역
      (6) 「도서관 및 독서진흥법」 제2조의 규정에 의한 공공도서관의 부지경계로부터 50 m 이내의 지역
   나. "나"지역
      (1) 「국토의 계획 및 이용에 관한 법률」 제36조 제1항의 규정에 의한 관리지역 중 생산관리지역
      (2) 「국토의 계획 및 이용에 관한 법률 시행령」 제30조의 규정에 의한 주거지역 중 일반주거지역 및 준주거지역
   다. "다"지역
      (1) 「국토의 계획 및 이용에 관한 법률」 제36조 제1항의 규정에 의한 도시지역 중 상업지역과 동조 동항의 규정에 의한 관리지역 중 계획관리지역
      (2) 「국토의 계획 및 이용에 관한 법률 시행령」 제30조의 규정에 의한 공업지역 중 준공업지역
   라. "라"지역
      「국토의 계획 및 이용에 관한 법률 시행령」 제30조의 규정에 의한 공업지역 중 일반공업지역 및 전용공업지역
2. 도로라 함은 1종렬의 자동차(2륜자동차를 제외한다)가 안전하고 원활하게 주행하기 위하여 필요한 일정 폭의 차선을 가진 2차선 이상의 도로를 말한다.
3. 이 소음환경기준은 항공기소음·철도소음 및 건설작업 소음에는 적용하지 아니한다.

3. 수질 및 수생태계

가. 하천

(1) 사람의 건강보호 기준

항 목	기준값(mg/L)
카드뮴(Cd)	0.005 이하
비소(As)	0.05 이하
시안(CN)	검출되어서는 안 됨(검출한계 0.01)
수은(Hg)	검출되어서는 안 됨(검출한계 0.001)
유기인	검출되어서는 안 됨(검출한계 0.0005)
폴리클로리네이티드바이페닐(PCB)	검출되어서는 안 됨(검출한계 0.0005)
납(Pb)	0.05 이하
6가크로뮴(Cr^{6+})	0.05 이하
음이온계면활성제(ABS)	0.5 이하
사염화탄소	0.004 이하
1,2-다이클로로에탄	0.03 이하
테트라클로로에틸렌(PCE)	0.04 이하
다이클로로메탄	0.02 이하
벤젠	0.01 이하
클로로폼	0.08 이하
다이에틸헥실프탈레이트(DEHP)	0.008 이하
안티몬	0.02 이하

(2) 생활환경 기준

등 급		상태 (캐릭터)	기 준					
			수소 이온 농도 (pH)	생물화학적 산소요구량 (BOD) (mg/L)	부유물질량 (mg/L)	용존 산소량 (mg/L)	대장균군 (군수/100mL)	
							총 대장균군	분원성 대장균군
매우 좋음	Ia		6.5～8.5	1 이하	25 이하	7.5 이상	50 이하	10 이하
좋음	Ib		6.5～8.5	2 이하	25 이하	5.0 이상	500 이하	100 이하
약간 좋음	II		6.5～8.5	3 이하	25 이하	5.0 이상	1,000 이하	200 이하
보통	III		6.5～8.5	5 이하	25 이하	5.0 이상	5,000 이하	1,000 이하
약간 나쁨	IV		6.0～8.5	8 이하	100 이하	2.0 이상	-	-
나쁨	V		6.0～8.5	10 이하	쓰레기 등이 떠있지 아니할 것	2.0 이상	-	-
매우 나쁨	VI		-	10 초과	-	2.0 미만	-	-

비고

1. 등급별 수질 및 수생태계 상태
   - 가. 매우 좋음 : 용존산소가 풍부하고 오염물질이 없는 청정상태의 생태계로 여과·살균 등 간단한 정수처리 후 생활용수로 사용할 수 있음.
   - 나. 좋음 : 용존산소가 많은 편이고 오염물질이 거의 없는 청정상태에 근접한 생태계로 여과·침전·살균 등 일반적인 정수처리 후 생활용수로 사용할 수 있음.
   - 다. 약간 좋음 : 약간의 오염물질은 있으나 용존산소가 많은 상태의 다소 좋은 생태계로 여과·침전·살균 등 일반적인 정수처리 후 생활용수 또는 수영용수로 사용할 수 있음.
   - 라. 보통 : 보통의 오염물질로 인하여 용존산소가 소모되는 일반 생태계로 여과, 침전, 활성탄 투입, 살균 등 고도의 정수처리 후 생활용수로 이용하거나 일반적 정수처리 후 공업용수로 사용할 수 있음.
   - 마. 약간 나쁨 : 상당량의 오염물질로 인하여 용존산소가 소모되는 생태계로 농업용수로 사용하거나, 여과, 침전, 활성탄 투입, 살균 등 고도의 정수처리 후 공업용수로 사용할 수 있음.
   - 바. 나쁨 : 다량의 오염물질로 인하여 용존산소가 소모되는 생태계로 산책 등 국민의 일상생활에 불쾌감을 유발하지 아니하며, 활성탄 투입, 역삼투압 공법 등 특수한 정수처리 후 공업용수로 사용할 수 있음.
   - 사. 매우 나쁨 : 용존산소가 거의 없는 오염된 물로 물고기가 살기 어려움.
   - 아. 용수는 당해 등급보다 낮은 등급의 용도로 사용할 수 있음.
   - 자. 수소이온농도(pH) 등 각 기준항목에 대한 오염도 현황, 용수처리방법 등을 종합적으로 검토하여 그에 맞는 처리방법에 따라 용수를 처리하는 경우에는 당해 등급보다 높은 등급의 용도로도 사용할 수 있음.

2. 수질 및 수생태계 상태별 생물학적 특성 이해표

<table>
<tr><th rowspan="2">생물등급</th><th colspan="2">생물지표종</th><th rowspan="2">서식지 및 생물 특성</th></tr>
<tr><th>저서생물</th><th>어 류</th></tr>
<tr><td>매우 좋음
~
좋음</td><td>옆새우, 가재, 뿔하루살이, 민하루살이, 강도래, 물날도래, 광택날도래, 띠무늬우묵날도래, 바수염날도래</td><td>산천어, 금강모치, 열목어, 버들치 등 서식</td><td>• 물이 매우 맑으며, 유속은 빠른 편임.
• 바닥은 주로 바위와 자갈로 구성됨.
• 부착조류가 매우 적음.</td></tr>
<tr><td>좋음
~
보통</td><td>다슬기, 넓적거머리, 강하루살이, 동양하루살이, 등줄하루살이, 등딱지하루살이, 물삿갓벌레, 큰줄날도래</td><td>쉬리, 갈겨니, 은어, 쏘가리 등 서식</td><td>• 물이 맑으며, 유속은 약간 빠르거나 보통임.
• 바닥은 주로 자갈과 모래로 구성됨.
• 부착조류가 약간 있음.</td></tr>
<tr><td>보통
~
약간 나쁨</td><td>물달팽이, 턱거머리, 물벌레, 밀잠자리</td><td>피라미, 끄리, 모래무지, 참붕어 등 서식</td><td>• 물이 약간 혼탁하며, 유속은 약간 느린 편임.
• 바닥은 주로 잔자갈과 모래로 구성됨.
• 부착조류가 녹색을 띠며 많음.</td></tr>
<tr><td>약간 나쁨
~
매우 나쁨</td><td>왼돌이물달팽이, 실지렁이, 붉은깔따구, 나방파리, 꽃등에</td><td>붕어, 잉어, 미꾸라지, 메기 등 서식</td><td>• 물이 매우 혼탁하며, 유속은 느린 편임.
• 바닥은 주로 모래와 실트로 구성되며, 대체로 검은색을 띰.
• 부착조류가 갈색 혹은 회색을 띠며 매우 많음.</td></tr>
</table>

나. 호소

(1) 사람의 건강보호 기준

가목(1)의 사람의 건강보호 기준과 같다.

(2) 생활환경 기준

등급		상태(캐릭터)	기준								
			수소이온농도 (pH)	화학적 산소요구량 (COD) (mg/L)	부유물질량 (SS) (mg/L)	용존산소량 (DO) (mg/L)	총인 (T-P) (mg/L)	총질소 (T-N) (mg/L)	클로로필-a (Chl-a) (mg/m^3)	대장균군 (군수/100mL) 총 대장균군	분원성 대장균군
매우 좋음	Ia		6.5~8.5	2 이하	1 이하	7.5 이상	0.01 이하	0.2 이하	5 이하	50 이하	10 이하
좋음	Ib		6.5~8.5	3 이하	5 이하	5.0 이상	0.02 이하	0.3 이하	9 이하	500 이하	100 이하
약간 좋음	II	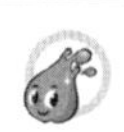	6.5~8.5	4 이하	5 이하	5.0 이상	0.03 이하	0.4 이하	14 이하	1,000 이하	200 이하
보통	III		6.5~8.5	5 이하	15 이하	5.0 이상	0.05 이하	0.6 이하	20 이하	5,000 이하	1,000 이하
약간 나쁨	IV	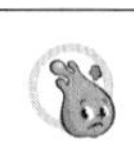	6.0~8.5	8 이하	15 이하	2.0 이상	0.10 이하	1.0 이하	35 이하	-	-
나쁨	V	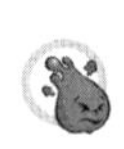	6.0~8.5	10 이하	쓰레기 등이 떠있지 아니할 것	2.0 이상	0.15 이하	1.5 이하	70 이하	-	-
매우 나쁨	VI	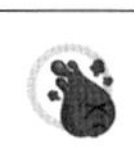	-	10 초과	-	2.0 미만	0.15 초과	1.5 초과	70 초과		

비고
1. 총인, 총질소의 경우 총인에 대한 총질소의 농도비율이 7 미만일 경우에는 총인의 기준을 적용하지 아니하며, 그 비율이 16 이상일 경우에는 총질소의 기준을 적용하지 아니한다.
2. 등급별 수질 및 수생태계 상태는 가목(2) 비고란 제1호와 같다.
3. 상태(캐릭터) 도안 모형 및 도안 요령은 가목(2) 비고란 제2호와 같다.

다. 지하수

지하수환경기준항목 및 수질기준은 「먹는물관리법」 제5조 및 「수도법」 제18조의 규정에 의하여 환경부령이 정하는 수질기준을 적용한다. 다만, 환경부장관이 고시하는 지역 및 항목은 적용하지 아니한다.

라. 해역

(1) 생활환경

등급	기 준						
	수소이온 농도 (pH)	화학적 산소요구량 (COD) (mg/L)	용존산소량 (DO) (mg/L)	총대장균군 (총대장균군수 /100mL)	용매추출 유분 (mg/L)	총질소 (mg/L)	총인 (mg/L)
Ⅰ	7.8～8.3	1 이하	7.5 이상	1,000 이하	0.01 이하	0.3 이하	0.03 이하
Ⅱ	6.5～8.5	2 이하	5 이상	1,000 이하	0.01 이하	0.6 이하	0.05 이하
Ⅲ	6.5～8.5	4 이하	2 이상			1.0 이하	0.09 이하

(2) 사람의 건강보호

등 급	항 목	기준(mg/L)
전수역	6가크로뮴(Cr^{6+})	0.05
	비소(As)	0.05
	카드뮴(Cd)	0.01
	납(Pb)	0.05
	아연(Zn)	0.1
	구리(Cu)	0.02
	시안(CN)	0.01
	수은(Hg)	0.0005
	폴리클로리네이티드바이페닐(PCB)	0.0005
	다이아지논	0.02
	파라티온	0.06
	말라티온	0.25
	1,1,1-트라이클로로에탄	0.1
	테트라클로로에틸렌	0.01
	트라이클로로에틸렌	0.03
	다이클로로메탄	0.02
	벤젠	0.01
	페놀	0.005
	음이온계면활성제(ABS)	0.5

4. 토양

가. 토양오염우려기준

(단위 : mg/kg)

물 질	가지역	나지역
카드뮴	4	30
구리	125	500
비소	15	50
수은	10	40
납	300	1,000
6가크로뮴	10	30
아연	700	2,000
니켈	100	400
불소	800	2,000
폴리클로리네이티드바이페닐(PCB)	-	30
시안	5	300
페놀	10	50
유류(동·식물성 제외)		
- 벤젠·톨루엔·에틸벤젠·자일렌(BTEX)	-	200
- 석유계총탄화수소(TPH)	1,200	5,000
트라이클로로에틸렌(TCE)	20	100
테트라클로로에틸렌(PCE)	10	60

비고

1. "가"지역 : 「지적법」에 의한 지목이 전·답·대·과수원·목장용지·임야·학교용지·하천·수도용지·공원·체육용지(수목·잔디 식생지에 한한다)·유원지·종교용지 및 사적지
2. "나"지역 : 「지적법」에 의한 지목이 공장용지·도로·철도용지 및 잡종지
3. 다음의 경우에는 지목 구분에 관계없이 나지역의 토양오염대책기준을 적용한다.
   가. 특정토양오염관리대상시설이 설치된 경우
   나. "가"지역에서 폴리클로리네이티드바이페닐 또는 유류[벤젠·톨루엔·에틸벤젠·자일렌(BTEX)항목에 한한다]에 의한 토양오염사고가 발생한 경우
   다. "가"지역을 제외한 지역에서 토양오염사고가 발생한 경우

나. 토양오염대책기준

(단위 : mg/kg)

물 질	가지역	나지역
카드뮴	4	30
구리	125	500
비소	15	50
수은	10	40
납	300	1,000
6가크로뮴	10	30
아연	700	2,000
니켈	100	400
불소	800	2,000
폴리클로리네이티드바이페닐(PCB)	-	30
시안	5	300
페놀	10	50
유류(동·식물성 제외)		
- 벤젠·톨루엔·에틸벤젠·자일렌(BTEX)	-	200
- 석유계총탄화수소(TPH)	1,200	5,000
트라이클로로에틸렌(TCE)	20	100
테트라클로로에틸렌(PCE)	10	60

비고

1. "가"지역 : 「지적법」에 의한 지목이 전·답·대·과수원·목장용지·임야·학교용지·하천·수도용지·공원·체육용지(수목·잔디 식생지에 한한다)·유원지·종교용지 및 사적지
2. "나"지역 : 「지적법」에 의한 지목이 공장용지·도로·철도용지 및 잡종지
3. 다음의 경우에는 지목 구분에 관계없이 나지역의 토양오염대책기준을 적용한다.
   가. 특정토양오염관리대상시설이 설치된 경우
   나. "가"지역에서 폴리클로리네이티드바이페닐 또는 유류[벤젠·톨루엔·에틸벤젠·자일렌(BTEX)항목에 한한다]에 의한 토양오염사고가 발생한 경우
   다. "가"지역을 제외한 지역에서 토양오염사고가 발생한 경우

찾아보기

아

자

차

기후변화와 환경 정가 15,000원

인　쇄　2015년 3월　2일 초판 1쇄
발　행　2015년 3월 10일 초판 1쇄
저　자　최금찬·성낙창·안영희·김정권·최영익
정진희·문종익·정병길·유수영·한영립
발행인　정우용
발행처　도서출판 동화기술
경기도 파주시 광인사길 201(문발동, 파주출판도시)
Tel (031)955-4211~6　donghwae@kornet.net
Fax (031)955-4217　www.donghwapub.co.kr
(등록) 1977년 12월 19일/9-16호

Printed in Korea
ISBN 978-89-425-1957-6